Markus Rehm
(Hrsg.)

Wirksamer Chemieunterricht

UNTERRICHTSQUALITÄT:
PERSPEKTIVEN VON EXPERTINNEN UND EXPERTEN

Volker Reinhardt
Markus Rehm
Markus Wilhelm (Hrsg.)

Band 2

Schneider Verlag
Hohengehren GmbH

Umschlaggestaltung: Beat Haas,
PH Luzern, Kommunikation und Marketing

Heidehof Stiftung

Das Buchprojekt wurde von der Heidehof Stiftung gefördert

Gedruckt auf umweltfreundlichem Papier (chlor- und säurefrei hergestellt).

Bibliografische Information der Deutschen Nationalbibliothek

Die Deutsche Nationalbibliothek verzeichnet diese Publikation in der Deutschen Nationalbibliografie; detaillierte bibliografische Daten sind im Internet über ›http://dnb.dnb.de‹ abrufbar.

ISBN: 978-3-8340-1901-1

Schneider Verlag Hohengehren, Wilhelmstr. 13, D-73666 Baltmannsweiler

Homepage: www.paedagogik.de

Printed in Germany – Druck: Appel & Klinger, Schneckenlohe

INHALTSVERZEICHNIS

MICHAEL SCHRATZ / HANS ANAND PANT

VORWORT

Der Begriff „Wirksamkeit“ ist in den letzten Jahren zu einem Kampfbegriff geworden: Keine bildungspolitische Maßnahme darf mehr ohne Wirksamkeitsgarantie ins Bildungssystem entlassen werden. Jede Schule muss zeigen, wie gut sie ist, d.h. ihren Wirksamkeitsbeweis antreten. So reden alle von Wirksamkeit. Wenn man aber fragt, was denn eigentlich unter Wirksamkeit im Schulalltag verstanden wird, bekommt man sehr unterschiedliche Antworten. Sehr oft wird dabei auf die Ergebnisse von Leistungsvergleichsstudien zurückgegriffen. Dies verweist auf die grundsätzlich zu begrüßende Entwicklung, dass man in Fragen der Unterrichts- und Schulqualität heute nur noch schwerlich mit Hinweisen auf „gefühlte“ oder bloß „behauptete“ Wirkungen davon kommt.

Zwar geben solche Leistungsvergleiche wichtige Rückmeldungen zu den jeweiligen Lernständen in den getesteten Fächern, können aber nicht die fachliche und überfachliche Breite der Bildungs- und Erziehungsziele in den Lehrplänen abdecken. Um die Wirkungsfrage umfassender und vertiefter anzugehen, versuchen die Herausgeber der Reihe „Wirksamer Fachunterricht“ die Spezifik der unterschiedlichen Unterrichtsfächer in den Fokus zu nehmen. Dabei gehen sie nicht von einem metatheoretischen Verständnis fachlicher Instruktion aus, sondern die jeweiligen Fachverantwortlichen formulieren gemeinsam die – für alle Fächer identischen – Fragen, die sie jeweils von Vertreterinnen und Vertretern aus Ausbildung, Wissenschaft und Praxis beantworten lassen.

In der Vielfalt der Beiträge zu den einzelnen Bänden zeigt sich das Bemühen der Autorinnen und Autoren, nicht nur ihre fachliche Meinung zur Sprache zu bringen, sondern sowohl erfahrungsbezogen zu argumentieren als auch empirisch und theoretisch begründete Aussagen zu zentralen Aspekten des Fachunterrichts zu machen. Dabei legen die Beitragenden den Schwerpunkt mehr auf den Unterricht als auf das Fach, wenn es um die Passung zwischen den Lernangeboten und den Lernvoraussetzungen von Schülerinnen und Schülern geht.

Hinter den einzelnen Antworten zeigt sich immer auch, welches Menschenbild den fachlich-didaktischen Ansatz prägt und damit auch, welcher

Umgang mit Menschen vorausgesetzt wird, welche pädagogische Haltung den Individuen und der Klasse gegenüber eingenommen wird und welches Verständnis von Erziehung und Bildung zugrunde liegt. Bildung ist mehrdimensional und daher mehr als die Wirksamkeit von Fachlichkeit. Aus diesem Grund haben die jeweiligen Herausgeberinnen und Herausgeber der Bände in der abschließenden Zusammenschau ein Fazit aus den Stellungnahmen der einzelnen Interviewten aus Wissenschaft, Ausbildung und Praxis in einer Verdichtung der Erkenntnisse erstellt.

Aus Sicht der Schulentwicklung stellt sich abschließend die Frage, welchen Beitrag die Fächer zu einer wirksamen Schule leisten können, da jede Schule ihren eigenen Erfolgsweg finden muss. Im Sinne mehrdimensionaler Bildung gehören dazu nicht nur überfachliche Kompetenzen, sondern über ein wirksames Methodencurriculum hinaus, auch das Zusammenspiel der Fachcurricula als Rückgrat der Schul- und Unterrichtsqualität. Fachgruppen oder Fachschaften tragen dazu die geteilte Verantwortung, um über die Fächer hinweg Anschlussmöglichkeiten und Verbindungen aufzuzeigen. Schuleigene Curricula sollten die einzelnen Facharbeitspläne auf der Grundlage durchgängiger gemeinsamer Planungskriterien in einen schuleigenen Sinnzusammenhang stellen, den die Schulen jeweils in eigenen Zielen und Schwerpunkten formulieren, festlegen und schließlich gemeinsam reflektieren und evaluieren. Dann besteht eine gute Chance auf nachhaltige Wirkungen und qualitätsbewusste Schulentwicklung. Die Buchbände zum „Wirksamen Fachunterricht" leisten hierzu einen wichtigen Beitrag.

Dr. Michael Schratz lehrt als Professor am Institut für Lehrer/-innenbildung und Schulforschung der Universität Innsbruck. Seine Arbeitsschwerpunkte sind Bildung, Gesellschaft und Lernen, Leadership und Schulentwicklung. Er ist Mitglied zahlreicher internationaler Kommissionen, unter anderem Sprecher der Jury des Deutschen Schulpreises.

Dr. Hans Anand Pant ist Geschäftsführer der Deutschen Schulakademie und Professor für Erziehungswissenschaftliche Methodenlehre an der Humboldt-Universität zu Berlin. Bis 2015 war er Direktor des Instituts zur Qualitätsentwicklung im Bildungswesen (IQB). In seiner Forschung befasst er sich mit Fragen datengestützter Schul- und Unterrichtsentwicklung sowie des Transfers von Bildungsinnovationen.

MARKUS WILHELM / MARKUS REHM / VOLKER REINHARDT

QUALITÄTSVOLLER FACHUNTERRICHT

Es gibt im angelsächsischen Sprachraum eine auf George Bernard Shaw zurückgehende Redewendung: „Those who can, do; those who can't, teach." Diesem Sprichwort können wir heute einiges entgegensetzen: Die jüngste empirische Forschung im Bereich der Lehrerbildung stellt sowohl für den deutschen Sprachraum als auch weltweit ein anderes, ein differenziertes Bild dar. Lehrkräfte gestalten aufgrund ihrer professionellen, fachlichen, fachdidaktischen und pädagogischen Kompetenzen einen effektiven und wirksamen Unterricht für ihre Schülerinnen und Schüler und sind damit Experten für wirksamen Unterricht (Bromme, 2014).

Viele empirische Studien zeichnen ein eindeutiges Bild über die Merkmale, die einen wirksamen Unterricht ausmachen (z.B. Ihme & Möller, 2015; Klieme & Rakoczy, 2008), damit geben diese Studien auch Auskunft darüber, was Lehrkräfte *können* müssen, um einen solchen Unterricht zu gestalten: So kann beispielsweise gezeigt werden, dass eine klare inhaltliche Strukturierung des Unterrichts, verbunden mit einer gezielten kognitiven Aktivierung und einer entsprechend konstruktiven Unterstützung, aber auch der Enthusiasmus einer Lehrkraft, zum Lernerfolg der Schülerinnen und Schüler führt und damit wirksam ist.

Eine Frage bleibt allerdings offen, die durch die Bildungswissenschaften wegen ihrer häufig fachunspezifischen Herangehensweise nicht beantwortet werden kann: Was führt zu einem guten und effektiven Unterricht in einem bestimmten Schulfach? Hier sind die Fachdidaktiken aufgerufen, die generische Unterrichtsforschung zu ergänzen und zu komplettieren. In dieser Buchreihe werden die Schulfächer auf die Frage hin analysiert, wie wirksamer Fachunterricht gelingen kann. Der Fokus liegt auf den bestmöglichen Gelegenheiten, fachliche Lernaktivitäten wirksam werden zu lassen (Seidel & Reiss, 2014). Kurzum, es wird gefragt: *Was wirkt in einem konkreten Schulfach?*

In der jüngsten Vergangenheit näherte man sich solch komplexen Fragen nach einem guten und wirksamen Unterricht zumeist im Rahmen von Metaanalysen (Hattie, 2012; Meyer, 2004; Helmke, 2012). Die Buchreihe geht einen anderen Weg; sie bezieht möglichst viel Expertise aus den Fachdidaktiken und der Fachpraxis einzelner Fächer ein. Mit Hilfe von strukturierten Interviews werden Expertinnen und Experten der unterschiedlichen Schulfächer nach den Kriterien eines wirksamen Fachunterrichts befragt. Hierbei geht es um deren fachliche Expertise, die angelehnt ist an die wichtigsten Forschungsergebnisse und Praxiserfahrungen aus dem jeweiligen (Schul-)Fach. Die Zusammenschau aller Beiträge der Expertinnen und Experten des jeweiligen Faches wird zu einer verdichteten Beantwortung der Frage führen, was einen wirksamen Fachunterricht ausmacht.

Die Frage nach einem guten, effektiven und also wirksamen Unterricht steht seit einigen Jahren im Fokus der bildungswissenschaftlichen, pädagogisch-psychologischen und in jüngster Zeit auch fachdidaktischen Unterrichtsforschung. In einer ersten Phase der Unterrichtsforschung konzentrierte man sich auf das sogenannte Persönlichkeits-Paradigma, also der Suche nach dem „guten Lehrer". Nachdem man in einem weiteren Schritt den Prozess des Lernens und den entsprechenden Lernerfolg der Schülerinnen und Schüler in den Blick nahm, wurde das Persönlichkeits-Paradigma vom so genannten Prozess-Produkt-Paradigma abgelöst. Es wurde nach Kriterien gesucht, mit denen Effekte des Unterrichtsprozesses erfasst werden können. Das Experten-Paradigma, das ursprünglich – ausgehend vom Persönlichkeits-Paradigma – die professionelle Expertise der Lehrpersonen zu erfassen versuchte, geht heute über in den Experten- und Prozess-Produkt-Ansatz.

Es wurden systemische Rahmenmodelle von Unterrichtswirksamkeit, sogenannte Angebots-Nutzungs-Modelle aufgenommen (Fend, 2001; Helmke, 2012; Reusser & Pauli, 2010). Sie modellieren die Einflüsse auf die Wirksamkeit von Unterricht auf der Makroebene des Bildungssystems (vgl. Abbildung 1), wie auf der Mesoebene der Einzelschule und auf der Mikroebene des Unterrichts (Kohler & Wacker, 2013). Ein Angebots-Nutzungs-Modell, auf dessen Mikroebene wir uns hier beziehen, stellt – im Sinne einer Vereinfachung – einem Unterrichts*angebot* dessen jeweilige Unterrichts*nutzung* gegenüber. Die Wirksamkeit des Angebots auf der Seite der Nutzung kann empirisch – im Sinne der Erhebung des Ertrags – untersucht werden. Auf der Seite des Angebots wirken hauptsächlich die Persönlichkeit und die Kompetenz der Lehrkraft sowie die allgemeinen, fachspezifischen und kontextuellen Bedingungen. Auf der Seite der Nutzung wirken hauptsächlich die Lernenden selbst, das Unterrichtsangebot und wiederum die kontextuellen Bedingungen. Beide Seiten – Angebot und Nutzung – stellen in ihrer Wechselwirkung die Wirksamkeit des Unterrichts dar (vgl. Abbildung 1). In beiden Bereichen interessiert uns wiederum der fachspezifische Anteil in besonderem Maß, im Modell mit einem * versehen (vgl. Abbildung 1). Da die Entkopplung einzelner Komponenten aus dem Angebots-Nutzungsmodell zu

Fehlinterpretationen führen würde, sind wir darauf bedacht, immer die jeweiligen Bezüge zum Rahmenmodell aufzuzeigen.

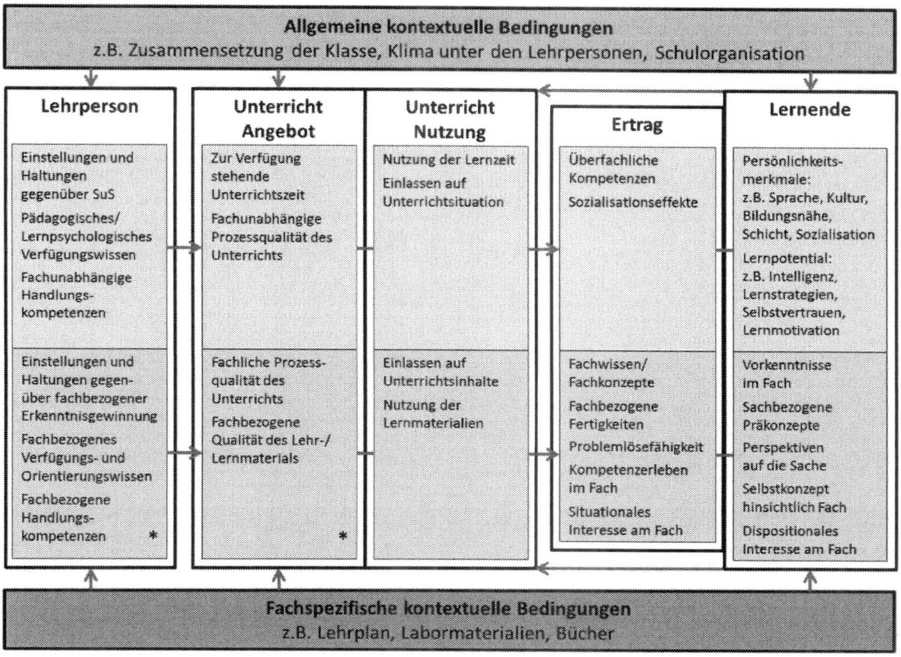

Abb. 1: Angebots-Nutzungsmodell in Anlehnung an Fend (2001), Helmke (2012) sowie Reusser und Pauli (2010).

Angebots-Nutzungs-Modelle integrieren zwei Paradigmen der pädagogisch-psychologisch orientierten Unterrichtsforschung, das Struktur- und das Prozessparadigma (Seidel, 2014). In beiden Fällen wird versucht, bestimmte Unterrichtsmerkmale zu identifizieren, die eine moderierende Funktion hin zur Erhöhung des Lernerfolgs von Schülerinnen und Schülern haben. Dabei geht das *Struktur-Paradigma* von theoretischen Annahmen zum *Lehren* aus, das *Prozess-Paradigma* untersucht auf einem ähnlichen Weg die Wirksamkeit von Unterricht, dies aber ausgehend von theoretischen Annahmen zum *Lernen* (Seidel, 2014, S. 851). Laut Seidel wirken in Angebots-Nutzungs-Modellen diese beiden Paradigmen integrierend zusammen: Das *Struktur-Paradigma* hat dazu beigetragen, die *Kompetenzstrukturen von Lehrkräften* zu identifizieren und wird auf der Seite des Angebots integriert. In einem gängigen Modell, das aus dem Forschungsprojekt COACTIV stammt, werden vier Kompetenzfacetten einer Lehrkraft unterschieden, das so genannte Professionswissen (fachliches, fachdidaktisches, pädagogisches

Wissen), die Motivation einer Lehrkraft, ihre Fähigkeit zur Selbstregulation sowie ihre Werthaltungen (Baumert & Kunter, 2006). Auf der Seite der Nutzung wurde das so genannte Prozessparadigma integriert, um vor allem kognitive Lernprozesse auf einer tiefenstrukturellen Ebene des Unterrichts und deren Ergebnisse zu beschreiben (Seidel, 2014, S. 860). Daher wird Unterricht – auf der Grundlage des Ansatzes „Choreographies of teaching. Bridging instruction to learning" (Oser & Baeriswyl, 2001) – oft in zwei verschiedene Ebenen unterschieden: in die Ebene der Sichtstrukturen, dem sog. „planning and processing of teaching" und in die Ebene der Tiefenstrukturen dem sog. „planning and processing of the learning process". Unter den Sichtstrukturen des Unterrichts versteht man alle Merkmale, die direkt durch Beobachtung zugänglich sind, zum Beispiel wechselnder Methodeneinsatz oder andere Inszenierungsmuster. Die Tiefenstrukturen sind diejenigen Merkmale, die sich der direkten Beobachtung entziehen, aber in hohem Maße für die Qualität des Unterrichts verantwortlich sind, zum Beispiel in welchem Maße Schülerinnen und Schüler während des Unterrichts tatsächlich kognitiv aktiv sind oder wie sich die Schülerinnen und Schüler individuell unterstützt fühlen. Beide Paradigmen fokussieren Qualitätsmerkmale eines wirksamen Unterrichts mit dem Ziel, über deren moderierende Funktion den Ertrag der Lernprozesse zu optimieren. Da Angebots-Nutzungs-Modelle aus einer generischen pädagogisch-psychologischen Perspektive entwickelt wurden, enthalten sie bislang weder von Seiten des Strukturparadigmas, noch von Seiten des Prozessparadigmas konkrete fachliche bzw. fachdidaktische Bezüge, obwohl auf beiden Seiten mittlerweile viele fachdidaktische Forschungsarbeiten vorliegen: Von Seiten des Strukturparadigmas existieren inzwischen fachdidaktische Arbeiten vor dem Hintergrund des oben beschriebenen COACTIV Modells und auf der Seite des Prozessparadigmas hat die fachdidaktische Lehr-Lernforschung eine ausgeprägte Tradition. Dennoch findet in Arbeiten zu einem guten und wirksamen Unterricht fachdidaktische Forschung kaum Berücksichtigung, was wir im Folgenden an vier Beispielen schulpädagogischer und pädagogisch-psychologischer Arbeiten verdeutlichen möchten. Wir vergleichen im folgenden Abschnitt die vier einschlägigen Arbeiten von Meyer (2004), Helmke (2012), Hattie (2012) sowie von Oser und Baeriswyl (2001).

Der gute und wirksame Unterricht ohne Fach und ohne Fachdidaktik?

In der folgenden Tabelle vergleichen wir Kriterien guten und effizienten Unterrichts anhand von vier Dimensionen: Gütekriterien (Meyer, 2004), Fächerübergreifende Qualitätsbereiche (Helmke, 2012), unterrichtsbezogene

Einflüsse auf die Lernleistung (Hattie, 2012), Sicht- und Tiefenstrukturen von Unterricht (Kunter & Trautwein, 2013; Oser & Baeriswyl, 2001). Diese vier Dimensionen gehen auf einschlägige Publikationen zur Unterrichtsqualität zurück und markieren den derzeitigen Stand der Diskussion:

Gütekriterien Meyer (2004) Grundlage: vorwiegend theoretisch begründet	**Fächerübergreifende Qualitätsbereiche** Helmke (2012) Grundlage: vorwiegend empirische Studien	**Unterrichtsbezogene Einflüsse auf Lernleistung hoher Effektstärke ($d > 0.6$)** Hattie (2012) Grundlage: Metastudie empirischer Metaanalysen	**Dimensionen der Sicht- und Tiefenstrukturen** Oser & Baeriswyl (2001) Kunter & Trautwein (2013) Grundlage: vorwiegend empirische Studien
Methodenvielfalt	Angebotsvielfalt	Rhythmisierung	lernunterstützende Unterrichtsmethoden und Sozialformen
		Lernende unterrichten Lernende	
		Lautes Denken	
		Concept Mapping	
		Lehren (Vormachen, Einüben) von Strategien	
	Klassenführung		Klassenführung (Classroom Management) Frühe Einführung von Regeln und Routinen Konsequenter Umgang mit Störungen Gut geplante Bereitstellung von Unterrichtsmaterialien
Hoher Anteil echter Lernzeit		Beeinflussung von Verhalten in der Klasse	
Vorbereitete Umgebung			
Klare Strukturierung des Unterrichts	Klarheit und Strukturierung		
Inhaltliche Klarheit		Klarheit der Lehrperson	
	Aktivierung		Potential zur kognitiven Aktivierung, z. B. Aufgaben, die an Vorwissen anknüpfen Diskurs, der Meinungen der Schüler aufgreift Inhalte, die kognitive Konflikte auslösen
	Schülerorientierung	Kognitive Entwicklungsstufe berücksichtigen	
		Klassendiskussion	
	Kompetenzorientierung	Problemlösendes Lernen	
		Kreativitätsförderung	
Intelligentes Üben	Konsolidierung und Sicherheit	Nachdenken über das eigene Lernen	
		Lerntechniken	
Transparente Leistungserwartungen		Schülererwartungen/ Schüler-Selbstbeurteilung	
		Formative Beurteilungen	
Lernförderndes Klima	Lernförderliches Klima	Positive Beziehung zwischen Lehrperson und Lernenden	Konstruktive Unterstützung z. B. Geduld und ein angemessenes Tempo Konstruktiver Umgang mit Fehlern Freundliche, respektvolle Beziehung
		Regelmäßiges Feedback	
	Motivierung	Lernende nicht etikettieren	
Sinnstiftendes Kommunizieren		Glaubwürdigkeit der Lehrperson	
Individuelles Fördern	Umgang mit Heterogenität	Lernlücken erkennen und schließen	
		Intervention für Lernende mit besonderem Förderbedarf	
		Intervention für Lernende mit hoher Begabung	

Abb. 2: Vergleich der aktuell häufig diskutierten Kriterien für effektiven Unterricht

Was ist guter Unterricht, fragt (Meyer, 2004) im gleichnamigen Buch. Er nennt unter dem Begriff Kriterienmix zehn Merkmale, die einen guten Unterricht auszeichnen (vgl. Abbildung 2). Den Kriterienmix gewinnt Meyer in Absprache mit Kolleginnen und Praktikern als Mischung didaktischer und empirischer Merkmale auf Grundlage einer eigenen normativen Orientierung (vgl. Meyer, 2004, S. 16–17). Der Kriterienmix konzentriert sich auf den überfachlichen Bereich des Unterrichts und zeigt keine Bezüge zu fachlichen bzw. fachdidaktischen Merkmalen des Unterrichts. Am Beispiel des Merkmals „Inhaltliche Klarheit" wird dies deutlich: „Inhaltliche Klarheit liegt dann vor, wenn die Aufgabenstellung verständlich, der thematische Gang plausibel und die Ergebnissicherung klar und verbindlich gestaltet worden sind" (Meyer, 2004, S. 55).

Helmke (2012) orientiert sich an 10 Merkmalen effektiven Unterrichts (vgl. Abbildung 2), die er aus entsprechenden empirischen Studien gewinnt. Zahlreiche seiner Kriterien sind vergleichbar mit Meyer (2004). Neu können aber drei Kriterien auch der Fachdidaktik zugeordnet werden: *Aktivierung, Schülerorientierung, Kompetenzorientierung*.

Hattie (2012) legt eine Metaanalyse vor und zeigt für Untersuchungen zur Sprache Einflüsse auf die Lernleistung der Schülerinnen und Schüler mit relativ hoher Effektstärke ($d > 0.6$). Hierzu zählen *Vokabel- und Wortschatzförderung, wiederholendes Lesen, Lese-Verständnis-Förderung*. Aufgrund mangelnder Daten, also aufgrund des gewählten Designs der Hattie-Studie (Metastudie von Metaanalysen) konnten kaum weitere fachliche und fachdidaktische Einflussfaktoren aufgearbeitet werden.

Aktuelle empirische Studien lassen den vermeintlichen Schluss zu, die diskutierten Kriterien eines wirksamen Unterrichts seien unabhängig voneinander auf den oben beschriebenen sicht- und tiefenstrukturellen Ebenen zu analysieren (vgl. Abbildung 2). Da uns die Unterscheidung dieser beiden unterrichtlichen Ebenen aus fachdidaktischer Sicht sehr wichtig erscheint, kommen wir noch einmal darauf zurück: Die Sichtstrukturen liefern den von der Lehrkraft auch fachmethodisch inszenierten und von außen beobachtbaren Rahmen des Unterrichtens, während die Tiefenstrukturen auch die fachliche Qualität der Auseinandersetzung mit den Unterrichtsinhalten und die tatsächlich stattfindenden fachlichen Lernprozesse der Schülerinnen und Schüler klären (Oser & Baeriswyl, 2001; für einen Überblick vgl. Kunter & Trautwein, 2013). Die Sichtstrukturen geben zwar das Unterrichtsgeschehen vor; insgesamt mehr Erklärungsmacht für die Wirkung des Fachunterrichts scheinen jedoch die Tiefenstrukturen zu haben. Diese sind in den Fachdidaktiken nur teilweise erforscht. Zu diesen Tiefenstrukturen zählen vor allem die Diagnose von domänenspezifischen Schülervorstellungen und die auf diesen diagnostischen Urteilen basierende kognitive Aktivierung und die konstruktive Unterstützung von Lernprozessen.

Gerade hinsichtlich der Fachabhängigkeit zeigen aber aktuelle Forschungsergebnisse, dass durch den Einbezug domänenspezifischer Merkmale noch bedeutsamere Effekte des Unterrichts zu erwarten wären (Baumert & Kunter, 2006; Schroeders, Hecht, Heitmann, Jansen & Kampa, 2013; Törner &

Törner, 2010). Seidel und Shavelson (2007) wünschen sich deshalb vermehrte domänenspezifische Forschung: „Researchers might consider investigating the effects of domain-specific teaching on learning processes and motivational-affective outcomes in more depth than is currently practiced." Die vorliegende Studienbuchreihe will gerade dieses Desiderat aufnehmen und das bestehende Wissen zu einem wirksamen Fachunterricht, also der Domänenspezifität der Unterrichtsqualität, zusammentragen. Hierfür wichtig sind vor allem auch erlernbare Lehrkompetenzen, die eine Lehrkraft in die Lage versetzen, ihre beruflichen Anforderungen professionell zu erfüllen.

Resümee

Aus den vorangehenden Abbildungen (1 und 2) entsteht nun ein Überblick über unterschiedliche Kriterien von Unterrichtsqualität aus verschiedenen Perspektiven: Das Angebots-Nutzungs-Modell stellt die Akteure des Unterrichts im Sinne einer angebotsgebenden und einer nutzenden Seite sich ergänzend gegenüber und macht die unterschiedlichen Einflussfaktoren auf die Wirksamkeit eines „guten" Unterrichts deutlich. In Abbildung 2 werden unterschiedliche Kriterien von Unterrichtsqualität nebeneinander gestellt, um die Vielfalt der normativen und evidenzbasierten Dimensionen von Unterrichtsqualität aufzuzeigen. Mit dem vorliegenden Band wird nun der Blick auf das Unterrichtsfach Chemie gerichtet, und es werden domänenspezifisch Expertenmeinungen als Antworten auf zehn grundlegende Fragen zur Unterrichtsqualität verdichtet.

Literatur

Baumert, J. & Kunter, M. (2006). Stichwort: Professionelle Kompetenz von Lehrkräften. *Zeitschrift für Erziehungswissenschaft, 9* (4), 469–520.

Bromme, R. (2014). *Der Lehrer als Experte. Zur Psychologie des professionellen Wissens. Reprint in der Reihe Standardwerke aus Psychologie und Pädagogik* (Reprints, Band 7). Münster: Waxmann.

Fend, H. (2001). *Qualität im Bildungswesen: Schulforschung zu Systembedingungen, Schulprofilen und Lehrerleistung* (2. bereinigte Aufl.). *Juventa-Paperback*. Weinheim, München: Juventa-Verl.

Hattie, J. A. C. (2012). *Visible learning for teachers: maximising impact on learning*. Abingdon: Routledge.

Helmke, A. (2012). *Unterrichtsqualität und Lehrerprofessionalität. Diagnose, Evaluation und Verbesserung des Unterrichts* (4. überarbeitete Aufl., Schule weiterentwickeln – Unterricht verbessern. Orientierungsband). Seelze: Klett-Kallmeyer.

Ihme, T. A. & Möller, J. (2015). „He who can, does; he who cannot, teaches?": Stereotype threat and preservice teachers. *Journal of Educational Psychology, 107*, 300–308.

Klieme, E. & Rakoczy, K. (2008). Empirische Unterrichtsforschung und Fachdidaktik. Outcome-orientierte Messung und Prozessqualität des Unterrichts. *Zeitschrift für Pädagogik, 54,* 222–237.

Kohler, B. & Wacker, A. (2013). Das Angebot-Nutzungs-Modell. Überlegungen zu Chancen und Grenzen des derzeit prominentesten Wirkmodells der Schul- und Unterrichtsforschung. *Die Deutsche Schule, 105* (3), 241–257.

Kunter, M. & Trautwein, U. (2013). *Psychologie des Unterrichts.* Stuttgart: UTB.

Meyer, H. (2004). *Was ist guter Unterricht?* Berlin: Cornelsen Scriptor.

Oser, F. & Baeriswyl, F. (2001). Choreographies of Teaching: Bridging Instruction to Learning. In: V. Richardson (Ed.), *Handbook of research on teaching* (pp. 1031–1065). Washington, D.C.: American Educational Research Association.

Reusser, K. & Pauli, C. (2010). Unterrichtsgestaltung und Unterrichtsqualität – Ergebnisse einer internationalen und schweizerischen Videostudie zum Mathematikunterricht: Unterrichtsgestaltung und Unterrichtsqualität – Ergebnisse einer internationalen und schweizerischen Videostudie zum Mathematikunterricht: Einleitung und Überblick. In: K. Reusser, C. Pauli & M. Waldis (Hrsg.), *Unterrichtsgestaltung und Unterrichtsqualität. Ergebnisse einer internationalen und schweizerischen Videostudie zum Mathematikunterricht* (S. 15–20). Münster: Waxmann.

Schroeders, U., Hecht, M., Heitmann, P., Jansen, M. & Kampa, N. (2013). Der Ländervergleich in naturwissenschaftlichen Fächern. In H. A. Pant, P. Stanat, U. Schroeders, A. Roppelt, T. Siegle & C. Pöhlmann (Hrsg.), *IQB-Ländervergleich 2012. Mathematische und naturwissenschaftliche Kompetenzen am Ende der Sekundarstufe I* (S. 141–158). Münster: Waxmann.

Seidel, T. (2014). Angebots-Nutzungs-Modelle in der Unterrichtspsychologie. Integration von Struktur- und Prozessparadigma. *Zeitschrift für Pädagogik, 60* (6), 828–844.

Seidel, T. & Reiss, K. (2014). Lerngelegenheiten im Unterricht. In: A. Krapp & T. Seidel (Hrsg.), *Pädagogische Psychologie* (S. 253–276). Weinheim [u. a.]: Beltz.

Seidel, T. & Shavelson, R. J. (2007). Teaching effectiveness research in the last decade: Role of theory and research design in disentangling meta-analysis results. *Review of Educational Research,* 454–499.

Törner, G. & Törner, A. (2010). Fachfremd erteilter Mathematikunterricht – ein zu vernachlässigendes Handlungsfeld. *MDMV, 18,* 244–251.

MARKUS REHM

WIRKSAMER CHEMIEUNTERRICHT – EINE EINFÜHRUNG

Was ist wirksamer Chemieunterricht? Diese Frage stellen sich nicht nur Chemielehrerinnen und -lehrer, sondern ebenfalls Chemiedidaktiker / innen, Fachleiter / innen der Referendariatsphase und natürlich Lehramtsstudierende. Für die Beantwortung dieser vielleicht wichtigsten Frage für den Unterricht kommen in vorliegendem Buch Expertinnen und Experten zu Wort, die sich über viele Jahre wissenschaftlich sowie praktisch in der Schule mit den Fragen nach wirksamem Chemieunterricht beschäftigt haben.

Neu an diesem Ansatz ist die Herangehensweise: Für die spezifische Frage nach der Wirksamkeit des Chemieunterrichts werden in diesem Band schriftliche Experteninterviews eingesetzt, in denen die wichtigsten Erkenntnisse aus verschiedenen Perspektiven zusammengetragen und ausgewertet werden. Befragt wurden Expertinnen und Experten aus der Unterrichtspraxis, aus der Lehrerbildung sowie aus der chemiedidaktischen Forschung.

Die gesamte Expertise von Kolleginnen und Kollegen aus der Forschung, der Ausbildung der Zweiten Phase (Lehrerausbildung) und der Schulpraxis mit all ihren Forschungs- und Erfahrungshintergründen kann nun in verdichteter Form abgebildet werden und trägt damit zum besseren Verständnis der Qualität des Fachunterrichts bei. Im Gegensatz zu einer Verdichtung vor allem durch Metastudien (z. B. Hattie 2009), werden im vorliegenden Band dagegen die Expertinnen und Experten selbst nach der Interpretation ihrer Befunde, nach Transfermöglichkeiten empirischer Forschungsergebnisse sowie Ergebniseinschätzung anderer relevanter Studien, aber auch nach ihren Erfahrungen befragt. Ziel ist es, die Essenz dessen, was wirksamen Chemieunterricht ausmacht, herauszubekommen.

Dafür werden Fachdidaktiker / innen aus verschiedenen Hochschulen, Seminarleiter / innen und erfahrene Lehrkräfte befragt. Die Erkenntnisse dieser Expertinnen und Experten zu wirksamem Fachunterricht werden abschließend in einem Fazitkapitel kategorisiert und vergleichend analysiert. Leser / innen bekommen durch dieses Buch ein kompaktes, auf viel Expertenkompetenz basierendes Kompendium für einen effektiven Chemieunterricht und können sich einen Überblick verschaffen über die neueren Erkenntnisse zu einem Chemieunterricht, der wirksam und erfolgreich ist. Gerade die Beantwortung der schwierigen Frage, was im Chemieunterricht überhaupt *wirksam* sein kann und soll, wird in den Antworten durch die Autorinnen und Autoren aufgenommen:

Wirksam wird Chemieunterricht durch eine gute Verzahnung von Lern-Angeboten durch die Lehrkraft und entsprechender Nutzung dieser Lernangebote durch die Schülerinnen und Schüler. Die Interviews der Expertinnen und Experten zeigen deutlich, dass sich Lernangebote für einen wirksamen Chemieunterricht auf mindestens vier wichtige Bereiche stützen können:

1) die Diagnose von chemiespezifischen **Schülervorstellungen** und der daran anschlussfähige Umgang damit,

2) der fachdidaktisch abgestimmte und fachlich korrekte Einsatz der **Fachsprache**,

3) die für die Erkenntnisgewinnung effektive Platzierung von **Experimenten** sowie

4) der Einsatz von **Modellen** bzw. das Modellieren im Chemieunterricht.

Neben vielen anderen wichtigen Einflussfaktoren auf die Wirksamkeit heutigen Chemieunterrichts, welche die oben genannten vier Bereiche immer wieder tangieren, wie zum Beispiel der Umgang mit Vielfalt und Heterogenität, der Einsatz von Medien etc., ist der fachdidaktisch versierte Wechsel von Repräsentationsebenen chemiespezifischer Inhalte essenziell. Diese Repräsentationsebenen werden meist im sogenannten „Johnston-Dreieck" dargestellt: die *Ebene der Phänomene* (das Beobachtbare), die *sub-mikroskopische Ebene* (die atomare Denkebene) und die *symbolische Ebene* (die Formensprache, Modelle etc.)

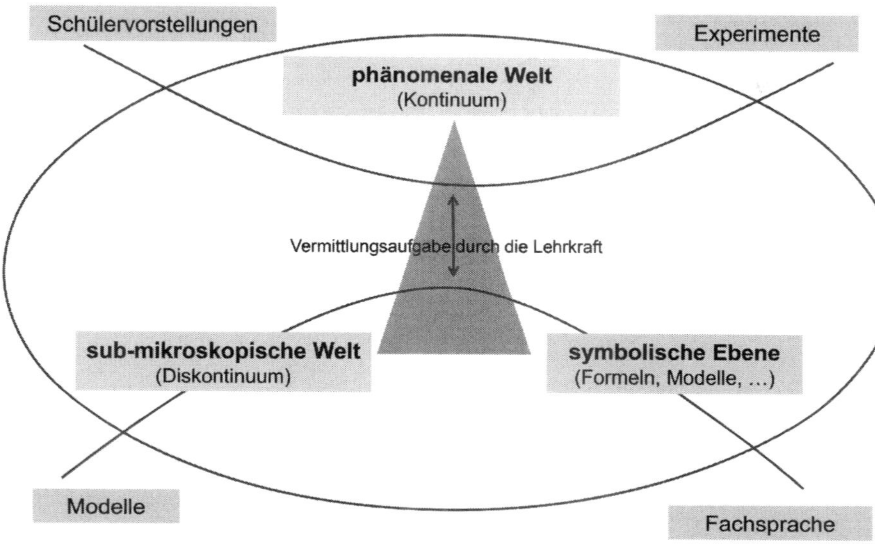

Abb. 2: Wichtige Bereiche wirksamen Chemieunterrichts und entsprechende Repräsentationsebenen des Johnstone-Dreiecks (Johnstone 1991)[1].

Die vier grau unterlegten Bereiche stellen hier keine abschließende Kategorisierung dar. Es sind Schwerpunkte, die von den Expertinnen und Experten in diesem Band herausgearbeitet werden. Die Bereiche tangieren die im Johnstone-Dreieck dargestellten Repräsentationsebenen unterschiedlich stark. So wird man Schülerinnen und Schüler im Anfangsunterricht der Chemie bei ihren Vorstellungen in der phänomenalen Welt „abholen", um sie im weiterführenden Unterricht behutsam ins diskontinuierliche Denken sowie in die Formeln und Modelle der Chemie einzuführen. Experimente als ein Teil der naturwissenschaftlichen Erkenntnisgewinnung beginnen meistens im Bereich der phänomenalen Welt und verlangen in der zugehörigen Schlussfolgerung und Interpretation der Beobachtung einen Repräsentationswechsel unter Zuhilfenahme der submikroskopischen Welt sowie der Repräsentation durch Formeln und Modelle. Vor allem dieser Wechsel der Ebenen verlangt – unter Berücksichtigung der schrittweisen Einführung in die korrekte Fachsprache – eine fachdidaktisch versierte Führung im Chemieunterricht. Für die Lehrkraft ergibt sich eine „Vermittlungsaufgabe" zwischen der phänomenalen Welt und der abstrakten Ebenen (submikroskopische Welt und symbolische Ebene).

---

[1] Johnstone, A. H. (1991). Why is science difficult to learn? Things are seldom what they seem. *Journal of Computer Assisted Learning, 7* (2), 75–83.

Ein weiterer wichtiger Bereich, der zur Wirksamkeit des Chemieunterrichts beiträgt, ist die bereits bestehende, gute inhaltliche Strukturierung durch die Bildungsstandards der Kultusministerkonferenz. Über die Expertinnen und Experten hinweg besteht eine große Einigkeit darin, dass in einem wirksamen Chemieunterricht die vier Kompetenzbereiche *Umgang mit Fachwissen, Erkenntnisgewinnung, Kommunikation* und *Bewertung* gleichberechtigt angesteuert und gefördert werden müssen.

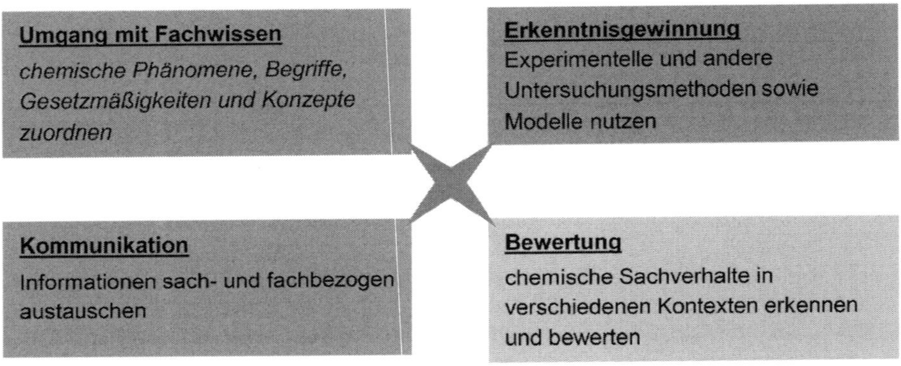

Abb. 3: Kompetenzbereiche der Bildungsstandards, Kultusministerkonferenz (KMK, 2005).

Neben den oben genannten Schwerpunkten eines guten und wirksamen Chemieunterrichts existieren weitere wichtige Bereiche, die durch die Expertinnen und Experten in den Interviews hervorgehoben werden. Ein weiteres Beispiel ist das „curriculare Fingerspitzengefühl" der Lehrkraft, die es versteht interessante Kontexte in ihrer Komplexität so aufzubereiten, dass sie die Interessen der Schülerinnen und Schüler stärken und gleichsam fachliche Grundlagen im Unterricht festigen. Aber auch die Bedeutsamkeit des Bereichs der Natur der Naturwissenschaften (*Nature of Science*) wird hervorgehoben und auf seine Wirksamkeit hinterfragt.

In dem sich alle Expertinnen und Experten mit den gleichen unten angeführten Fragestellungen auseinandersetzen, ergibt sich in diesem Band ein breites Spektrum an Expertise und Meinungen zur Wirksamkeit des Chemieunterrichts. Die Expertinnen und Experten haben zu diesen Fragen erwartungsgemäß unterschiedliche Antworten parat, die sie aus ihrer wissenschaftlichen und praktischen Expertise, aus ihren vertieften Erfahrungen und aus ihren Überzeugungen ableiten.

Der Auswahlprozess für die hier versammelten Fragen zum wirksamen Chemieunterricht war nicht leicht. Die Herausgeberinnen und Herausgeber aller Bände der Buchreihe „Wirksamer Fachunterricht" für die verschiedenen Unterrichtsfächer einigten sich in einem intensiven Austausch auf grundlegende Fragen, die für alle Fachbände der Buchreihe nahezu gleichgestellt wurden. Weitere Fragen wurden für jedes Unterrichtsfach zusätzlich fachspezifisch gestellt. Es ist aufgrund der jeweiligen Fächertraditionen recht schwierig Fragen zu finden, die für wirksamen Unterricht in den unterschiedlichen Fächern ähnlich relevant sind. Dafür wurden vor allem Erkenntnisse aus bildungswissenschaftlichen Studien zum wirksamen Unterricht herangezogen, um ihre zentralen Ergebnisse fachspezifisch in eine Frageform zu transformieren. Eine weitere Schwierigkeit bestand darin, diese Erkenntnisse als Fragen für alle befragten Gruppen beantwortbar zu formulieren, sodass die Leserinnen und Leser einen persönlichen Nutzen aus den Antworten ziehen können. Daher haben wir in allen Bänden der einzelnen Unterrichtsfächer weitgehend auf bildungswissenschaftliches Fachvokabular verzichtet und zusätzlich zu jeder Frage einen kurzen erläuternden Vorspann vorangestellt. Die Interviewpartnerinnen und Interviewpartner hatten eine Höchstzahl an Seiten für das gesamte Interview zur Verfügung, die sie aber für die zehn Fragen selbst einteilen und gewichten konnten. Im Folgenden werden die Interviewfragen mit den erläuternden Texten, die allen Expertinnen und Experten schriftlich gestellt wurden, vorgestellt.

Das Buch kann auf verschiedene Art und Weise genutzt werden. Sie können die Beiträge nacheinander auf sich wirken lassen und unterschiedliche Perspektiven zum wirksamen Fachunterricht identifizieren. Sie können aber auch gezielt die Perspektiven einzelner Autorinnen und Autoren nebeneinanderstellen oder eine einzelne Frage herausgreifen, um die verschiedenen Sichtweisen der Autorinnen und Autoren zu kontrastieren.

Interviewfragen

Lehrpersonen müssen sich eine große Zahl von Kompetenzen aneignen. Inzwischen herrscht Konsens darüber, dass diese Kompetenzen, neben den Werthaltungen, den Fähigkeiten zur Selbstregulation und den motivationalen Fähigkeiten, vor allem in den Bereichen der jeweiligen Fachwissenschaft, der Fachdidaktik und der Pädagogik/Psychologie angesiedelt sein müssen.

Welches fachwissenschaftliche und fachdidaktische Wissen und Können der Lehrperson ist aus Ihrer Sicht für die Qualität des Politikunterrichts besonders wichtig?

Im Kontext verschiedener Bildungsstudien wurden Qualitätsmerkmale von wirksamem Unterricht empirisch herausgearbeitet. Oft werden diese Qualitätsmerkmale in Sicht- und Tiefenstrukturen unterschieden. Unter der Sichtstruktur des Unterrichts versteht man alle Merkmale, die direkt durch Beobachtung zugänglich sind, zum Beispiel wechselnder Methodeneinsatz. Die Tiefenstrukturen sind diejenigen Merkmale, die sich der direkten Beobachtung entziehen, aber in hohem Maße für die Qualität des Unterrichts verantwortlich sind, zum Beispiel in welchem Maße Schülerinnen und Schüler während des Unterrichts kognitiv aktiv sind oder wie sich die Schülerinnen und Schüler individuell unterstützt fühlen.

Welche Qualitätsmerkmale halten Sie für den Chemieunterricht für essenziell?

Die Fülle an Lernumgebungen sowie Lehr-/Lernformen, die in Methodenbüchern dargestellt werden, sollten eigentlich das Unterrichten erleichtern. Doch die Vielfalt der Möglichkeiten kann auch verunsichern oder zur Willkür verführen. Lehramtsstudierende und Lehrpersonen in der Praxis stehen deshalb oft vor der Frage, welche Methode oder Lernumgebung sie nun einsetzen sollen, um den Chemieunterricht besonders wirksam werden zu lassen.

Welche Lernumgebungen und Lehr- / Lernformen halten Sie für einen wirksamen Chemieunterricht für besonders bedeutsam?

Grundlage für einen wirksamen Fachunterricht ist die optimale Passung zwischen den Lernangeboten und den Lernvoraussetzungen von Schülerinnen und Schülern. Damit die Passung gelingt, müssen diese Lernvoraussetzungen in die Planung für einen differenzierenden/individualisierenden Unterricht einbezogen werden.

Wie sieht eine gute Differenzierung / Individualisierung Ihrer Meinung nach im Chemieunterricht aus?

Standardsituationen sind im Unterricht wiederkehrende Situationen, welche die Unterrichtsqualität absichern sollen, z.B. Lesegelegenheiten, Arrangieren von Übergängen usw.

Welche immer wiederkehrenden fachspezifischen Herausforderungen im Unterrichtshandeln müssen Ihrer Meinung nach die Lehrpersonen bewältigen, um im Chemieunterricht eine angemessene Unterrichtsqualität garantieren zu können?

Mit dem Übergang von der Input- zur Output-Orientierung gewinnen Lern- und Leistungsaufgaben an Bedeutung. Dabei wird davon ausgegangen, dass eine bestimmte Aufgabe, also ein Problem, durch die Schülerinnen und Schüler gelöst werden kann, wenn sie die entsprechende Kompetenz besitzen.

Worauf gilt es bei der Entwicklung und dem Einsatz von Aufgaben bzw. Aufgabensets im kompetenzorientierten Chemieunterricht besonders zu achten?

Die Fülle an Konzepten, Untersuchungen und praktischen Umsetzungsvorstellungen von erfahrenen Fachdidaktiker/innen und Lehrer/innen überfordern manchmal die Studierenden, Referendar/innen oder Junglehrer/innen. Daher können wenige gezielte Impulse für einen wirksamen Chemieunterricht hilfreich sein.

Welche Schritte empfehlen Sie aufgrund Ihrer wissenschaftlichen bzw. erfahrungsbasierten Expertise als „first steps" für angehende Chemielehrer/-innen, die sie für guten Chemieunterricht umsetzen können?

Jede Fachdidaktik, jedes Unterrichtsfach hat Besonderheiten, die es gegenüber anderen Fächern und gegenüber allgemeindidaktischen Herangehensweisen auszeichnet.

Was ist Ihrer Ansicht nach das Besondere am Chemieunterricht?

Forschendes Lernen hat eine zentrale Bedeutung für den Chemieunterricht. Unter diesem Begriff existieren unterschiedliche Ansätze, wie zum Beispiel verschiedene Formen des Inquiry Based Learnings, des Problem Based Learnings etc., die ihrerseits wieder unterschiedliche Lern- bzw. Arbeitsschritte favorisieren, zum Beispiel zirkuläre Arbeitsschritte (Forschungszyklus, Scientific Inquiry Cycle etc.) oder offene, eher prozessbezogene Arbeitsschritte (Problem Based Learning).

Welche zentralen Merkmale des forschenden Lernens halten Sie für notwendig, um Chemieunterricht wirksam zu gestalten?

Das Lernen über die Naturwissenschaften im Allgemeinen wird in den letzten Jahren verstärkt eingefordert. Dies zeigt zum Beispiel die wachsende Bedeutung des Themas Nature of Science. Schülerinnen und Schüler sollen aus dieser Perspektive im Chemieunterricht nicht nur Inhalte der Chemie, sondern auch etwas über das Wesen der Naturwissenschaften bzw. das Wesen der Chemie erfahren.

Welche fachlichen und fachdidaktischen Aspekte erachten Sie als bedeutsam, damit das Lernen zum Wesen der Naturwissenschaften wirksam wird?

Neue Medien wie Smartphones und Tablets treten gerade im Chemieunterricht verstärkt in Konkurrenz mit herkömmlichen Unterrichtsmaterialien wie Schulbücher, Mikroskope usw.

Welchen Umgang mit herkömmlichen bzw. neuen Medien empfehlen Sie im Chemieunterricht?

MATTHIAS VON ARX / ANNE BEERENWINKEL

DER ERFOLG HÄNGT NICHT VON DER METHODE AB, SONDERN VON DER UMSETZUNG

von Arx, Matthias, Dr., Fachhochschule Nordwestschweiz – Pädagogische Hochschule, Institut Sekundarstufe I und II; Arbeitsschwerpunkte: Chemiedidaktik, Kompetenzmodellierung, Unterrichtsentwicklung

Beerenwinkel, Anne, Dr., Fachhochschule Nordwestschweiz – Pädagogische Hochschule, Institut Forschung und Entwicklung; Arbeitsschwerpunkte: Chemiedidaktik, Sprache im naturwissenschaftlichen Unterricht, Unterrichtsentwicklung

Welches fachwissenschaftliche und fachdidaktische Wissen und Können der Lehrperson ist aus Ihrer Sicht für die Qualität des Chemieunterrichts besonders wichtig?

Es ist schwierig hier eine Auswahl zu treffen. Aus fachdidaktischer Perspektive besonders wichtig sind die Aspekte, welche den Unterricht und die Unterrichtsinhalte mit der Erfahrungswelt und den individuellen Voraussetzungen der Lernenden in Beziehung setzen. Dazu gehören Kenntnisse von Schülervorstellungen und den damit verbundenen Lernschwierigkeiten genauso, wie die Einbettung der Unterrichtsinhalte in interessante Kontexte, die sichere Durchführung von Experimenten und der bewusste und lernwirksame Einsatz spezifischer Methoden. Letztlich geht es immer darum, die Lernenden da "abzuholen", wo sie sind (Berücksichtigung kognitiver, affektiver, gesellschaftlicher Faktoren) und im Unterricht eine Brücke zu den naturwissenschaftlichen Konzepten zu schlagen. Dies erfordert eine sorgfältige Planung und Strukturierung des Unterrichts unter Berücksichtigung der genannten (und zusätzlichen) Eckpunkte. Bei der Umsetzung im Klassenzimmer kommt noch ein weiterer zentraler Aspekt dazu: Die diagnostische Kompetenz der Lehrperson. Die Lehrperson muss laufend erkennen, wie sich der Unterricht bzw. die Lernenden entwickeln. Wer braucht zu welchem Zeitpunkt welche Art von Anleitung / Unterstützung, um weiterzukommen? Dies wiederum erfordert den Einsatz formativer Beurteilungsmethoden, die Schaffung einer offenen Feedback-Kultur sowie die Pflege eines guten Unterrichtklimas.

Fachlich brauchen die Lehrpersonen zu allen Unterrichtsthemen Kenntnisse auf universitärem Niveau. Viele Studien zeigen, dass nach (zu) kurzer Fachausbildung bei angehenden oder auch erfahrenen Lehrpersonen Fehlvorstellungen vorhanden sind, wie sie auch bei den Lernenden auftreten. In diesem Sinne ist ein fundiertes Fachwissen auch die Grundlage für die Entwicklung fachdidaktischer Kompetenzen. Zudem benötigen die Lehrpersonen Erfahrung im praktisch-experimentellen Arbeiten. Nur so können sie selbst sicher experimentieren, was wiederum Voraussetzung für die Konzeption und Begleitung geeigneter Schülerexperimente ist.

Welche Qualitätsmerkmale halten Sie für den Chemieunterricht für essenziell?

Letzten Endes kommt es immer darauf an, die Schülerinnen und Schüler kognitiv zu aktivieren, was ein gewisses Maß an Motivation und Interesse seitens der Lernenden voraussetzt. Dafür ist nicht entscheidend, ob der Unterricht eher lehrer- oder eher schülerzentriert ist und welche Methoden und Sozialformen zum Einsatz kommen (lauter Sichtstruktur-Merkmale). Entscheidend ist, dass der Unterricht so geplant und vor allem gestaltet wird, dass er die Lernenden dazu bringt und darin unterstützt, sich aktiv am Unterricht zu beteiligen, mitzudenken und das eigene Wissen und die eigenen Fähigkeiten (weiter-) zu entwickeln. Je nach Klasse und Rahmenbedingungen kann dazu die eine oder andere Methode besser geeignet sein. Grundsätzlich braucht es aber Problemstellungen, die das Interesse der

Lernenden wecken, von ihnen als relevant betrachtet werden (affektive Dimension) und auf unterschiedliche Weise bearbeitet werden können. Nur so kann verhindert werden, dass ein erheblicher Teil der Lernenden entweder über- oder unterfordert ist (kognitive Dimension). Dies wird durch den gezielten Einsatz von Aufgaben gesteuert (siehe Frage zu Aufgaben bzw. Aufgabensets).

Ein kognitiv aktivierender Unterricht zeichnet sich auch dadurch aus, dass metakognitive Prozesse bewusst gefördert werden. Hier spielt die Modellierungsrolle der Lehrperson eine große Rolle. Ebenso wichtig sind strukturierende Elemente. Die Lehrperson muss die individuellen Lernprozesse der Schülerinnen und Schüler durch strukturierende Hilfestellungen begleiten. Sie sollte die Lernenden sorgfältig in das Arbeiten mit offenen Aufgabenformaten und Lernformen einführen und die Entwicklung von Lernstrategien und selbstregulativen Aspekten unterstützen. Zudem braucht es eine Unterrichtsatmosphäre, in der Gedanken / Meinungen / Fragen frei geäußert werden dürfen, in welcher Fehler als Lerngelegenheiten gesehen werden und in welcher eine offen-konstruktive Feedback-Kultur herrscht.

Welche Lernumgebungen und Lehr-/Lernformen halten Sie für einen wirksamen Chemieunterricht für besonders bedeutsam?

Die Vielfalt der bekannten Möglichkeiten ist sehr groß und der empirische Wissensstand zur Wirksamkeit vieler Lehr- und Lernformen ist uneinheitlich. Das hat unter anderem damit zu tun, dass der Erfolg nicht von der Methode abhängt, sondern von der Umsetzung. Hier besteht – gerade bei offenen Lehr- / Lernformen – oft eine Kluft zwischen Forschung und alltäglicher Praxis. In vielen Studien, welche für die Wirksamkeit von Lehr- / Lernformen wie z. B. dem entdeckenden oder problembasierten Lernen positive Effekte zeigen, sind die unterrichtlichen Interventionen mit viel Aufwand von ganzen Teams aus Lehrpersonen und Forschenden entwickelt worden – teils gekoppelt mit intensiver Fortbildung und hohem Zeitbedarf im Unterricht. Dies kann von einer einzelnen Lehrperson in der alltäglichen Praxis nur schwer geleistet werden, womit auch nicht gesichert ist, dass sich die Wirksamkeit eins zu eins in die alltägliche Praxis übertragen lässt.

Welche Schlüsse kann man daraus für die Praxis ziehen? Erstens: Sinnvollerweise findet im Unterricht ein Wechsel zwischen Instruktion und Phasen selbständigen Arbeitens statt. Zweitens sollten nicht zu viele Lehr- und Lernformen in kurzer Folge eingeführt werden, denn die Lernenden müssen mit jeder Form zuerst auch umgehen lernen und entsprechende Lernstrategien entwickeln. Drittens: Offene Lehr- / Lernformen dürfen nicht mit einem Verlust von inhaltlicher Struktur einhergehen bzw. die Aufgabe der inhaltlichen

Strukturierung und Sequenzierung darf nicht vollständig auf die Lernenden übertragen werden. Während der Umsetzung unterstützt und begleitet die Lehrperson die Lernenden in ihren Arbeits- und Lernprozessen im Sinne des Scaffoldings. Dazu gehört auch die Differenzierung zwischen den einzelnen Lernenden und das Fading (das kontinuierliche Zurückfahren des Unterstützungsangebotes mit zunehmender Erfahrung der Lernenden).

Lernaufgaben (siehe z. B. Adamina, 2010) stellen vor diesem Hintergrund eine interessante Option dar. Sie verlangen von den Lernenden eigenständiges Denken und Arbeiten, geben aber gleichzeitig eine gewisse Struktur. In einer klassischen Lernaufgabe werden z. B. Informationen mitgeliefert, Teilfragen oder eine Sequenz von Leitfragen vorgegeben. Auf diese Weise wird die inhaltliche Richtung vorgezeichnet und der formale Rahmen, in welchem die Aufgabe bearbeitet werden soll, ist relativ eng abgesteckt. Natürlich lässt sich der Grad der Strukturierung beliebig variieren und der Übergang zum entdeckenden Lernen ist fließend. Aufgrund dieser Eigenheiten stellen Lernaufgaben ein gutes und lernwirksames Übungsfeld dar, in welchem die Lernenden (erste) Erfahrungen in eigenständigem Lernen und Arbeiten sammeln können sowie die Lehrpersonen Erfahrungen in ihrer Rolle als Lernbegleiter.

Wie sieht eine gute Differenzierung / Individualisierung Ihrer Meinung nach im Chemieunterricht aus?

Die Schülerinnen und Schüler einer Klasse unterscheiden sich erheblich hinsichtlich kognitiver Aspekte, wie z. B. ihrem Vorwissen, ihren Lernstrategien oder ihren sprachlichen Fähigkeiten, wie auch im Hinblick auf affektive Dimensionen, wie z. B. Lernmotivation, Interesse oder Selbstwirksamkeitserwartung. Genderunterschiede sind im Chemieunterricht ebenfalls prominent. Daraus wird klar, dass ein erheblicher Bedarf an Differenzierung und Individualisierung auf kognitiver und affektiver Ebene besteht. Der Schlüssel zur Differenzierung liegt in der Abstützung der Unterrichtsplanung auf das Modell der didaktischen Rekonstruktion. Die damit verbundenen Analysen greifen die Voraussetzungen der Lernenden auf allen Ebenen auf und es werden Wege gesucht und identifiziert, wie die Unterrichtsziele ausgehend von diesen Voraussetzungen erreicht werden können.

Erfolgsversprechend sind Ansätze, die interessante Kontexte, z. B. mit Alltagsbezug, aufweisen, die unterschiedliche Zugänge und Bearbeitungstiefen erlauben und die in der Ausrichtung von den Schülerinnen und Schülern mitgestaltet werden können. Während der Bearbeitung von Fragestellungen bietet die Lehrperson den Lerngruppen oder -tandems Feedback und Hilfestellungen an, die für das Weiterkommen bedeutsam sind. Um Einblicke in die individuellen Lernprozesse zu erhalten, können Lernbegleitbögen und Lernjournale eingesetzt werden. Differenzierung bedeutet das Zulassen und die Wertschätzung unterschiedlicher Lernwege. Der Austausch über die verschiedenen Wege und Ergebnisse birgt viel Lernpotential, da die Schülerinnen und Schüler nicht nur lernen Arbeiten zu präsentieren und zu diskutieren, sondern sie können auch Chancen und Herausforderungen unterschiedlicher Vorgehensweisen erkennen. Das Zusammentragen, Festhalten und Vernetzen der unterschiedlichen Lernspuren und Ergebnisse ist allerdings anspruchsvoll. Die Lehrperson sollte daher der Klasse bei der Einordnung und Strukturierung der unterschiedlichen Ergebnisse / Erkenntnisse / Produkte helfen, und sicherstellen, dass alle Lernenden die wichtigsten Erkenntnisse festhalten.

Welche immer wiederkehrenden fachspezifischen Herausforderungen im Unterrichtshandeln müssen Ihrer Meinung nach die Lehrpersonen bewältigen, um im Chemieunterricht eine angemessene Unterrichtsqualität garantieren zu können?

Neben dem Einstieg in eine Unterrichtsstunde, ihrem Abschluss und den Übergängen im Unterricht, welche – wie in allen anderen Fächern – auch im Chemieunterricht wohl überlegt und gut gestaltet sein wollen, stellt die Gestaltung von Experimentierphasen eine zentrale chemiespezifische Herausforderung für Lehrpersonen dar. Hierbei sind inhaltliche, organisatorische, gruppendynamische und sicherheitsrelevante Aspekte zu berücksichtigen. Damit der Übergang in eine Experimentierphase gelingt, müssen Verhaltensweisen kommuniziert, erläutert und eingeübt werden (Rituale). Welche Verhaltensweisen gelten beim Experimentieren? Welche Materialien sind wo zu finden? Wie wird mit den Materialien umgegangen? Wie organisieren sich die Gruppen? Wer erledigt welche Aufgaben? Was muss vor dem Experimentieren gemacht werden (Anleitungen lesen, etc.)? Wann und wie wird aufgeräumt? ... Dies ist ein Prozess, der in den ersten Monaten mit jeder neuen Klasse solange "trainiert" wird, bis die Abläufe beherrscht werden – eine Zeitinvestition, die sich im weiteren Jahresverlauf um ein Mehrfaches amortisiert.

Experimente sollten so gestaltet werden, dass experimentelle und erkenntnistheoretische Kompetenzaspekte und Fertigkeiten (Entwicklung von Fragestellungen, Versuchsplanung, Durchführung, Protokollierung, Auswertung, Reflexion, Funktion des Experiments, etc.) gezielt gefördert werden. Neben den Fragen zur Gestaltung des organisatorischen Ablaufs (s. oben) stellt sich also die wichtige Frage der inhaltlichen Einbettung in den Unterrichtsablauf. Zu einem Experiment gehört eine vorbereitende Phase, die eigentliche Durchführung und eine Nachbereitung im Unterricht. Es gibt sehr vielfältige Formen dies umzusetzen und bei den Lernenden zu verankern (z. B. beim Übergang in die praktische Arbeit: Ist mir klar, warum das Experiment auf genau diese Art durchgeführt wird? Was ist das Ziel?; während der praktischen Arbeit: Worauf muss ich achten? Wie dokumentiere ich die Ergebnisse?; nach der praktischen Arbeit: Mit wem bespreche ich meine Ergebnisse? Wie kann man die Ergebnisse in Beziehung zur Hypothese / Theorie setzen?). Es ist wichtig Klassen, die noch wenig Erfahrung im Experimentieren haben, sorgfältig an das experimentelle Arbeiten und das in-Beziehung-setzen zur Theorie heranzuführen: Lieber mit einer einfachen, kontrollierten Messung einer Variablen zur Überprüfung einer Hypothese / Theorie beginnen, als mit einem offenen Explorieren, welches zum Ziel hat durch späteres Systematisieren auf induktivem Weg zu einer Hypothese / Theorie zu gelangen. Letzteres stellt hohe Anforderungen an die organisatorischen Abläufe, die experimentellen Fähigkeiten und die erkenntnistheoretischen Aspekte des Experimentierens und führt leicht zu einer Überforderung der Lernenden und der Lehrperson.

Worauf gilt es bei der Entwicklung und dem Einsatz von Aufgaben bzw. Aufgabensets im kompetenzorientierten Chemieunterricht besonders zu achten?

In einem zeitgemäßen Chemieunterricht sollte ein vielseitiger und differenzierter Einsatz von Aufgaben gelebt werden. Die Lernenden sollen in Kontakt mit unterschiedlichen Aufgabentypen und -formaten kommen, die verschiedene Funktionen erfüllen. Neben dem klassischen Memorieren, Üben und Anwenden (z. B. Ermittlung von Ionenladungen, Zusammensetzung von Atomkernen, Ausgleichen von Reaktionsgleichungen, etc.) sind in einem kompetenzorientierten Unterricht vermehrt auch Lernaufgaben, offene Problemstellungen, Experimentieraufgaben oder die Arbeit an Projekten von Bedeutung. Diese können spezifische Kompetenzen oder Kompetenzaspekte fördern und fordern das eigenständige Erarbeiten von neuen Inhalten und Konzepten oder sie fordern eine Transferleistung ein. Es ist wichtig, dass sich die Lehrperson über die Funktion einer Aufgabe bewusst ist und diese im Unterricht entsprechend einsetzt. Dabei gibt es keine generelle Ablaufregelung. Für jede Unterrichtssequenz muss – passend zu den Lernzielen – eine sinnvolle Abfolge von Aufgaben identifiziert werden. Die bewusste Wahl und Sequenzierung von Aufgaben mit ihrer jeweiligen Funktion, bildet das eigentliche Rückgrat eines kompetenzorientierten Chemieunterrichts. Dabei ist auf eine präzise Formulierung der Fragestellung inklusive strukturierender Hilfestellungen zu achten und es muss klar angegeben werden, welche Art von Produkt erwartet wird (schriftliche Erklärung?

Berechnung? Zeichnung? Präsentation? etc.). Auf diese Weise kann auch gesteuert werden, welche Kompetenzaspekte bei der Bearbeitung der Aufgabe ins Zentrum rücken.

Wichtig ist zudem, dass die Aufgaben ein gutes Wechselspiel formativer und summativer Elemente beinhalten und dies den Lernenden auch entsprechend kommuniziert wird. Will eine Aufgabe fördern oder überprüfen? Was will sie fördern (welche Kompetenz) bzw. überprüfen? In beiden Fällen sind Aufgaben unterschiedlichen Schwierigkeitsgrades anzubieten, die auf verschiedene Weisen gelöst werden können (Differenzierung durch den Lösungsweg).

Schließlich darf der Einfluss standardisierter Tests auf Kantons- bzw. Länder- oder Bundesebene nicht unterschätzt werden. Diese beeinflussen direkt oder indirekt die Vorgaben an den Chemieunterricht durch die übergeordneten Ebenen (Kantone bzw. Länder) und auch die Chancen der Lernenden bei Schulübertritten bzw. bei der Lehrstellensuche. Dem muss ein zeitgemäßer Unterricht Rechnung tragen, indem die Jugendlichen mit typischen Testaufgaben und Aufgabenformaten vertraut gemacht werden.

Welche Schritte empfehlen Sie aufgrund Ihrer wissenschaftlichen bzw. erfahrungsbasierten Expertise als „first steps" für angehende Chemielehrer/-innen, die sie für guten Chemieunterricht umsetzen können?

Das Unterrichten ist ein hochkomplexer, dynamischer und äußerst interaktiver – und damit hoch anspruchsvoller – Prozess, was für angehende und junge Lehrpersonen, aber auch für erfahrene Lehrkräfte eine große Herausforderung darstellt. Aus diesem Grund spielt die Vorbereitung des Unterrichts eine zentrale Rolle. Die fachlichen Inhalte müssen gut durchgearbeitet werden, die Lernvoraussetzungen (Vorwissen, sowie weitere kognitive und affektive Variablen) geklärt, die Lernziele klar formuliert und mögliche Lernschwierigkeiten antizipiert und berücksichtigt werden. Darauf aufbauend wird ein gut strukturierter Unterrichtsablauf geplant. Am Ende weiß die Lehrperson klar, wo sie anfangen will, wie sie die Lektion aufbaut und welche Ziele sie erreichen möchte. Sie wählt bewusst dazu passende Methoden und Sozialformen und plant deren Einsatz. Eine fundierte und klar strukturierte Planung bedeutet nicht, dass man sich an diesem Plan um jeden Preis „festkrallen" soll, sondern sie gibt gerade die nötige Sicherheit und Flexibilität während des Unterrichts situative Anpassungen vornehmen zu können. Dabei sollten die Lernziele immer klar vor Augen sein: Vom Plan wird abgewichen, wenn man merkt, dass ein Ziel auf dem geplanten Weg nicht erreicht werden kann. Um solche Entscheidungen treffen zu können, braucht die

Lehrperson eine gründliche fachliche Vorbereitung (um während des Unterrichts keine eigenen Denkressourcen auf die relevanten Fachinhalte verwenden zu müssen). Vorbereitende Gedanken zu möglichen Lernschwierigkeiten helfen dabei diese im Unterricht schnell zu erkennen und angemessen darauf zu reagieren (Planung optionaler Hilfestellungen). Besonders wertvoll ist auch die Planung von Übergängen: Erstens, um möglichst wenig Zeit zu verlieren, und zweitens, um den inhaltlichen Zusammenhang zwischen Unterrichtsteilen den Lernenden gegenüber transparent zu machen (Strukturierungsleistung).

Besonders sorgfältige Planung verlangt das Experimentieren – sei es als Demonstrationsversuch oder als Schülerexperiment. Die Herausforderung bezüglich organisatorischer Gestaltung und inhaltlicher Strukturierung ist hier besonders hoch (siehe vorletzte Frage).

Was ist Ihrer Ansicht nach das Besondere am Chemieunterricht?

Das für alle Naturwissenschaften herausragende Charakteristikum ist das Experiment. Der Weg zur Erkenntnis führt über das Experiment. Durch sorgfältiges, kontrolliertes Experimentieren oder durch offeneres, teils kreatives Explorieren und anschließendes Systematisieren, wird auf deduktivem oder induktivem Weg ein Theoriebezug hergestellt. Das Experiment ist das Bindeglied zwischen der beobachtbaren und erfahrbaren Realität und ihrer Generalisierung bzw. Abstraktion in Form von Theorien und Modellvorstellungen. Über das Experiment wird die Natur erschlossen. Sowohl auf der praktischen, als auch auf der theoretischen Seite, gibt es aber je einen zentralen Punkt, an welchem sich die Chemie von den anderen beiden naturwissenschaftlichen Disziplinen unterscheidet:

Das praktisch-experimentelle Handeln unterscheidet sich in den einzelnen naturwissenschaftlichen Disziplinen teils erheblich, man könnte fast von je einem eigenständigen „Handwerk" sprechen. In der Chemie wird mit speziellen Glaswaren und Geräten gearbeitet, die eine ganz spezifische Bedienung erfordern. Es werden einfache Verfahren (wie Chromatographie, Extraktion, Titration) eingeübt, deren korrekte Ausführung Voraussetzung für erkenntnistheoretisch fruchtbares Experimentieren ist, und vieles mehr. Es gehört sicher zum Wesen des Chemieunterrichts, dass die Lernenden an dieses Arbeiten, an dieses „Handwerk", herangeführt werden.

Nach gängigen Theorien liegen die Ursachen für die experimentell beobachtbaren Phänomene meist im submikroskopisch Kleinen – der Welt der Elektronen, Protonen, Atome, Ionen und Moleküle, welche unseren Sinnen nicht direkt zugänglich ist. Die Deutung von experimentellen Beobachtungen erfolgt im Chemieunterricht daher oft auf einer submikroskopischen Modellebene, wobei auf eine Vielzahl von abstrakten Begriffen und Repräsentationen / Symbolen zurückgegriffen wird. Nach der Ansicht von Johnstone (2000) liegt in der Interaktion oder Integration dieser drei Ebenen (1. makroskopisch, beobachtbare Erscheinungen, 2. submikroskopische Ursachen, 3. Symbole und Repräsentationen) gerade die Stärke und der Erfolg der Chemie als wissenschaftliche Disziplin. Ebenso sieht er darin aber auch eine große, lernpsychologisch begründete Schwierigkeit für das Erlernen von Chemie. Diesem Sachverhalt (heute meist unter dem Namen „Chemisches Dreieck" bekannt) sollte ein moderner Chemieunterricht Rechnung tragen, indem er versucht von der Erfahrungswelt der Lernenden auszugehen und – gerade mit Hilfe von Experimenten – eine Brücke zur submikroskopischen Modellwelt zu schlagen.

Welche zentralen Merkmale des forschenden Lernens halten Sie für notwendig, um Chemieunterricht wirksam zu gestalten?

Es gibt verschiedene Definitionen zum Forschenden Lernen und sie umfassen vielfältige Aspekte, vom Aufstellen eigener Fragestellungen, über das Explorieren eigener oder vorgegebener Fragen bis hin zur Reflexion, Diskussion und Präsentation der Ergebnisse. Forschendes Lernen ist somit ein umfassender Begriff, der viele der Bereiche einschließt, die in den anderen Fragen diskutiert werden, z. B. die Einbettung und Offenheit von Experimenten, die Funktionalität und Gestaltung von Aufgaben, die Orchestrierung verschiedener Unterrichtsmethoden und Sozialformen, die Förderung kollaborativer Lernprozesse oder die Bewertung und Reflexion von Arbeits- und Lernprozessen ebenso wie die Einführung in die naturwissenschaftliche Arbeitsweisen und Erkenntniswege. An dieser Stelle werden daher nur einige ausgewählte Aspekte näher betrachtet.

Forschendes Lernen bedeutet, dass sich die Schülerinnen und Schüler aktiv mit dem Problem oder der Fragestellung auseinandersetzen. Diese Auseinandersetzung verlangt ein breites Spektrum an Kompetenzen, z. B. im Hinblick auf die Planung von Untersuchungen und Experimenten, die Durchführung von Recherchearbeiten, die Bewertung und Reflexion von experimentellen Ergebnissen und Arbeitsschritten, die Aushandlung von Arbeitsaufteilungen und Bedeutungen, die Dokumentation von Ergebnissen usw. Diese Kompetenzen müssen langsam von der Lehrperson bzw. dem Kollegiumsteam aufgebaut werden. Forschendes Lernen birgt die Möglichkeit viele der in den Lehrplänen und Standards definierten Kompetenzen zu fördern und zu fordern. Wichtig ist, dass die Lehrperson die Lern- und Arbeitsprozesse strukturierend begleitet und die Öffnung einzelner Aspekte, z. B. Informationen beschaffen oder Experimente planen, an die zunehmende Kompetenz der Lernenden anpasst. Die Lernumgebung muss so gestaltet sein, dass sie den Schülerinnen und Schülern ermöglicht, sich als kompetent zu erleben und Zutrauen in ihre Fähigkeiten zu entwickeln (siehe auch Höttecke 2010). Strukturierende und vertiefende Betrachtungen, wie das Zusammenführen, Bewerten und Reflektieren von Ergebnissen, die Verknüpfung mit anderen Konzepten und Fachinhalten, die Herausstellung wichtiger Punkte etc., sollten von der Lehrperson angeleitet und bewusst in den Unterrichtsablauf eingeplant werden. Ebenso wichtig ist regelmäßiges Feedback und eine sprachliche Unterstützung, wie z. B. strukturierende Hilfestellungen zur Erstellung von Erklärungen und Argumentationen oder zur Dokumentation von Beobachtungen.

Welche fachlichen und fachdidaktischen Aspekte erachten Sie als bedeutsam, damit das Lernen zum Wesen der Naturwissenschaften wirksam wird?

Die Lernenden müssen den Prozess der Erkenntnisgewinnung in der Chemie selbst durchlaufen und erfahren können. Wenn der Unterricht dies bewusst fördert, werden die Lernenden erkennen, dass in diesem Prozess Irrwege, vorläufige Einsichten, Sackgassen usw. dazugehören und dass streng genommen jede Erkenntnis oder Theorie eine vorläufige ist und möglicherweise später revidiert werden muss.

Ein Unterricht, der dies ernst nimmt, wird regelmäßig die Zusammenhänge zwischen Phänomen / Experiment, Erklärung auf Modellebene, Theoriebildung, Hypothesenbildung usw. deutlich machen und auf Metaebene besprechen. Es werden Diskussionen angeregt, welche die Vorläufigkeit des Wissens sowie mögliche Vorbehalte des Geltungs- und Anwendungsbereiches des Wissens thematisieren. Exemplarisch können auch geschichtliche Erkenntnisprozesse herangezogen werden (z. B. die Entwicklung der Atommodelle). Es kann hier schön gezeigt und bewusstgemacht werden, wie neue Erkenntniselemente (z. B. die Entdeckung von Elektronen und Protonen oder die Entwicklung der Quantentheorie) die jeweils aktuelle Sicht auf den Atombau verändert hat und die Konzeption neuer Experimente begünstigt haben, welche dann wiederum zu neuen Erkenntnissen geführt haben. Die Entwicklung eines Verständnisses zum Wesen der Naturwissenschaften sollte sich aber keineswegs ausschließlich auf diese historischen Bezüge abstützen.

Damit die Jugendlichen eigene Erkenntnisprozesse im Unterricht durchlaufen können, muss die Lehrperson eine sorgfältige Auswahl treffen. Die Beispiele müssen innerhalb der Zone der proximalen Entwicklung der Schülerinnen und Schüler bzw. der Klasse liegen. Aspekte des kooperativen Lernens müssen gefördert und eingeübt werden. Bei der Lernbegleitung muss die Lehrperson darauf achten (und entsprechend einwirken), dass die

Schülerinnen und Schüler immer wieder ihr aktuelles Wissen hinterfragen. Was wissen sie sicher? Was vermuten sie? Wie begründen sie ihre Argumente? Wie könnte eine Hypothese (zusätzlich) belegt werden? Was spricht gegen die Hypothese? usw. Je mehr Erfahrung die Lernenden in solchen Prozessen haben, desto stärker kann sich die Lehrperson zurücknehmen, da die Rolle des kritischen Hinterfragens mehr und mehr von der Klasse selbst übernommen wird.

Welchen Umgang mit herkömmlichen bzw. neuen Medien empfehlen Sie im Chemieunterricht?

Beim Umgang mit neuen Medien kann man sich generell an der Frage orientieren, ob der Einsatz einen fachlichen oder fachdidaktischen Mehrwert bringt und ob die angestrebten Unterrichtsziele auf eine andere Art nicht oder nur kaum erreicht werden könnten (Lehmann, 2010). Als zweiter Leitsatz kann gelten, dass ein gewinnbringender Umgang mit Medien eingeübt werden muss, egal ob es sich um „neue" oder „traditionelle" Medien handelt.

Die Bandbreite an Möglichkeiten für den Einsatz digitaler Medien oder Werkzeuge im naturwissenschaftlichen Unterricht ist mittlerweile sehr groß und reicht von digitalen Messgeräten, über Kameras, Smartphones, Tablets bis hin zu interaktiven Whiteboards. Internet, spezielle Software, Animationen und (interaktive) Simulationen (z. B. für Prozesse auf der submikroskopischen Ebene) bieten weitere Möglichkeiten neue Medien gewinnbringend in den Unterricht einzubringen. Dabei sind neben chemiedidaktischen Überlegungen immer auch medienpädagogische mitzudenken. In aktuellen didaktischen Zeitschriften findet man hierzu oft Anregungen und Hilfestellungen. Wichtig ist, dass das reale Experiment weiterhin im Vordergrund steht und Medien kein Selbstzweck sondern Werkzeuge zur Unterstützung des Lernens sind. Lehrpersonen müssen sicher im Umgang mit den eingesetzten Medien sein und deren Potentiale und Fallstricke kennen. Nur so können sie effektiv als Lernbegleiter fungieren. Interessant sind auch webbasierte Lernumgebungen, in denen das forschend-entdeckende Lernen gefördert wird. Der Einsatz solcher Lernumgebungen kann einerseits das individuelle Lernen unterstützen, z. B. indem die Lernenden in ihrem eigenen Tempo arbeiten, andererseits kann es kollaborative Lernprozesse fördern, z. B. indem die Lernenden gemeinsam über Simulationen und Modelle diskutieren.

Auch der Einsatz traditioneller Medien wie des Schulbuchs muss gut geplant sein. Während sich Texte aus dem Internet durch ihre Authentizität auszeichnen, sind Lehrmitteltexte fachdidaktisch aufbereitet und können daher z. B. zur Sicherung und Wiederholung, für Lernzirkel, Recherchearbeiten oder auch zur Vorbereitung von Referaten verwendet werden. Die Einführung in die naturwissenschaftliche Schriftsprache kann hier gut eingeübt werden. Wichtig ist, dass die Lehrperson die Erschließung der Texte durch Aufgaben zur Leseführung strukturierend und unterstützend anleitet und den Umgang mit Texten, Grafiken und Tabellen modelliert und regelmäßig mit den Schülerinnen und Schülern einübt.

Literatur

Adamina, M. (2010). Mit Lernaufgaben grundlegende Kompetenzen fördern. In: P. Labudde (Hg.), *Fachidaktik Naturwissenschaften 1.–9. Schuljahr* (S. 117–132). Bern: Hauptverlag.

Johnstone, A. H. (2000). Teaching of chemistry – logical or psychological? *Chemistry Education: Research and Practice in Europe* (1), 9–15.

Höttecke, D. (2010). Forschend-entdeckender Physikunterricht. Ein Überblick zu Hintergründen, Chancen und Umsetzungsmöglichkeiten entsprechender Unterrichtskonzeptionen. *Unterricht Physik* (119), 4–12.

Lehmann, M. (2010). IKT im naturwissenschaftlichen Unterricht sinnvoll einsetzen. In: P. Labudde (Hg.), *Fachidaktik Naturwissenschaften 1.–9. Schuljahr* (S. 149–164). Bern: Hauptverlag.

INGO EILKS / RALF MARKS

CHEMIELERNEN FÜR GESELLSCHAFTLICHE TEILHABE UND NACHHALTIGE ENTWICKLUNG

Eilks, Ingo, Prof. Dr., Universität Bremen, Fachbereich Biologie und Chemie, Institut für Didaktik der Naturwissenschaften; Arbeitsschwerpunkte: Chemiedidaktik, Curriculumentwicklung, gesellschaftsorientierte naturwissenschaftliche Bildung, Bildung für nachhaltige Entwicklung, außerschulische Lernorte, Aktionsforschung, Innovationen in der Hochschullehre

Marks, Ralf, Dr., Landesinstitut für Schule Bremen; Arbeitsschwerpunkte: Der gesellschaftskritisch-problemorientierte Chemieunterricht, Ausbildung der Referendarinnen und Referendare in Bremen

Welches fachwissenschaftliche und fachdidaktische Wissen und Können der Lehrperson ist aus Ihrer Sicht für die Qualität des Chemieunterrichts besonders wichtig?

Es scheint unstrittig, dass ein gutes Fachwissen allein nicht hinreichend ist, um in den naturwissenschaftlichen Fächern in der Schule qualifiziert unterrichten zu können. Anders herum scheint es aber auch nicht in Frage zu stehen, dass sich ohne solide Wissensbasis der Lehrkraft im Fach wirksamer Unterricht ebenfalls kaum gestalten lässt. Fachwissenschaftliches und fachdidaktisches Wissen müssen Hand in Hand entwickelt werden, damit Lehrkräfte Lernschwierigkeiten und fachlich nicht belastbare Vorstellungen von Schülerinnen und Schülern diagnostizieren und überwinden können. So sind neben dem Fachwissen die Kenntnis von Lernprozessen und alternativen Schülervorstellungen wichtige Kerninhalte des Professionswissens einer Lehrkraft. Daneben ist aber auch Wissen über unterschiedliche curriculare Zugänge, verschiedene Unterrichtsverfahren, Motivation und Lernerinteresse, das Lernen mit Experimenten, das Denken mit und Lernen über Modelle oder Fragen der Verfügbarkeit unterschiedlicher Medien wichtige fachdidaktische Aspekte, die auf der Basis von Fachwissen und Theorien aus der allgemeinen Didaktik und Lerntheorie reflektiert sein sollten. Hinzu kommen in den letzten Jahren zunehmend auch Herausforderungen, die quer zu Fächern und üblichen Curricula liegen, etwa eine stärkere Berücksichtigung einer Bildung für nachhaltige Entwicklung, Beiträge zu beruflicher Orientierung, kritische Medienbildung, Schulreformen (z.B. Einführung stärker integrierter Schulformen, des Faches NW oder Inklusion in vielen Bundesländern) oder auch die Sprachförderung im Fachunterricht. Dies sind neue Herausforderungen in der Lehrerbildung, die eine stärkere Kooperation zwischen den Fächern, Fachdidaktiken und allgemeinen Erziehungswissenschaften erfordern.

Welche Qualitätsmerkmale halten Sie für den Chemieunterricht für essenziell?

Qualitätsmerkmale für Chemieunterricht überschneiden sich sicher an vielen Stellen mit generellen Merkmalen guten Unterrichts. Dies betrifft etwa eine möglichst große echte Lernzeit, Strukturiertheit und Erkennbarkeit der Ziele des Unterrichts, hohe individuelle und kooperative Schüleraktivität oder Möglichkeiten zur Partizipation. Dies sind Voraussetzungen für „echte Denkleistungen", im Gegensatz zum vordergründigen Tun, für Motivation und Lernerfolg (Meyer, 2004). Spezifisch für den Chemieunterricht sind dann zusätzlich etwa eine experimentelle Ausrichtung mit echten Experimenten, also solchen, die einen forschenden oder nacherforschenden Charakter mit „Freiheitsgraden" haben, ein sensibler Umgang mit Sprache, insbesondere bei der Begriffsbildung und dem Aufstellen von Erklärungen und ein klarer und reflektierter Umgang mit den drei Ebenen des Chemielernens, der makroskopischen, submikroskopischen und symbolischen Ebene (Johnstone, 1991). Zentral für guten Chemieunterricht ist auch eine Ausrichtung des Unterrichts an sinnstiftenden und herausfordernden Kontexten, etwa alltagsweltlichen Fragestellungen oder sogenannten Socio-scientific Issues. Bei der Auswahl der Inhalte wie der Kontexte sollten die verschiedenen Dimensionen der Relevanz naturwissenschaftlichen Lernens erkennbar berücksichtigt werden: Die individuelle, gesellschaftliche und berufliche Relevanz jeweils mit ihrer gegenwärtigen und zukünftigen Ausrichtung und ihren intrinsischen und extrinsischen Anteilen (Stuckey, Hofstein, Mamlok-Naaman & Eilks, 2013; siehe unten). Qualitativ hochwertiger Chemieunterricht sollte sich auch stärker – und nicht nur oberflächlich – an den allgemeinen und fachspezifischen Zielen einer Bildung für nachhaltige Entwicklung orientieren (Burmeister, Rauch & Eilks, 2012).

Welche Lernumgebungen und Lehr-/Lernformen halten Sie für einen wirksamen Chemieunterricht für besonders bedeutsam?

Der Chemieunterricht ist ein experimentelles Fach. Experimente sind motivierend und können, wenn sie forschend oder nacherforschend angelegt sind, zum Wissenserwerb und zur Schulung von Problemlösekompetenz beitragen. Studien zeigen, dass dies insbesondere in kooperativen Lernformen der Fall ist. Daneben ist die Chemie aber auch eine hochrelevante Wissenschaft für die nachhaltige Entwicklung unserer Gesellschaft (Burmeister et al., 2012). Daher sollte der Unterricht nicht nur das Lernen *von* Chemie, etwa durch Experimente, sondern auch das Lernen *über* Chemie umfassen. Der Chemieunterricht sollte sich nicht scheuen, kontroverse Themen aus der gesellschaftlichen Debatte anzusprechen, sog. Socio-scientific Issues, und entsprechende Kontroversen nachzuempfinden, etwa in Rollen- oder Planspielen. Hier hat sich in der jüngeren Vergangenheit die Methodik des Chemieunterrichts deutlich erweitert. Vorschläge wurden gemacht, in denen Schülerinnen und Schüler wie Journalisten, Warentester oder Werbefachleute „arbeiten" und dabei erfahren, wie chemiebezogene Information in der Gesellschaft ge- und benutzt wird. Hier wurde in den letzten Jahren die Idee der gefilterten Information in der deutschsprachigen und internationalen Literatur geprägt (Marks, Burmeister, Lippel & Eilks, 2012), die ein anderes, stärker allgemeinbildendes Verständnis des Chemieunterrichts in den Blick nimmt. Denn Schülerinnen und Schüler, aber auch Lehrerinnen und Lehrer, kommen nur in seltensten Ausnahmefällen mit authentischer Wissenschaft in Berührung. Bereits in populärwissenschaftlicher Literatur, Alltagsmedien oder in Schul- und Lehrbüchern sind die Erkenntnisse durch Autoren, Redakteure oder Journalisten gefiltert und mit jeder Stufe der Weiterverarbeitung der ursprünglich einmal wissenschaftlichen Information findet ein Filterprozess statt, der schließlich auch in wissenschaftlichen Schlagworten oder Slogans in Werbung o. Ä. mündet. Das Imitieren gesellschaftlicher Praktiken der Informationsfilterung kann helfen, über den Umgang mit gesellschaftlichen Bewertungsprozessen zu lernen, um eigene Bewertungen besser treffen und an gesellschaftlichen Entscheidungen teilhaben zu können. Die Berücksichtigung dieser Idee hat dann also auch Konsequenzen für eine notwendige Erweiterung der Unterrichtsmethodik in den Naturwissenschaften (Marks, Stuckey, Belova & Eilks, 2014).

Wie sieht eine gute Differenzierung/Individualisierung Ihrer Meinung nach im Chemieunterricht aus?

Differenzierung ist auch in der Chemiedidaktik zu einer der zentralen Herausforderungen geworden. Wie in anderen Fächern auch, gibt es im Chemieunterricht verschiedene Dimensionen von Heterogenität, etwa kognitive, sprachliche oder kulturelle Heterogenität bzw. Diversität. Für Differenzierung sehen wir in stärker kooperativen und individualisierten Lernformen hier am ehesten eine Lösung. Offenere Fragestellungen und Wahlangebote können den Lernenden erlauben nach ihren Voraussetzungen zu lernen. Eine sprachsensible Gestaltung von Arbeitsmaterialien und Aufgaben sollte dabei ebenso berücksichtigt werden, wie eine stärkere Orientierung an unterschiedlichen Voraussetzungen im Wissen oder im sozio-ökonomischen und kulturellen Hintergrund der Lernenden (Markic & Abels, 2014). Allerdings ist gerade die Berücksichtigung unterschiedlich kulturell-geprägter Sichtweisen auf die Chemie ein noch kaum erschlossenes Feld in der Chemiedidaktik und im Chemieunterricht.

Welche immer wiederkehrenden fachspezifischen Herausforderungen im Unterrichtshandeln müssen Ihrer Meinung nach die Lehrpersonen bewältigen, um im Chemieunterricht eine angemessene Unterrichtsqualität garantieren zu können?

Um eine angemessene Unterrichtsqualität garantieren zu können, sind zunächst einmal allgemein die bereits erwähnten Kriterien „guten Unterrichts" (Meyer, 2004) zu berücksichtigen. Blickt man zudem noch auf die fachspezifischen Bildungsstandards in Chemie, dann wird deutlich, dass die vier dort postulierten Kompetenzbereiche bei den Schülerinnen und Schülern nur gefördert werden können, wenn die Lehrkraft eine entsprechende Expertise in der Förderung all dieser Kompetenzen besitzt. Die Lehrkraft ist in diesem Sinne im Idealfall ein ausgesprochener fachlicher Experte für die Chemie und kann anhand seines Fachwissens den Unterricht sinnvoll strukturieren und planen. Die Lehrkraft stellt dann herausfordernde Wissenschaftsbezüge her ohne die Schülerinnen und Schüler zu überfordern. Sie wählt geeignete Problemstellungen aus, um die Schülerinnen und Schüler für das fachliche Lernen zu motivieren und die Vorgehensweise transparent zu gestalten. Sie sollte auch ein kenntnisreicher Experimentator sein, der das Experiment bewusst zur Förderung von Kompetenz in der Erkenntnisgewinnung einsetzt. In einem solchen Unterricht finden viele Denkprozesse, wie Hypothesenbildung oder Reflexion, statt. Die Lehrerinnen und Lehrer greifen hierzu Phänomene aus dem makroskopischen Bereich auf und können aus einer Vielzahl an Experimenten eine geeignete Auswahl treffen und die Experimente in sinnvoller Weise einsetzen. Sie setzen die aktuellen Sicherheitsbestimmungen zur Handhabung und Entsorgung von Chemikalien um und leisten einen Beitrag zur Sicherheitserziehung der Schülerinnen und Schüler. Zudem ist Expertise im Diagnostizieren des Vorwissens und Lernstandes der Lernenden nötig, um angemessene Inhalte auszuwählen, eine sinnvolle didaktische Reduktion durchzuführen oder geeignete Modelle auszuwählen. Die Lehrkraft vermeidet und begegnet Fehlvorstellungen, setzt die Fachsprache sinnvoll ein und wählt passende Materialien und Lernarrangements (zum Differenzieren und zum individuellen „Fördern und Fordern") aus. Die Lehrkraft fördert das fachliche und überfachliche Kommunizieren und Bewerten. Eine gut ausgebildete Lehrkraft betrachtet das „Fachwissen" Chemie nicht isoliert und ist bemüht die Relevanz des Faches Chemie für die Schülerinnen und Schüler zu steigern (zur Konzeptualisierung des Relevanzbegriffes siehe Stuckey et al., 2013). Die Lehrkraft blickt somit über die „reine" Chemie hinaus und fokussiert konsequent den Kontext und die individuelle, gesellschaftliche und berufliche Relevanz des Chemieunterrichts.

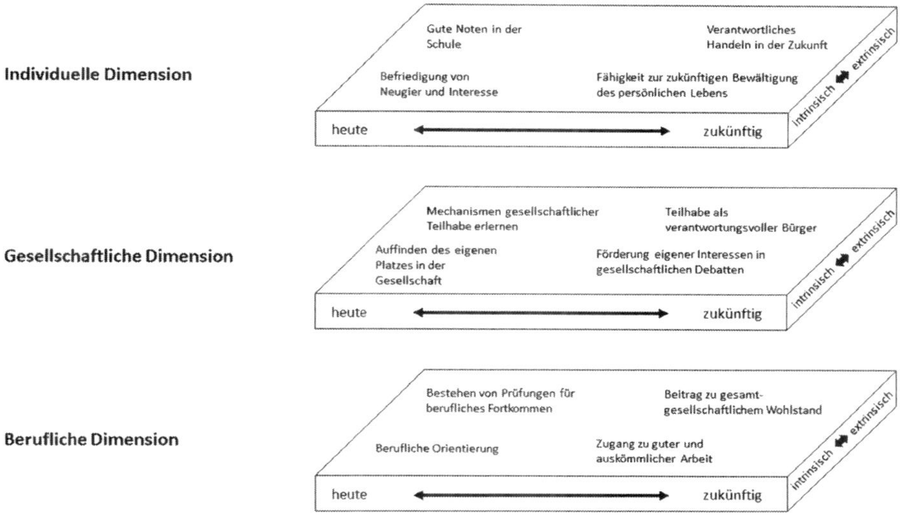

Abb. 4: Dimensionen von Relevanz des naturwissenschaftlichen Unterrichts und beispielhafte Einträge nach Stuckey et al. (2013).

Worauf gilt es bei der Entwicklung und dem Einsatz von Aufgaben bzw. Aufgabensets im kompetenzorientierten Chemieunterricht besonders zu achten?

Generell gilt es darauf zu achten, dass bei der Gestaltung von Aufgaben die Breite der zu entwickelnden Kompetenzen (KMK, 2004) auch wirklich angesprochen wird. Dies betrifft insbesondere eine stärkere Berücksichtigung von Kommunikations- und Bewertungskompetenz, insbesondere auch Kommunikation und Bewertung über die Chemie – und nicht nur in der Chemie. Aufgaben oder Aufgabensets, die das ganze Kompetenzspektrum ansprechen, sind immer noch selten – in der Literatur wie auch im Unterricht. Solche Aufgaben erfordern eine kontextualisierte und gesellschaftliche Herangehensweise an die Chemie, da sich nur aus solchen Zusammenhängen Aufgaben zu einer mehrdimensionalen Kommunikations- und Bewertungskompetenz ableiten lassen. Also eine Bewertungskompetenz, die neben naturwissenschaftlichen auch ökologische, ökonomische und soziale Aspekte einbezieht, z. B. bei Konsumentscheidungen, der Anwendung neuer Technologien oder Herausforderungen einer nachhaltigen Entwicklung (z. B. Belova, Marks & Eilks, 2014), sollte angestrebt werden.

Welche Schritte empfehlen Sie aufgrund Ihrer wissenschaftlichen bzw. erfahrungsbasierten Expertise als „first steps" für angehende Chemielehrer/-innen, die sie für guten Chemieunterricht umsetzen können?

Um sich der Expertise einer guten Chemielehrkraft anzunähern, sind folgende „first steps" (als unvollständige Liste) zu empfehlen:

- Konzepte im Sinne reiner „Drehbücher", in denen die Schülerinnen und Schüler kaum Freiheitsgrade für eigene Denkprozesse haben, sollten von Anfang an vermieden werden.
- Lehrkräfte sollten Mut zum Ausprobieren haben. Schülerinnen und Schüler schätzen Engagement und Innovationsbereitschaft von Lehrkräften, auch bei Misserfolgen.
- Spaß beim Experimentieren sollte man sich bewahren. Dabei hilft, wenn man selber immer mal wieder verschiedene Versuchsvarianten ausprobiert und nach Möglichkeiten zur Öffnung von Experimenten sucht.
- Fragestellungen und Hypothesen sollte man von den Lernenden formulieren lassen. Hilfreich sind hierzu eigene Formulierungen von Stundenfragen und / oder Forscherfragen, um vorbereitet zu sein, aber auch, die Transparenz des weiteren Unterrichtsverlaufs zu erhöhen.

- Um wünschenswerte Vorstellungen im submikroskopischen Bereich zu entwickeln, sollten Modelle bewusst hinterfragt und nur auf der Basis einer gut reflektierten Strategie eingesetzt werden.
- Das Vorwissen der Schülerinnen und Schüler sollte so oft wie möglich und mit verschiedenen Werkzeugen diagnostiziert und die Ergebnisse in den Unterricht eingebunden werden, um Überforderungen oder die Entwicklung von Fehlvorstellungen zu vermeiden.
- Authentische Medien (Zeitungsberichte, Werbung, Internet, ...) helfen, die alltägliche und gesellschaftliche Relevanz des Unterrichts zu zeigen. Man sollte sich nicht scheuen, auch für den Chemieunterricht unkonventionelle Methoden (Rollenspiele, Podiumsdiskussionen, ...) einzusetzen, etwa zur Aktivierung von Kommunikations- und Bewertungsprozessen.
- Lehrkräfte sollten von Beginn an Neugierde auf neue Konzepte pflegen und früh auch zu Fortbildungen gehen.
- ...

Insgesamt ist es unsere Auffassung, dass das „Lehrerhandwerk" prinzipiell erlernbar ist. Guter, relevanter und in diesem Sinne authentischer und aktueller Unterricht erfordert aber eine eigene Lernbereitschaft und den Mut, etwas Neues auszuprobieren und dabei auch mal Fehler machen zu dürfen.

Was ist Ihrer Ansicht nach das Besondere am Chemieunterricht?

Alex Johnstone beschrieb 1991 das Besondere der Chemie und des Lernens von Chemie als die permanente Interaktion des Denkens auf der makroskopisch-stofflichen Ebene, der submikroskopischen Ebene von Teilchen und Atomen und der symbolischen Ebene von Formeln und Gleichungen. Das ist bis heute eine der zentralen Herausforderungen des Chemieunterrichts geblieben, die die Chemie für uns so „schön" und für die Lernenden aber auch so schwierig macht. Stellen Sie sich einmal das Wort „Wasser" vor. Sie können an Trink- oder Leitungswasser bzw. die abstrakte Vorstellung eines klaren, flüssigen Reinstoffs denken. In der Chemie denken sie aber automatisch auch an ein Molekül aus einem Sauerstoff- und zwei Wasserstoffatomen in gewinkelter Anordnung. Und nicht nur dem Chemiker kommt unmittelbar auch die Formel H_2O in den Kopf. Dies ist nur scheinbar alles das Gleiche. Auf jeder Ebene verbergen sich unterschiedliche Konzepte und Vorstellungen. Um dann später beispielsweise den Lösevorgang eines Salzes in Wasser zu deuten, müssen dann auch noch viele dieser Konzepte (Atommodell, Moleküle, Ionen, Bindungen, Elektronegativität, ...) miteinander verbunden werden. Die Verbindungen dieser drei Ebenen herzustellen, ist eines der wesentlichen Konstrukte der modernen Chemie, die dann auch noch eingebettet sein sollte in lebensweltliche oder gesellschaftliche Zusammenhänge (Mahaffy, 2004; Talanquer & Sjöström, 2014). Gerade im letzteren Bereich ist noch viel zu tun. Chemieunterricht scheut immer noch häufig die gesellschaftliche Debatte über Entwicklungen in der Chemie einzubeziehen. Hier braucht es vielleicht ein erweitertes Verständnis der Ziele von Chemieunterricht, das über Konzept- oder Kontextorientierung hinausgeht und auf der Basis eines modernen Bildungsverständnisses eine gesellschaftskritische, naturwissenschaftliche Bildung umsetzt (Sjöström & Eilks, 2018).

Welche zentralen Merkmale des forschenden Lernens halten Sie für notwendig, um Chemieunterricht wirksam zu gestalten?

Forschendes Lernen ist eine zentrale Herausforderung für den modernen Chemieunterricht. Allerdings beschränkt sich dieses nicht selten auf ein sehr stark vorstrukturiertes, teilweise sogar rein bestätigendes forschendes Lernen. Zentral für forschendes Lernen ist aber, dass die Lernenden das Problem erkennen und für sich als solches auch annehmen. Dann braucht es aber auch Freiheitsgrade, die vom strukturierten zum geleiteten forschenden Lernen führen (zur Abstufung und Begrifflichkeit vgl. Peleg et al., 2015). Im Idealfall führt dies dann zu einem offenen forschenden Lernen, wofür es aber jenseits des Projektunterrichts in der chemiedidaktischen Literatur nur wenige Beispiele gibt, z. B. Witteck und Eilks (2005). Solche offenen Fragestellungen, die spielerisch und dann zunehmend systematisch von den Lernenden zu lösen sind, sind sehr herausfordernd, aber unter Aspekten der zunehmenden Heterogenität und steigenden Sicherheitsanforderungen nur mit viel Kreativität zu lösen. Der in Peleg et al. (2015) beschriebene Zugang über mysteriöse Phänomene aus der Alltagswelt (hier ein Beispiel zu hydrophobem Sand), die dann entlang eines mehr oder weniger stark unterstützten Untersuchens aufgeklärt werden, kann ein möglicher Ansatz sein.

Welche fachlichen und fachdidaktischen Aspekte erachten Sie als bedeutsam, damit das Lernen zum Wesen der Naturwissenschaften wirksam wird?

Das Lernen über das Wesen der Naturwissenschaften ist untrennbar mit dem Experiment verbunden. Dabei sollte ein chemischer Versuch natürlich mehr sein als eine bloße Demonstration oder Illustration eines Fachinhalts. Experimente sollen in einen Problemlöseprozess eingebunden werden, der sicherstellt, dass die Schülerinnen und Schüler das Problem auch erst einmal als solches erkennen. Dann ist es aber auch zentral, dass der Prozess des Problemlösens etwa im Sinne des forschend-entwickelnden Unterrichtsverfahrens (Schmidkunz & Lindemann, 1976) oder anderer Modelle forschenden Lernens (z. B. Peleg et al., 2015) expliziert und im Anschluss reflektiert wird.

Ähnliches betrifft auch das Lernen über Modelle. Auch hier muss deutlich werden, dass wissenschaftliche Modelle etwas anderes sind als Veranschaulichungshilfen (zum Lernen und zur Nutzung unterschiedlicher Typen von Modellen siehe Bindernagel & Eilks, 2009).

Daneben wird auch immer wieder ein historischer Ansatz zum Lernen über die Natur der Naturwissenschaften vorgeschlagen. Dafür ist es zunächst erst einmal wichtig, dass Lehramtsstudierende in ihrer Ausbildung wesentliche Aspekte der Geschichte ihrer Wissenschaft kennen gelernt haben (Jansen et al., 1986). Daneben bedarf es aber auch einer gewissen Grundbildung in Wissenschaftstheorie. Theorien, wie etwa der Positivismus, der kritische Rationalismus von Karl R. Popper, die Arbeiten von Ludwik Fleck und Thomas S. Kuhn zur Soziologie der Naturwissenschaften oder Grundideen der kritischen Theorie sollten mit Bezug zur Chemie und zum Chemieunterricht vermittelt werden. Allerdings sollte ein historischer Ansatz zur Natur der Naturwissenschaften mit sehr viel Bedacht gewählt werden. Häufig ist dieser für die Schülerinnen und Schüler eher verwirrend und demotivierend. Dies zeigt sich immer wieder insbesondere beim historischen Gang durch die verschiedenen Teilchen- und Atommodelle (u.a. Eilks & Möllering, 2001). Auch sollte man bedenken, dass sich die Vorläufigkeit wissenschaftlicher Erkenntnis, das Lernen über naturwissenschaftliche Modelle oder Paradigmenwechsel in der Wissenschaft vielleicht besser und authentischer an aktuellen Entwicklungen verdeutlichen lassen. Sehr geeignete Beispiele zur Illustration wären hier die Forschung zum Klimawandel oder die Entdeckung der Quasikristalle durch Dan Shechtman.

Welchen Umgang mit herkömmlichen bzw. neuen Medien empfehlen Sie im Chemieunterricht?

Gerade die Chemie mit ihren Modellen und Erklärungen auf Teilchenebene kann sehr vom Einsatz digitaler Medien profitieren. Diese können erwiesenermaßen den Aufbau adäquater Vorstellungen über die Teilchenebene unterstützen und beim Lernen helfen. Digitale Medien erlauben aber auch eine stärkere Individualisierung des Lernprozesses (z.B. Krause, Kienast, Witteck & Eilks, 2012). Hier können die Lernenden individuelle Lernwege finden, Schwerpunkte setzen und Differenzierungsangebote wahrnehmen. Projekte wie „Neue Wege zum Teilchenkonzept" (Eilks & Möllering, 2001; Eilks & Krause, 2015) haben gezeigt, dass dies den Unterricht wirklich unterstützen kann. Die Potenziale dieser neueren Entwicklungen, gerade unter Berücksichtigung neuer Gerätetypen, sind sicher bei Weitem noch nicht ausgeschöpft. Daneben werden aber auch in Zukunft eher traditionelle Medien, Buch, Arbeitsblatt, Sachmodell oder Tafel ihre Rolle spielen und das zentrale Medium des Chemieunterrichts – das Experiment – umrahmen.

Literatur

Belova, N., Marks, R. & Eilks, I. (2014). Aufgaben für das ganze Kompetenzspektrum: Beispiel Parabene. *Praxis der Naturwissenschaften Chemie in der Schule*, 63 (1), 21–24.

Bindernagel, J. A. & Eilks, I. (2009). Modelle und Modelldenken im Chemieunterricht. In MNU (Hrsg.), *Experiment und Modell – 15. Fachleitertagung Chemie* (S. 12–21). Neuss: Seeberger.

Burmeister, M., Rauch, F. & Eilks, I. (2012). Education for Sustainable Development (ESD) and secondary chemistry education. *Chemistry Education Research and Practice*, 13 (2), 59–68.

Eilks, I. & Möllering, J. (2001). Neue Wege zu einem fächerübergreifenden Verständnis des Teilchenkonzepts. *Der Mathematische und Naturwissenschaftliche Unterricht*, 54 (4), 240–247.

Eilks, I., & Krause, M. (2015). Neue Wege zum Teilchenkonzept 2.0. *Praxis der Naturwissenschaften Chemie in der Schule*, 64 (3), 34–37.

Jansen, W., Fickenfrerichs, H., Flintjer, B., Matuschek, C., Peper-Bienzeisler, R., Ralle, B., Wienekamp, H. (1986). Geschichte der Chemie im Chemieunterricht – das historisch-problemorientierte Unterrichtsverfahren. *Der Mathematische und Naturwissenschaftliche Unterricht, 39*, 321, 391.

Johnstone, A. H. (1991). Why is science difficult to learn? Things are seldom what they seem. *Journal of Computer Assisted Learning*, 7 (2), 75–83.

KMK (2004). *Bildungsstandards im Fach Chemie für den mittleren Bildungsabschluss*. Neuwied: Luchterhand.

Krause, M., Kienast, S., Witteck, T. & Eilks, I. (2012). Auf dem Weg zu Mol & Co mit der 'Tour de Chemie'. *Der Mathematische und Naturwissenschaftliche Unterricht, 65* (3), 155–160.

Mahaffy, P. (2004). The future shape of chemistry education. *Chemistry Education Research and Practice*. 3, 229–245.

Markic, S. & Abels, S. (2014). Heterogeneity and diversity – A growing challenge or enrichment for science education in German schools?. *Eurasia Journal of Mathematics, Science and Technological Education, 10* (4), 271–283.

Marks, R., Burmeister, M., Lippel, M. & Eilks, I. (2012). Bewerten lernen, gefilterte Information und der gesellschaftskritisch-problemorientierte Chemieunterricht. *Naturwissenschaften im Unterricht Chemie, 32* (127), 32–36.

Marks, R., Stuckey, M., Belova, N. & Eilks, I. (2014). The societal dimension in German science education – From tradition towards selected cases and recent developments. *Eurasia Journal of Mathematics, Science and Technological Education, 10* (4), 285–296.

Marks, R., Stuckey, M. & Eilks, I. (2014). Die gesellschaftliche Dimension naturwissenschaftlich-technischer Sachfragen: Die Perspektive der naturwissenschaftlichen Unterrichtsfächer. *GW Unterricht. 2, 134*, 19–28.

Meyer, H. (2004). *Was ist guter Unterricht?* Berlin: Cornelsen Scriptor.

Peleg, R., Dittmar, J., Katchevich, D., Yayon, M., Mamlok-Naaman, R. & Eilks, I. (2015). TEMI – Forschendes Lernen mit Mysteries. *Praxis der Naturwissenschaften Chemie in der Schule, 64* (4), 14–17.

Schmidkunz, H. & Lindemann, H. (1976). *Das forschend-entwickelnde Unterrichtsverfahren*. München: List.

Sjöström, J. & Eilks, I. (2018). Reconsidering different visions of scientific literacy and science education based on the concept of Bildung. In: J. Dori, Z. Mevarech & D. Baker (eds.), *Cognition, Metacognition, and Culture in STEM Education*. Dordrecht: Springer im Druck.

Sjöström, J. & Talanquer, V. (2014). Humanizing chemistry education: From simple contextualization to multifaceted problematization. *Journal of Chemical Education*, 91, 1125–1131.

Stuckey, M., Mamlok-Naaman, R., Hofstein, A. & Eilks, I. (2013). The meaning of 'relevance' in science education and its implications for the science curriculum. *Studies in Science Education, 49*, 1–34.

Witteck, T. & Eilks, I. (2005). Die Max Sauer GmbH – Eine Lernfirma zu Säuren und Basen. *Naturwissenschaften im Unterricht Chemie, 16* (88 / 89), 51–56.

MARCUS IMHOFF / FRANK QUEISSER

WIRKSAMER CHEMIEUNTERRICHT – DIE LEHRPERSON IST ENTSCHEIDEND

Imhoff, Marcus, Seminarschulrat und Bereichsleiter Naturwissenschaften (Biologie, Chemie, Technik, AES-Alltagskultur, Ernährung, Soziales), Staatliches Seminar für Didaktik und Lehrerbildung (WHRS) Karlsruhe; Arbeitsschwerpunkte: Ausbildung von Lehramtsanwärterinnen und Anwärter in Pädagogik, Biologie und Chemie, Fortbildungs- und Qualifizierungsmaßnahmen (Biologie)

Queisser, Frank, Fachleiter Biologie und Chemie, Staatliches Seminar für Didaktik und Lehrerbildung (WHRS) Karlsruhe; Arbeitsschwerpunkte: Ausbildung von Lehramtsanwärterinnen und Anwärtern in Biologie und Chemie, Fortbildungs- und Qualifizierungsmaßnahmen (Chemie)

Welches fachwissenschaftliche und fachdidaktische Wissen und Können der Lehrperson ist aus Ihrer Sicht für die Qualität des Chemieunterrichts besonders wichtig?

Fundiertes Fachwissen der Lehrperson ist eine Voraussetzung für erfolgreichen Chemieunterricht. Wer fachlich einen „Überblick“ hat, kann anderen einen „Einblick“ ermöglichen! Nur so kann eine sinnvolle didaktische Reduktion erfolgen – sowohl quantitativ, qualitativ als auch sprachlich. Daher ist es für eine Lehrperson mit einem Fach wie z. B. Chemie notwendig, erweiterte Einblicke in naturwissenschaftliche Zusammenhänge (Biologie,

Physik) erworben zu haben. Zudem ist die Berücksichtigung der Sicherheitsbestimmungen ein zentrales Element ebenso wie ein umweltbewusstes Handeln.

Eine weitere grundlegende Fähigkeit ist es, Bezüge zum Alltag zu schaffen: Kenntnisse über Stoffe und ihre Eigenschaften bzw. chemische Reaktionen werden von den Schülerinnen und Schülern oft nicht mit Alltagserfahrungen verknüpft. Eine professionelle Lehrperson kann in vielen Fällen den Chemieunterricht mit Beobachtungen und Erfahrungen aus dem Alltag verbinden, z. B. die Stoffeigenschaft „Brennbarkeit" mit Grillen und Grillanzündern. Ziel der Lehrperson muss eine naturwissenschaftliche Grundbildung sein! Diese soll – unabhängig vom späteren Beruf – beitragen, die Lebenswelt aus naturwissenschaftlicher Sicht wahrzunehmen. Schon eine grundlegende Kenntnis der Zusammenhänge zwischen Gesundheit, Umwelt, Umgang mit Alltagsstoffen, Unfallverhütung usw. ermöglicht bewusstes Handeln im Sinne naturwissenschaftlicher Fachkompetenz: Wissen – Verstehen – Handeln.

In einem professionell durchgeführten Chemieunterricht müssen Spannung und Interesse durch die eigene Person ausgestrahlt werden („Verkaufstalent"). Es genügt nicht, Materialien zu erstellen und Lernmethoden anzubieten. Die „Aktivierungs-Energie" muss die Lehrkraft einbringen. Dazu gehört es ebenfalls, Experimente, Modelle u. a. routiniert demonstrieren zu können. Bei Bedarf müssen Zusammenhänge verständlich und anschaulich erklärt werden. Dazu ist es von Bedeutung, dass Verständnisprobleme der Schülerinnen und Schüler – gerade in Chemie – vorausgesehen und vorbeugende Maßnahmen entwickelt werden.

Welche Qualitätsmerkmale halten Sie für den Chemieunterricht für essenziell?

Die Schülerinnen und Schüler sollten oft selbst aktiv sein – sowohl im Bereich der fachspezifischen Arbeitsweisen, als auch im Bereich Üben, Festigen, Anwenden („Training" vgl. Hattie, 2009). Der Unterricht muss klar strukturiert und Problem- und Fragestellungen den Schülerinnen und Schülern verdeutlicht sein („roter Faden"). Vielfältige Bezüge zum Alltag, Anschaulichkeit und Medieneinsatz ergeben einen möglichst spannenden Kontext. Hierbei kommt der Lehrkraft eine entscheidende Bedeutung zu (s. o.)!

Welche Lernumgebungen und Lehr-/Lernformen halten Sie für einen wirksamen Chemieunterricht für besonders bedeutsam?

Wie so oft ist die richtige Mischung entscheidend: Eine Abwechslung von Plenumsphasen mit Einzel-und Partnerarbeit sowie auch Gruppenarbeit führen in einem strukturierten Unterricht am ehesten zu nachhaltigem Erwerb von Kompetenzen.

Die Bedeutung der Gruppenarbeit wird in diesem Zusammenhang nach unserer Ansicht überschätzt.

Viele Themen bieten einen problemorientierten Ansatz. Daher liegt eine hypothetisch-deduktive Vorgehensweise in vielen Fällen nahe: Ausgehend von einer naturwissenschaftlichen Fragestellung werden Vermutungen gesammelt, die in Hypothesenformulierungen münden. Diese werden durch fachspezifische Arbeitsweisen verifiziert oder falsifiziert. Trotzdem kann auch ein deduktives oder induktives Vorgehen oft eine neue Sichtweise oder einfach nur Abwechslung ermöglichen: Eine schon bekannte Regel bzw. Sachinformation wird auf Einzelfälle angewandt bzw. von verschiedenen Einzelfällen ausgehend wird eine allgemeine Regel formuliert.

Das Potential eines rein selbstständigen und selbstentdeckenden Experimentierens wird ebenfalls nach unserer Erfahrung überschätzt: Schülerinnen und Schüler der Sekundarstufe I sind schnell überfordert und verlieren den Überblick! Nach jeder praktischen Schülertätigkeit muss ausreichend Zeit für eine Auswertung eingeplant werden: Besprechung, Korrektur, Fragen und Ergänzungen durch die Lehrperson, Übertragung auf den Alltag bzw. auf die Praxis, Anwendungsbeispiele, Übungen u. v. m..

Wie sieht eine gute Differenzierung / Individualisierung Ihrer Meinung nach im Chemieunterricht aus?

Eine besondere Herausforderung des Chemieunterrichts mit seinen aufeinander aufbauenden Themen ist die Festigung der gemeinsam erarbeiteten Grundlagen: Die wichtigsten chemischen Elemente mit ihren Symbolen werden immer wieder in den Folgejahren gebraucht. Fachbegriffe, wie die drei Zustandsarten und ihre Übergänge, sollten abrufbar sein. Daher liegt der Schwerpunkt – noch vor allen aktuellen Differenzierungsmaßnahmen – in einem klar strukturierten Ablauf des Unterrichts (über das Schuljahr) mit vielen Vergewisserungsphasen und Wiederholungen („Wichtiges oft wiederholen“). Zu Beginn einer Thematik ist ein Sammeln von Vorkenntnissen bzw. eine Eingangsevaluation hilfreich. Ebenso kann die Lehrperson je nach Thema einen kurzen Überblick liefern, eventuell in Form eines Advance Organizers.

Bei Differenzierungsmaßnahmen ist eine lineare Vorgehensweise denkbar: Die Schülerinnen und Schüler beginnen am gleichen Ausgangspunkt (Aufgaben, Texte, Versuche usw.). Damit wird eine gemeinsame Basis geschaffen (grundlegendes Niveau). Dann beginnt eine lineare Steigerung der Schwierigkeit (Umfang, Abstraktion, …). Auf dieser „Lernstraße“ trennen sich dann grundlegendes Niveau, mittleres Niveau und erweitertes Niveau sowohl nach Arbeitstempo als auch nach Schwierigkeitsgrad.

Welche immer wiederkehrenden fachspezifischen Herausforderungen im Unterrichtshandeln müssen Ihrer Meinung nach die Lehrpersonen bewältigen, um im Chemieunterricht eine angemessene Unterrichtsqualität garantieren zu können?

Mit den Einstiegssituationen werden Türen geöffnet: Schülerinnen und Schüler werden motiviert und an eine Thematik herangeführt. Durch eine Zielorientierung werden Intentionen für die Schülerinnen und Schüler erkennbarer: Was suchen wir heute? Welche Frage wollen wir beantworten? Was lernen wir heute zum Thema? Informative Übergänge erleichtern es dem Stundenverlauf zu folgen. Eine dem Vorhaben angemessene Zeitplanung hilft dabei die geplanten Kompetenzen auch zu erwerben. Die Lehrperson sorgt für eine Ausrichtung von fachspezifischen Arbeitsweisen, Medien und Sozialformen auf ein nachhaltiges Lernen. Damit verbunden ist die Einplanung einer Auswertungsphase.

Worauf gilt es bei der Entwicklung und dem Einsatz von Aufgaben bzw. Aufgabensets im kompetenzorientierten Chemieunterricht besonders zu achten?

Wie schon erwähnt wird die Einengung des Unterrichts auf ein vorwiegend selbstständiges Erarbeiten fachlicher Kompetenzen durch Aufgaben, z.B. durch Lernwegelisten, nach unserer gemeinsamen Erfahrung überschätzt. Im bereits erwähnten Buch „Visible Learning" (Hattie, 2009) bzw. „Lernen sichtbar machen" (Beywl & Zierer, 2013) wird die erfolgreiche Lehrperson eher als Aktivator und Konstrukteur von Lernprozessen und weniger als Moderator beschrieben. Daher kommen Aufgabensets im Chemieunterricht vor allem in der Festigungs- und Anwendungsphase zur Geltung. Eine Überforderung der „studentischen" Fähigkeiten von Schülerinnen und Schülern der Sekundarstufen I ist kontraproduktiv.

Welche Schritte empfehlen Sie aufgrund Ihrer wissenschaftlichen bzw. erfahrungsbasierten Expertise als „first steps" für angehende Chemielehrer/-innen, die sie für guten Chemieunterricht umsetzen können?

Die in den vorausgegangenen Fragen schon formulierten Aussagen stellen wir hier nochmals als Impulsfragen zur Planung einer Stunde bzw. eines neuen Themas zusammen:

- Wo taucht das Thema im Alltag auf? (Gibt es Wiedererkennungseffekte für die Schülerinnen und Schüler?)
- Was ist zum Verständnis der Zusammenhänge wirklich wichtig? (Was lasse ich weg?)
- Was könnte den Schülerinnen und Schülern schwerfallen? Was muss ich nochmals wiederholen?
- Wie helfe ich beim Verständnis und wie mache ich etwas anschaulich?
- Bieten sich geeignete praktische Tätigkeiten für die Schülerinnen und Schüler an?
- Kann ich als Lehrperson noch etwas Interessantes demonstrieren?
- Was könnte ein Höhepunkt der Stunde sein?
- Ergeben die Auswahl an Arbeitsformen und Medien ein stimmiges Konzept?
- Ist ausreichend Zeit eingeplant – auch für Fragen und Erklärungen?
- Training: Gibt es Übungs- und Anwendungsaufgaben – sowohl in Einzelarbeit als auch in wechselseitigem Lehren und Lernen?

Was ist Ihrer Ansicht nach das Besondere am Chemieunterricht?

Besondere Stärken:
- Die Möglichkeit naturwissenschaftliche Grundbildung auch durch praktische Experimente bzw. Untersuchungen zu erwerben.
- Neben den Kenntnissen über „Stoffe und ihre Eigenschaften" auch das Erlebnis, neue Stoffe herzustellen.
- Auch mal „Action" in der Schule: Einprägsame Erlebnisse mit hohem Erinnerungswert.
- Das schon erwähnte, praktische Alltagswissen *nach* der Schule: Umgang mit Stoffen, Unfallvermeidung, umweltbewusstes Handeln!
- Nicht zu unterschätzen ist eine mögliche Motivation für naturwissenschaftliche Berufe.
- Insgesamt bahnt sich ein Denken in naturwissenschaftlichen Strukturen an.

Leider auch die Schwächen:
- Die tatsächliche, aber oft auch nur vermeintliche, Abstraktion der Inhalte.
- Die Trennung von Chemie als „Wissenschaft von Chemikern irgendwo in Laboren" und Alltag.
- Die negative Verknüpfung des Begriffes Chemie: „Bio" ist gut, Chemie ist schlecht; „Im Brot ist zu viel Chemie drin"; „Naturfaser und Chemiefaser" (anstatt Kunstfaser). Damit geht teilweise eine Beschränkung von Chemie auf anorganische, nicht biologische Bereiche" einher.

- Sachlogischer Aufbau: Fachkompetenzen des Vorjahres werden wieder gebraucht.
- Manches kann nicht nur auswendig gelernt sondern muss auch verstanden werden.

Welche zentralen Merkmale des forschenden Lernens halten Sie für notwendig, um Chemieunterricht wirksam zu gestalten?

Eine geeignete Hinführung zum Thema bzw. zur Fragestellung ist für einen wirksam gestalteten Chemieunterricht essenziell. Die Schüler und Schülerinnen müssen klar erkennen, um was es geht bzw. was das Ziel ist! (Motivation und klare Zielvorgabe). Für Schülerinnen und Schüler des grundlegenden- und mittleren Niveaus sind kleine, forschende Etappen mit Vergewisserungsphasen gewinnbringender als der große „Forscherentwurf". Der praktische Umgang mit Gerät und das Umsetzen von Versuchsanleitungen müssen die Schülerinnen und Schüler schrittweise einüben. Hier wird zu schnell Selbstständigkeit erwartet! Eine Analogie zu Küche oder Technik: Die Schülerinnen und Schüler lernen dort erst den Umgang mit Geräten, dann die korrekte Ausführung von Kochrezepten und Bauanleitungen und dann erst das Entwerfen von Menüs oder Konstruktionen!

Die Lehrerrolle ist entscheidend!

Welche fachlichen und fachdidaktischen Aspekte erachten Sie als bedeutsam, damit das Lernen zum Wesen der Naturwissenschaften wirksam wird?

Die Gemeinsamkeiten der naturwissenschaftlichen Fächer müssen den Schülerinnen und Schülern über die Schulzeit vermittelt werden: Gleiche Vorgehens- und Arbeitsweisen, gleiche bzw. ähnliche Geräte, gleiche Begrifflichkeiten sowie gleiche Strukturen und Denkweisen. Naturwissenschaften können viele Zusammenhänge im Alltag erklären und manche Probleme lösen. Sie müssen aber auch kritisch hinterfragt werden. Nicht zuletzt begnügen sich Naturwissenschaften – in Abgrenzung zur Esoterik – nicht mit Behauptungen, sondern fordern Beweise. Der Fächerverbund Biologie, Naturphänomene und Technik (BNT) sollte hier Grundlagen schaffen.

Welchen Umgang mit herkömmlichen bzw. neuen Medien empfehlen Sie im Chemieunterricht?

Naturwissenschaftliche Grundbildung ist das Ziel! Die verschiedenen Medien und Methoden sind Mittel und Wege dorthin. Medien können sich hier im Laufe der Zeit wandeln. Durch die Nutzung von Tablet oder iPad ergeben sich neue Möglichkeiten. Besonders die Anschaulichkeit, z.B. bei

Modelldarstellungen durch Animationen und Simulationen, kann erhöht werden. Auch bei der Messwerterfassung und -auswertung können digitale Medien sinnvoll genutzt werden, nicht zuletzt auch als Vorbereitung auf das Berufsleben. Jedoch darf dabei die Effizienz nicht vernachlässigt werden: Ein schickes Tablett oder iPad anstelle des Schulbuchs garantiert für sich selbst genommen noch keinen Erfolg. Erst in einem sinnvollen Kontext mit anderen Medien kann es gewinnbringend integriert werden. In diesem Zusammenhang fehlen jedoch oft grundlegende Kompetenzen wie z. B. das Text-Lese-Verständnis. Dieses wird immer nötig sein, nimmt zurzeit jedoch drastisch ab. Hier ergibt sich für Lehrpersonen in allen Fächern die Grundfrage: Weniger Textarbeit oder gerade mehr Textarbeit zur Stärkung des Text-Lese-Verständnis? Die Leitperspektive „Medienbildung (MB)“ spielt hierbei eine bedeutende Rolle. Nicht zuletzt bleibt die praktische Erfahrung mit realen Gegenständen ein zentrales Element eines nachhaltigen Chemieunterrichts!

Literatur

Hattie, J. (2009). *Visible Learning. A synthesis of over 800 meta-analyses relating to achievement.* New York: Routledge.

Beywl, W. und Zierer, K. (2013). *Lernen sichtbar machen.* Überarbeitete deutschsprachige Ausgabe von *Visible Learning*. Baltmannsweiler: Schneider Verlag Hohengehren.

JENNA KOENEN / RÜDIGER TIEMANN

DAS EXPERIMENT ALS METHODE DER ERKENNTNISGEWINNUNG – ALLEINSTELLUNGSMERKMAL DES CHEMIEUNTERRICHTS

Koenen, Jenna, Dr., Universität Hamburg, Fakultät für Erziehungswissenschaft, Chemiedidaktik; Arbeitsschwerpunkte: Erkenntnisgewinnung in Schule und Hochschule, Curriculumentwicklung und -evaluation, Lernmaterialentwicklung

Tiemann, Rüdiger, Prof. Dr., Humboldt-Universität zu Berlin, Institut für Chemie, Fachdidaktik und Lehr- / Lernforschung Chemie, Arbeitsschwerpunkte: Problembasiertes Lernen, Methodenentwicklung.

Welches fachwissenschaftliche und fachdidaktische Wissen und Können der Lehrperson ist aus Ihrer Sicht für die Qualität des Chemieunterrichts besonders wichtig?

Auf Basis der COACTIV-Studie scheinen der Grad der kognitiven Aktivierung und die individuelle Lernunterstützung der Schülerinnen und Schüler bedeutend für die Qualität des Unterrichts zu sein (Baumert et al., 2010). Insgesamt gibt es einige Studien, die sich mit der Wirkung von fachwissenschaftlichem und fachdidaktischem Wissen auf die Qualität des Unterrichtes befassen. Die Befunde in diesem Bereich sind relativ divers und nicht immer zeigt sich ein Zusammenhang zwischen dem gemessenen Wissen von Lehrpersonen und ihrer Performanz im Unterricht.

Viele der für die Qualität des Chemieunterrichts notwendigen Aspekte werden im Verlauf dieses Kapitels noch genauer erläutert, daher seien Sie an dieser Stelle nur kurz genannt. Dazu gehören u.a. Wissen in den Bereichen Scientific Inquiry, Nature of Science (NoS), Theorien zum problem- bzw. fallbasierten Lernen sowie die Fähigkeit zur Kontextualisierung und Dekontextualisierung von Fachinhalten. In Bezug auf die zu vermittelnden Fachinhalte benötigen Lehrkräfte ein breites und fundiertes Fachwissen im Sinne eines Strukturierungswissens zwischen den Basiskonzepten des Faches.

Welche Qualitätsmerkmale halten Sie für den Chemieunterricht für essenziell?

Die Frage nach der Qualität von Unterricht ist zunehmend eine Frage nach dessen Wirkung und weniger nach dessen methodischer Organisation. Wurde traditionell Unterricht danach beurteilt, inwiefern bestimmte methodische Anforderungen erfüllt wurden, zeigt die moderne Unterrichtsforschung, dass eine solche eher normative Sichtweise nicht zielführend ist. Projekte, Team-Arbeit und entdeckendes Lernen als alleinige Wege zu betrachten ist wenig effektiv. Der Begriff der Orchestrierung von Unterricht, wo jede Methode ähnlich einem Instrument in einem Orchester ihren festgelegten Einsatz (und ihre Interpretationsspielräume!) hat und wo das geschickte Zusammenspiel erst ein harmonisches Ganzes ergibt, beschreibt die Forschungsergebnisse am besten. Die Instrumente sind die verschiedenen unterrichtsmethodischen Umsetzungen, die je nach Intention verwendet werden, um die Harmonik des Ganzen, die Wirkung des Unterrichts, in die gewünschte Richtung zu lenken. Der Unterrichtsbeobachter erkennt zwar verschiedene unterrichtsmethodische Umsetzungen unmittelbar (z.B. Gruppenarbeit) ähnlich einem Konzertbesucher, der die verschiedenen Instrumente identifiziert, aber unter dieser sog. „Sichtstrukturebene“ gibt es eine weitere, deutlich intentionalere Ebene. Diese „Tiefenstrukturebene“ klärt das harmonische Zusammenspiel verschiedener Unterrichtsmethoden und ist letztlich für die Wirkung von Unterricht entscheidend! Die Wahl von Unterrichtsmethoden hängt von den gegebenen Voraussetzungen ab und so kann für eine Lerngruppe der informative Frontalunterricht zum Problemverständnis führen, wohingegen für eine andere Lerngruppe eine kurze Gruppenarbeit zum selbstständigen Erarbeiten die bessere Wahl wäre.

Während die allgemeine Didaktik Regeln, Hinweise oder Prinzipien zur Planung und Umsetzung von Unterricht im Allgemeinen empfiehlt, berücksichtigt die Fachdidaktik bereichsspezifische Besonderheiten und fachimmanente Charakteristika. Für die Chemie ist auf der Sichtstrukturebene sicherlich das Experiment als Methode der Erkenntnisgewinnung zu nennen, da ohne das gezielte Eingreifen, das kontrollierte Variieren von Einflussgrößen und die anschließende Interpretation auf einer abstrakten Ebene die Erschließung von Wissen in der Chemie kaum vorstellbar erscheint.

Welche Lernumgebungen und Lehr-/Lernformen halten Sie für einen wirksamen Chemieunterricht für besonders bedeutsam?

Es gibt zahlreiche Vorschläge, wie Chemieunterricht zu gestalten ist. Belastbare empirische Befunde über die Wirksamkeit dieser Vorschläge liegen kaum vor, was auch der Komplexität von Unterricht und dessen schwierigem forschungsmethodischen Zugang geschuldet ist. Ein sowohl national als auch international breiter Konsens scheint jedoch darüber zu herrschen, dass die Charakteristika naturwissenschaftlicher Denk- und Arbeitsweisen ein wesentlicher Bestandteil des Unterrichts sein sollen (Osborn und Dillon, 2010). Das Lehren und Lernen von naturwissenschaftlichen Denk- und Arbeitsweisen wird in verschiedenen Modellen des „Inquiry Learnings" beschrieben. Gemeinsam ist den Modellen des „Inquiry Learnings", dass der Lerner eine wissenschaftliche Fragestellung entwickelt, relevante Größen für deren Bearbeitung bestimmt, einen Untersuchungsplan entwickelt und durchführt und, nach der Bewertung und Kommunikation seiner gefundenen Erklärung für die Fragestellung, über den Prozess der Erkenntnisgewinnung als Ganzes reflektiert (Levy et al., 2010). Können in dieser Struktur die Lernprozesse vorwiegend selbstverantwortlich und aktiv gestaltet werden, so zeigen sich tendenziell positive Effekte (Wilson et al., 2010). Auch das theoriegeleitete und forschungsbasierte Wissen, die Einstellung der Lehrpersonen um Lehr- / Lernprozesse sowie ihre Kenntnisse und Erfahrungen zum „Inquiry Learning" fördern das Verständnis der Schülerinnen und Schüler für diesen Prozess. Ebenfalls förderlich sind die Ausstattung der Klassenräume und die Erfahrung im Umgang mit Informations- und Kommunikationstechnologien, sowohl bei Lehrpersonen als auch bei den Schülerinnen und Schülern (Lee et al., 2010). Damit eröffnen sich aufgrund der technischen Möglichkeiten der „neuen" Medien zahlreiche Optionen, jedoch sind hier chemiedidaktische Untersuchungen über deren Wirksamkeit bisher eher selten.

Wie sieht eine gute Differenzierung/Individualisierung Ihrer Meinung nach im Chemieunterricht aus?

Folgt man den Erkenntnissen der empirischen Unterrichtsforschung, so ist ein wesentliches Kriterium für einen wirksamen Unterricht die Passung zwischen der Anforderung, die eine neue Aufgabe darstellt, und den Kenntnissen und Fähigkeiten, die bislang vorhanden sind.

Die verschiedenen Ansätze eines Unterrichts, der sich dynamisch verändert, um eine Passung der Lernumgebung mit den Fähigkeiten und Kenntnissen der Schülerinnen und Schülern herzustellen, lassen sich unter der Theorie des „Scaffolding Learnings" zusammenfassen (Hogan und Pressley, 1997). Zunächst wird dabei das Vorwissen erhoben und so organisiert, dass es für das Verständnis neuer Konzepte geeignet ist. Diese „platforms of new knowledge" (PLANKs) ähneln sehr der Problemverständnisphase des problemorientierten Unterrichts nach Sumfleth (1988). In einem zweiten Schritt werden die sog. „POLES" (Provided Outlines Lending Support) geschaffen. Dies sind z. B. Materialien, Teilaufgaben oder Musterlösungen, die den Rahmen des neuen Themas darstellen und zur Unterstützung der eigentlichen, ein wenig zu schweren Aufgaben dienen – ähnlich Vygotzky's Konzept der Zone der nächsten Entwicklung. Diese Unterstützung wird dann reduziert, sodass anschließend ohne Hilfestellungen eine schwerere Aufgabe gelöst werden kann.

Für eine Differenzierung des Unterrichts muss dieser Ansatz individualisiert werden, da die Schülerinnen und Schüler unterschiedliche Vorkenntnisse haben. Im herkömmlich differenzierten Unterricht lassen sich je nach Aufwand verschiedene Lerngruppen zusammenfassen und für diese angepasst der Ansatz des Scaffolding Learnings umsetzen. Die technologischen Entwicklungen der letzten Jahre ermöglichen jedoch eine zunehmend individuellere Realisierung dieses Ansatzes. Lernen ist aber nicht ausschließlich ein individueller Prozess, sondern findet auch im Austausch mit anderen Personen statt. Daher finden sich auch zunehmend Beispiele, welche Ansätze des kollaborativen Problemlösens mit den Vorteilen moderner Lerntechnologien verbinden.

Welche immer wiederkehrenden fachspezifischen Herausforderungen im Unterrichtshandeln müssen Ihrer Meinung nach die Lehrpersonen bewältigen, um im Chemieunterricht eine angemessene Unterrichtsqualität garantieren zu können?

Der Unterrichtseinstieg als Möglichkeit zur Darlegung eines Problems spielt bei der Unterrichtsgestaltung eine zentrale Rolle. Ebenso ist es von Bedeutung, dass es einen Rückbezug zu dieser Problemstellung gibt. Unter Berücksichtigung von Aspekten problembasierten Lernens und des Bereichs Scientific Inquiry scheint dies zielführend zur Sicherung der Qualität von Chemieunterricht zu sein. Entscheidend ist auch die Fähigkeit zur Kontextualisierung und Dekontextualisierung, da der Fachinhalt eine hohe

Komplexität besitzt, der Zusammenhang zum Alltag häufig nicht offensichtlich ist und das Interesse am Fach im Verlauf der Schulzeit in der Regel sinkt.

Eine weitere fachspezifische Herausforderung des Chemieunterrichts ist die Berücksichtigung der Ebenen des Dreiecks nach Johnstone (1991). Die Differenzierung zwischen symbolischer Ebene, submikroskopischer Ebene und der Ebene der Phänomene ist zum Verständnis eines Sachverhaltes zentral. Durch den Überlappungsbereich zwischen den Ebenen ist eine Thematisierung der Differenzierung jedoch schwierig. Zur Förderung eines angemessenen Verständnisses ist es aber unabdingbar, dass beispielsweise O_2 kein Sauerstoffmolekül ist, sondern nur ein Symbol für ein Sauerstoffmolekül darstellt. Die richtige fachsprachliche Aufbereitung und Erläuterung solcher Sachverhalte ist insbesondere im Anfangsunterricht unverzichtbar. Zur Reaktion auf Schüleräußerungen ist des Weiteren ein fundiertes und flexibles fachliches Wissen Voraussetzung, ebenso wie handwerkliche Fähigkeiten zur Durchführung von Experimenten. Hinzu kommt ein angemessener Umgang mit Modellen im Sinn der Modellkompetenz nach Upmeier zu Belzen und Krüger (2010). Lehrpersonen müssen Modelle nutzen können, um zweckbezogene Erkenntnisse gewinnen zu können und diesen Prozess zu reflektieren. Zusätzlich müssen sie in der Lage sein, Modelle in Bezug auf ihren Zweck beurteilen zu können, um diese angemessen für die jeweilige Unterrichtssituation auswählen zu können.

Worauf gilt es bei der Entwicklung und dem Einsatz von Aufgaben bzw. Aufgabensets im kompetenzorientierten Chemieunterricht besonders zu achten?

Bei der Entwicklung von Aufgaben für den kompetenzorientierten Chemieunterricht muss berücksichtigt werden, dass im Laufe der Schulzeit die gesamte Breite der Kompetenzen der vier Kompetenzbereiche Fachwissen, Erkenntnisgewinnung, Kommunikation und Bewertung abgedeckt wird.

Dies gilt sowohl für Lern- als auch für Leistungsaufgaben. Lernaufgaben zielen auf die selbstständige Erarbeitung von Kompetenzen. Sie bieten nach Leisen (2006) die Möglichkeit, dass Lernende selbstständig neues Wissen erlernen, individuelle Bearbeitungswege beschreiten können, das Tempo der Bearbeitung variieren können und die Lehrperson die Rolle des Beratenden einnehmen kann. Leistungsaufgaben hingegen zielen auf das Abprüfen von Kompetenzen. Schülerinnen und Schüler müssen für diesen Unterschied sensibilisiert werden, damit sie Lernaufgaben nicht als Prüfungssituation wahrnehmen. Dies würde darüber hinaus auch zu einer positiveren Fehlerkultur beitragen, welche wiederum zu einer Erhöhung der Unterrichtsqualität führen kann (BLK, 1998).

Die eingesetzten Aufgaben sollten kognitiv aktivierend gestaltet sein. Sie bestehen häufig aus einem Aufgabensetting, das eine Problemsituation darstellt. Dieses Setting ist für das Aktivierungspotenzial und die Akzeptanz durch die Schülerinnen und Schüler von zentraler Bedeutung. Die sich anschließenden Bearbeitungsaufträge bieten die Möglichkeit zur Strukturierung. Sie ermöglichen eine eher offene Gestaltung oder eine eher geschlossene, stark vorstrukturierte Bearbeitung (vgl. auch Koenen und Kirstein, 2017). Hier findet sich großes Potenzial zur Binnendifferenzierung im Unterricht, da die Aufgabengestaltung an die Voraussetzungen der Schülerinnen und Schüler angepasst werden kann. Die Aufgaben sollten an das Gesamtgeschehen des Unterrichts angeknüpft werden und nicht isoliert stehen, da der Fachinhalt sehr komplex und die Zusammenhänge zwischen den einzelnen Inhalten nicht immer ohne weiteres erkennbar sind.

Welche Schritte empfehlen Sie aufgrund Ihrer wissenschaftlichen bzw. erfahrungsbasierten Expertise als „first steps" für angehende Chemielehrer/-innen, die sie für guten Chemieunterricht umsetzen können?

Es gibt zahlreiche Ansätze, Methoden und Ratschläge für nachweisbar wirksame Bestandteile von Chemieunterricht. Angehende Lehrkräfte sollten diesen gegenüber offen sein und sie ausprobieren. Wichtig ist es, die Methoden zu finden, welche zur Lehrerpersönlichkeit passen, um später einen in diesem Sinne authentischen Unterricht organisieren zu können. Es gibt kaum systematische Untersuchungen zu den Effekten verschiedener Methoden im Vergleich. Jedoch ist die Passung zwischen Lehrperson und Methode offenbar eine entscheidende Größe (Hattie, 2012). Die universitäre Ausbildung bietet die theoretischen Kenntnisse, um Varianten der Organisation von Lehr- / Lernprozessen hinsichtlich ihrer Wirksamkeit und Effektivität einschätzen zu können.

Für angehende Chemielehrerinnen und Chemielehrer sind zu Beginn sicherlich eher stärker strukturierende Verfahren, bei denen die Lernprozesse noch deutlich von einer direkten Interaktion zwischen der Lehrkraft und den Schülerinnen und Schülern beeinflusst werden, empfehlenswert. So erfährt die Lehrperson ein unmittelbares Feedback auf ihre Instruktionen und Handlungen und läuft nicht Gefahr die Organisation und Vorbereitung von konstruktivistisch geprägten Freiarbeitsphasen zu unterschätzen. Mit zunehmender Erfahrung sollten dann einzelne Aspekte anderer Methoden aufgegriffen und schrittweise in den Unterricht integriert werden. Entscheidend ist es über ein Repertoire von mehreren Methoden zu verfügen und diese zielgerichtet anzuwenden, da jede ihre individuellen Vor- und Nachteile besitzt. Frontalunterricht hat dabei ebenso seine nachweislichen Vorzüge wie arbeitsteilige Gruppenarbeit (Aschersleben, 1987). Wird häufig nur eine Methode angewendet, so ist dies nicht lernförderlich. Lediglich die begründete, am Lernziel orientierte Auswahl an verschiedenen Methoden zeigt positive Effekte.

Was ist Ihrer Ansicht nach das Besondere am Chemieunterricht?

Das Fach zeichnet sich durch eine charakteristische, hypothetisch-deduktive Denkweise aus, in der das Experiment fester Bestandteil ist. So kann durch die Veranschaulichung eines Phänomens ein kognitiver Konflikt provoziert werden, der in der Formulierung einer naturwissenschaftlichen Frage mündet, welche dann durch die gezielte Veränderung der Einflussgrößen untersucht und beantwortet werden kann. Im Idealfall wird der Prozess als solcher abschließend reflektiert und auf eine neue Problemstellung angewendet. Die chemiedidaktische Forschung zeigt z. B. für die Ausbildung an Hochschulen, dass diese Denkweise selten intuitiv erlernbar ist – unabhängig von der Intensität der fachlichen Auseinandersetzung und unabhängig von den Leistungen in der herkömmlichen Ausbildung (Patzwaldt und Tiemann, 2013). Nur durch systematische, mehrmonatige Interventionen sind hier erste positive Effekte zu beobachten, sowohl an Schulen (Bley, 2013) als auch an Hochschulen (Wegner und Tiemann, 2012).

Eine weitere Besonderheit liegt in der Notwendigkeit in der Regel auf Modelle zurückgreifen zu müssen, um Inhalte zu erläutern. Dies bedeutet, dass die Modell- bzw. Abstraktionsebene immer mitgedacht werden muss. Sowohl die Nutzung von Experimenten als auch von Modellen beinhaltet die Notwendigkeit der Metareflexion über die verwendeten Methoden. Dies bedeutet, dass der Chemieunterricht sich nicht allein der Förderung von fachinhaltlichen Kompetenzen widmet, sondern auch einer Vielzahl von prozessbezogenen Kompetenzen.

Welche zentralen Merkmale des forschenden Lernens halten Sie für notwendig, um Chemieunterricht wirksam zu gestalten?

Unabhängig davon, welcher Ansatz des forschenden Lernens favorisiert wird, so scheint es doch von zentraler Bedeutung zu sein, dass der Erkenntnisgang nicht nur exemplarisch durchlaufen, sondern auch explizit auf einer Metaebene thematisiert wird. Auch wenn es nicht den einen 'richtigen' naturwissenschaftlichen Problemlöseprozess gibt, sondern viele Vorgehensweisen, die zum gewünschten Zielzustand führen können (Bauer, 1992), so scheint es doch angemessen sich für den schulischen Zweck auf immer wiederkehrende Elemente des Prozesses im Sinne eines Schemas zu fokussieren. Dazu zählen nach der Erkennung einer Problemstellung, die Formulierung einer Hypothese, die Planung und Durchführung eines Experimentes und das Analysieren der Ergebnisse. Bley (2013) konnte Hinweise darauf finden, dass schemabasierte Lernumgebungen wissenschaftliches Problemlösen und naturwissenschaftliches Denken fördern können. Eine solche Fokussierung entbindet dabei selbstverständlich ebenso wenig von dem Hinweis auf weitere mögliche Vorgehensweisen wie von der Notwendigkeit der Förderung der flexiblen Anwendung der erlernten Grundprinzipien. Forschendes Lernen geht immer von einer konkreten Problemstellung aus. Diese sollte über einen Kontextbezug mit einem hohen Grad an Authentizität verfügen. Einige Untersuchungsergebnisse zum kontextbasierten Lernen weisen darauf hin, dass eine solche Einbettung zu einer erhöhten Motivation und einem erhöhten situationalen Interesse bei der Bearbeitung beitragen kann (u. a. Pintrich, 2003) ebenso wie zu einer gesteigerten Lernleistung (Nentwig et al., 2007).

Welche fachlichen und fachdidaktischen Aspekte erachten Sie als bedeutsam, damit das Lernen zum Wesen der Naturwissenschaften wirksam wird?

Das Lernen zum Wesen der Naturwissenschaften hängt mit der Erfahrbarmachung dieser Inhalte durch die Lehrpersonen zusammen. Dies setzt zunächst voraus, dass die Lehrpersonen über ein entsprechendes Wissen im Bereich von Nature of Science (NoS) verfügen. Leider gibt es Studien, die zeigen, dass dies nicht immer der Fall ist (u. a. Abd-El-Khalick und Lederman, 2000). Konsens herrscht darüber, dass für den Schulbereich die folgenden Aspekte von NoS besonders relevant sind: naturwissenschaftliches Wissen ist vorläufig, empirisch, theoriegetrieben sowie zum Teil Produkt menschlicher Schlussfolgerungen, Naturwissenschaft ist sozial und kulturell eingebettet sowie von Vorstellungen und Kreativität geprägt. Weitere Aspekte sind die Unterscheidung zwischen Beobachtung und Schlussfolgerung, die Abwesenheit einer universellen Methode zum naturwissenschaftlichen Forschen und das Verhältnis zwischen naturwissenschaftlichen Theorien und Gesetzen. Darüber hinaus sollte der Unterschied zwischen NoS und Scientific Inquiry deutlich werden. Während es sich bei letzterem um naturwissenschaftliche Prozesse handelt, beschäftigt sich ersteres mit den zugrundeliegenden Werten und epistemischen Annahmen dieser Prozesse. Die beschriebenen Inhalte werden nicht beiläufig beim 'doing science' mitgelernt, sondern bedürfen einer expliziten Thematisierung im Unterricht. Unter fachdidaktischer Perspektive sollten Beispiele gewählt werden, die die zentralen Aspekte von NoS widerspiegeln, sodass eine Diskussion über diese Aspekte tatsächlich notwendig wird.

Welchen Umgang mit herkömmlichen bzw. neuen Medien empfehlen Sie im Chemieunterricht?

Sowohl herkömmliche als auch neue Medien sollten im Chemieunterricht immer zu einem bestimmten Zweck eingesetzt und sinnvoll in die Unterrichtspraxis integriert werden. Das Unterrichtsziel sollte dabei im Vordergrund stehen. Der Mehrwert digitaler Medien gegenüber herkömmlichen Medien sollte erkennbar sein. Dies ist jedoch häufig nicht der Fall (Sieve und Schanze, 2015). Es erscheint wenig zielführend ein Smartboard als einfachen Tafelersatz zu nutzen. Insgesamt bergen neue Medien viel Potenzial. Dazu gehören unter anderem 'Just in time – Information', Materialersparnis, Übungsmöglichkeiten, die Unterstützung des Experimentes, die gebotenen Visualisierungs- und Illustrationsmöglichkeiten, aber auch Individualisierungsaspekte. Digitale Medien ermöglichen eine Individualisierung von Aufgaben und eine damit einhergehende Differenzierung durch die Zuweisung von angepassten Lerngelegenheiten. Durch integriertes Feedback zu den bearbeiteten Aufgaben wäre ein formatives Assessment möglich. Des Weiteren stellen E-Learning Tools auch Möglichkeiten zur Aufarbeitung eines Fachinhaltes durch die Schülerinnen und Schüler dar. Selbstreguliertes Lernen kann demnach durch die Nutzung dieser Medien weiter unterstützt und gefördert werden. Digitale Medien sind in vielen Varianten einsetzbar. Jedoch gibt es in diesem Bereich bisher nur wenige Forschungsergebnisse. Daher sind gesicherte Aussagen über die Wirkung von neuen Medien im Chemieunterricht bisher nur eingeschränkt möglich.

Literatur

Abd-El-Khalick, F. & Lederman, N. G. (2000). Improving science teachers' conceptions of nature of science: a critical review of the literature. *International Journal of Science Education, 22* (7), 665–701.

Aschersleben, K. (1987). *Moderner Frontalunterricht: Neubegründung einer umstrittenen Unterrichtsmethode.* Frankfurt: Peter Lang.

Bauer, H. H. (1992). *Scientific Literacy and the Myth of the Scientific Method.* Urbana and Chicago: University of Illinois Press.

Baumert, J., Kunter, M., Blum, W., Brunner, M., Voss, T., Jordan, A., Klusmann, U., Krauss, S., Neubrand, M. & Tsai, Y.-M. (2010). Teachers' Mathematical Knowledge, Cognitive Activation in the Classroom, and Student Progress. *American Educational Research Journal, 47* (1), 133–180.

Bley, S. (2013). *Förderung von Transferprozessen im Chemieunterricht,* Berlin: Logos.

BLK (1998). *Gutachten zur Vorbereitung des Programms „Steigerung der Effizienz des mathematisch-naturwissenschaftlichen Unterrichts". Materialien zur Bildungsplanung und zur Forschungsförderung.*

Hattie, J. (2012). *Visible Learning for Teachers. Maximizing impact on learning*. London: Routledge.

Hogan, K. & Pressley, M. (Hg.) (1997). *Scaffolding student learning: Instructional approaches and issues. Advances in learning & teaching*. Cambridge: Brookline Books.

Johnstone, A.H. (1991). Why is science difficult to learn? Things are seldom what they seem. *Journal of Computer Assisted Learning, 7* (2), 75–83.

Koenen, J. & Kirstein, D. (2017). Ein unbekanntes Gas identifizieren. Öffnungsgrade von Experimentiersituationen. *Unterricht Chemie, 158*, 14–18.

Lee, H.S., Linn, M.C., Varma, K. & Liu, O.L. (2010). How Do Technology-Enhanced Inquiry Science Units Impact Classroom learning?. *Journal of Research in Science Teaching, 47* (1), 71–90.

Leisen, J. (2006). Aufgabenkultur im mathematisch-naturwissenschaftlichen Unterricht. *Der mathematisch und naturwissenschaftliche Unterricht, 59* (5), 260–266.

Levy, P., Little, S., McKinney, P., Nibbs, A. & Wood, J. (2010). *The Sheffield Companion to Inquiry-Based Learning*. University Sheffield.

Nentwig, P.M., Demuth, R., Parchmann, I., Gräsel, C. & Ralle, B. (2007). Chemie im Kontext: Situating Learning in Relevant Contexts while Systematically Developing Basic Chemical Concepts. *Journal of Chemical Education, 84* (9), 14–39.

Osborn, J. & Dillon, J. (Hrsg.). (2010). *Science Education in Europe: critical reflections*. London: Kingś College.

Patzwaldt, K. & Tiemann, R. (2013). Learning to do inquiry – wie experimentieren Chemie-Lehramtsstudierende? In: S. Bernholt (Hrsg.), *Inquiry-based Learning – Forschendes Lernen* (S. 632–634). Kiel: IPN.

Pintrich, P.R. (2003). A Motivational Science Perspective on the Role of Student Motivation in Learning and Teaching Contexts. *Journal of Educational Psychology, 95* (4), 667–686.

Sieve, B. & Schanze, S. (2015). Lernen im digital organisierten Chemieraum. *Naturwissenschaften im Unterricht Chemie, 26* (145), 2–5.

Upmeier zu Belzen, A. & Krüger, D. (2010). Modellkompetenz im Biologieunterricht. *Zeitschrift für Didaktik der Naturwissenschaften, 16*, 41–57.

Wegner, N. & Tiemann, R. (2012). The pathway to inquiry based science teaching – teacher education at university. *La Chimica nella Scuola, xxxiv-3, ICCE-ECRICE*, 404–408.

Wilson, C., Taylor, J., Kowalski, S. & Carlson, J. (2010). The relative effects and equity of inquiry-based and common place science teaching on students' knowledge, reasoning, and argumentation. *Journal of Research in Science Teaching, 47* (3), 276–301.

ANJA LEMBENS / SIMONE ABELS

LERNGELEGENHEITEN GESTALTEN, DIE DER DIVERSITÄT DER LERNENDEN RECHNUNG TRAGEN

Lembens, Anja, Prof. Dr., Universität Wien, Österreichisches Kompetenzzentrum für Didaktik der Chemie; Arbeitsschwerpunkte: Forschendes Lernen (IBSE), Genderaspekte, LehrerInnenprofessionalisierung, Kompetenzorientiertes Lehren und Lernen

Abels, Simone, Prof. Dr., Leuphana Universität Lüneburg, Institut für Nachhaltige Chemie und Umweltchemie; Arbeitsschwerpunkte: Inklusiver Chemieunterricht, Diversität, Forschendes Lernen, Reflexive LehrerInnenbildung

Welches fachwissenschaftliche und fachdidaktische Wissen und Können der Lehrperson ist aus Ihrer Sicht für die Qualität des Chemieunterrichts besonders wichtig?

Wie wir aus internationalen Studien wissen, gibt es zwei Faktoren, die in besonderer Weise für die Qualität von Unterricht stehen. Das ist zum einen ein fundiertes Fachwissen. Hierzu zählen die Sachstruktur der Chemie, Sicherheitsaspekte, Kenntnisse über zentrale Methoden der Erkenntnisgewinnung, das Beherrschen der Fach- und Symbolsprache u. v. m. Das alleine reicht jedoch nicht aus, um Jugendlichen einen Chemieunterricht bieten zu können, in dem sie neben Fachwissen auch die Anwendung dessen sowie eine angemessene naturwissenschaftliche Grundbildung mit Urteils- und Handlungskompetenzen für ihren Alltag aufbauen können. Ein zweiter Faktor ist eine gute fachdidaktische Ausbildung, die es den Lehrpersonen ermöglicht, die Fachinhalte der Chemie nach Basiskonzepten strukturiert und in Kontexten verankert für die Schülerinnen und Schüler aufzuarbeiten. Eine besondere Herausforderung ist es, auch sprachlich klar zwischen den drei Ebenen des Johnstone Dreiecks (Phänomenebene, submikroskopische Ebene und Symbolebene, vgl. Johnstone, 2000) zu unterscheiden, um den Lernenden immer nachvollziehbar zu machen, auf welcher Ebene gerade gearbeitet wird. Ohne die Kenntnis der Vorstellungen und Vorkenntnisse der Schülerinnen und Schüler und das bewusste Eingehen darauf, läuft der Chemieunterricht Gefahr, zum reinen 'Memorierfach' zu werden, in dem lexikalisches Wissen gesammelt und widergegeben wird. Es ist von besonderer Bedeutung, passend zum jeweiligen Lehrziel die Inhalte und Methoden reflektiert auszuwählen. Dazu zählen gut in den Unterricht eingebettete Phasen praktischen Arbeitens, das Lernen an und mit Modellen sowie der Einsatz kompetenzorientierter Aufgaben für das Lernen und Überprüfen von Lernleistungen. Da in allen Schulklassen Menschen mit sehr unterschiedlichen Voraussetzungen gemeinsam lernen, ist es notwendig, Lerngelegenheiten zu gestalten, in denen dieser Diversität Rechnung getragen wird. Inklusive Ansätze sowie differenzierte Aufgaben (z. B. Markic & Abels, 2016), gestufte Lernhilfen (z. B. Franke-Braun, Schmidt-Weigand, Stäudel & Wodzinski, 2008) und behutsam eingeführte Phasen Forschenden Lernens (z. B. Abels, Puddu & Lembens, 2014) sollten im Repertoire einer jeden Chemielehrkraft verfügbar sein. Es ist unschwer zu erkennen, dass das Professionswissen von Chemielehrpersonen eine Vielzahl von Kompetenzen umfasst, die im reflektierten Zusammenspiel zu einem Unterricht führen sollten, der es den Lernenden ermöglicht, die Relevanz der Chemie für gesellschaftliche, gesundheitliche, umweltbezogene und wirtschaftliche Aspekte unseres Lebens zu erkennen und das Gelernte für bewusste Wahl- und Konsumentscheidungen zu nutzen.

Welche Qualitätsmerkmale halten Sie für den Chemieunterricht für essenziell?

Im Sinne des Angebots-Nutzungs-Modells nach Helmke (2008) ist Unterricht ein Angebot, das von den Lernenden genutzt werden kann oder auch nicht. Je besser das Angebot strukturiert ist, desto höher ist die Wahrscheinlichkeit, dass es auch genutzt wird. In diesem Sinne gilt es einen Chemieunterricht zu gestalten, der es den Lernenden anhand einer klaren und nachvollziehbaren Struktur ermöglicht, die chemiespezifischen Inhalte und Methoden kennen und nutzen zu lernen. Eine gute Möglichkeit ist die Ausrichtung am 5E-Modell (Bybee, 2009), einem konstruktivistisch orientierten Unterrichtsmodell in fünf Phasen (siehe nächste Frage). Besonders betonen möchten wir die Evaluate-Phase, die als querliegend zu den übrigen Phasen betrachtet werden kann (Lembens & Abels, 2015). In jeder Phase kann die Lehrkraft hierbei durch Beobachtung wertvolle Rückschlüsse aus dem Handeln der Lernenden ziehen, die zur weiteren Planung des Unterrichts und für Feedback herangezogen werden sollten. Ein systematisches Feedback vermittelt den Schülerinnen und Schülern Informationen über ihren Lernfortschritt und Wertschätzung. Anhand von Hatties (2009) Metastudie wird sichtbar, dass eine gelebte Feedbackkultur ganz wesentlich zu erfolgreichem Lernen beiträgt. Ebenfalls lernunterstützend ist das Scaffolding (Furtak, 2008), was so viel wie 'Gerüstbauen' bedeutet und die aktive Lernbegleitung durch die Lehrkraft meint. Die Lernenden erfahren gezielt genau die Unterstützung, die sie gerade brauchen, um den nächsten Entwicklungsschritt zu vollziehen. Mit zunehmender Sicherheit der Schülerinnen und Schüler kann sich die Lehrkraft Schritt für Schritt zurückziehen und das Gerüst abbauen. Auch das Lernen von Chemie vollzieht sich über Sprache, daher ist es von großer Bedeutung, die Redeanteile der Lernenden möglichst hoch zu halten. Stellt die Lehrkraft viele offene Fragen, die von den Schülerinnen und Schülern mit ganzen Sätzen und Begründungen zu beantworten sind, erhöht das deren Redeanteil und damit die Gelegenheit vertieft zu lernen. Studien zeigen, wie wichtig das Stellen eigener Fragen für einen aktiven, selbstgesteuerten und individuellen Lernprozess ist (z. B. Chin & Brown, 2002; Hofstein, Navon, Kipnis & Mamlok-Naaman, 2005; Middlecamp & Nickl, 2005; Köhler, 2008). Lehrpersonen sollten ganz gezielt Impulse setzen, um Schülerinnen und Schüler zur Formulierung kognitiv anspruchsvoller Fragen anzuregen.

Darüber hinaus erfüllt eine Orientierung an den Kriterien von Helmke (2008) sehr viele Qualitätsmerkmale wirksamen Unterrichts, sowohl auf der Sicht- als auch in die Tiefenstruktur hineinreichend. Wobei grundsätzlich der reflektierte Umgang mit Diversitätsdimensionen, wie z. B. Genderaspekten, nicht vergessen werden darf.

Welche Lernumgebungen und Lehr-/Lernformen halten Sie für einen wirksamen Chemieunterricht für besonders bedeutsam?

Aus der Fülle an Lehr- / Lernformen setzen wir seit vielen Jahren in der Lehrpersonenaus- und -fortbildung auf den Ansatz des Forschenden Lernens (engl. Inquiry-Based Science Education, Blanchard et al., 2010). Unter diesem

Ansatz lassen sich viele Methoden, Sozialformen und Lernumgebungen zur Anwendung bringen und vereinen. Wichtig ist uns zu betonen, dass ein oftmals als 'klassisch' gekennzeichneter Chemieunterricht – z. B. basierend auf Frontalunterricht, fragend-entwickelnden Unterrichtsgesprächen, Schulbüchern und Arbeitsblättern – und Forschendes Lernen einander nicht ausschließen. Um diese Vereinbarkeit umzusetzen, setzen wir auf einen levelbasierten Ansatz des Forschenden Lernens (Details s. u.), d. h., dass die für Forschendes Lernen benötigten Kompetenzen sukzessive eingeführt werden müssen und in vielfältigen, unterschiedlich stark strukturierten Lernumgebungen erworben und vertieft werden. In der Chemie nimmt das *fragengeleitete* Experimentieren eine zentrale Rolle bei der Durchführung Forschenden Lernens ein. Nach dem konstruktivistisch orientierten 5E-Modell von Bybee (2009), einem fünfphasigen Unterrichtsmodell für Forschendes Lernen mit den Phasen Engage, Explore, Explain, Elaborate und einer quer dazu liegenden Evaluate-Phase, wird der Erwerb bestimmter naturwissenschaftlicher Kompetenzen angestrebt: Fragen zu stellen, Untersuchungen zu planen und durchzuführen, Ergebnisse systematisch zu dokumentieren und zu interpretieren sowie Erklärungen (fachsprachlich) zu formulieren etc. So lassen sich auch Rechercheaufgaben (online, in Büchern oder das Führen von Interviews etc.), der Besuch außerschulischer Lernorte bzw. Exkursionen mit dem 5E-Modell in Einklang bringen. Stationenlernen kann als besonders strukturierte Form des eigenständigen Arbeitens der Vorbereitung auf Forschendes Lernen dienen.

Planspiele, Fishbowls, Rollenspiele oder auch Kleingruppendiskussion, z. B. mit Concept Cartoons als Diskussions- und Argumentationsanlass, halten wir für besonders geeignet, wenn es um Aspekte der Bewertungskompetenz und Diskursfähigkeit geht (Stichwort 'socio-scientific issues').

Insgesamt ist bei allen Ansätzen auf eine Balance aus angemessener Strukturierung und Offenheit, Zielorientierung, explizite Reflexion sowie auf die Vermittlung zwischen praktischem und konzeptuellem Lernen zu achten.

Wie sieht eine gute Differenzierung / Individualisierung Ihrer Meinung nach im Chemieunterricht aus?

Eine wesentliche Voraussetzung für eine angemessene Differenzierung ist das Erkennen der Bedürfnisse der Lerngruppe und jedes Einzelnen. Die durch Beobachtung oder Gespräche kontinuierlich gewonnenen Erkenntnisse zu fachlichen, sozialen, methodischen und personalen Kompetenzen dienen als Grundlage für die Planung und ständiges Adaptieren der Lernumgebungen. Lehrpersonen sollten Inhalte so modulieren können, dass sie für die Vielfalt an Schülerinnen und Schülern geeignet sind. Lernschwierigkeiten und Schülervorstellungen zu einem Thema sollten Lehrkräften bewusst sein, um angemessene Unterstützung zu gewährleisten.

Die Herausforderung für Lehrpersonen besteht darin, keine stigmatisierenden Diagnosen vorzunehmen. Differenzierung, z. B. nach Lerntempo, Leistung, Abstraktionsvermögen etc. kann Gefahren von Labeling bergen. Dies führt auch auf Seiten der Lernenden zu Unverständnis, warum manche Schülerinnen und Schüler weniger oder leichtere Aufgaben oder mehr Hilfestellung erhalten.

Es ist zu bedenken, dass Differenzierung und Individualisierung schon seit Jahrzehnten Schlagwörter für einen integrativen Unterricht sind, jedoch noch nicht ausreichend Eingang in die Praxis finden. Es stellt eine enorme Herausforderung für Fachlehrpersonen (insbesondere in der Sekundarstufe) dar, im Unterrichtsalltag unter den gegebenen Bedingungen und oft knappen Ressourcen die Schülerinnen und Schüler so genau zu kennen, dass Lerngegenstände individuell passend oder nach bestimmten Leistungsniveaus aufbereitet werden können. Deshalb werden Aufgaben mit natürlicher Differenzierung und sog. inklusiven Ansätzen vorgeschlagen, z. B. Projektlernen, Lernwerkstatt, Stationslernen, Freiarbeit usw., die so gestaltet sind, dass alle Lernenden selbstbestimmt teilhaben können (Abels, 2015). Die Ansätze sollten so offen wie möglich und so strukturiert wie nötig gestaltet sein. Lernende können in inklusiven Ansätzen unterschiedlich stark angeleitet werden. Sie benötigen jedoch Gelegenheit, sich strukturiert in solche Ansätze einarbeiten zu können. Die Strukturierung und Anleitung durch die Lehrperson kann mit der Zeit reduziert werden. Um mit den Schülerinnen und Schülern über die bestmögliche Unterstützung zu beraten und Verantwortung für das Lernen an diese abgeben zu können, ist es notwendig, dass die Lehrpersonen sich auf deren Lernwege einlassen. Die Rolle der Lehrperson ändert sich von einem/r Wissensvermittler/-in hin zu einem/r Lernbegleiter/-in, Regisseur/-in oder auch Aktivator/-in.

Welche immer wiederkehrenden fachspezifischen Herausforderungen im Unterrichtshandeln müssen Ihrer Meinung nach die Lehrpersonen bewältigen, um im Chemieunterricht eine angemessene Unterrichtsqualität garantieren zu können?

In der Chemie wurde und wird ein Großteil des Wissens über Experimente generiert. Insofern ist das praktische Arbeiten im Chemieunterricht wichtig, um Schülerinnen und Schülern einerseits die Gewinnung von Erkenntnissen zu ermöglichen und andererseits etwas über die Art der Erkenntnisgewinnung lernen zu können. Es geht z. B. darum, wie mit unerwarteten oder voneinander abweichenden Versuchsergebnissen umgegangen wird. Kontraproduktiv ist es, wenn die Lehrkraft signalisiert, dass der Fehler bei den

Schülerinnen und Schülern liegt und dann das korrekte Ergebnis mitteilt. Dadurch werden wertvolle Lerngelegenheiten verschenkt, die die Erkenntnisgewinnung in der Chemie als einen Prozess erfahrbar machen, in dem die Gültigkeit von gewonnenen Daten immer wieder reflektiert werden muss. Solche und andere Aspekte von Nature of Science müssen immer wieder explizit im Unterricht thematisiert werden. Im Zusammenhang mit dem praktischen Arbeiten ist die Bedeutung eines planvollen und zeitökonomischen Vorbereitens der Materialien nicht zu unterschätzen, um einen möglichst hohen Anteil echter Lernzeit im Unterricht zu ermöglichen. Es ist immer wieder eine Herausforderung, z. B. zu Beginn eines neuen Themas, Phänomene so zu präsentieren, dass Schülerinnen und Schüler eine fragende Haltung entwickeln können, die es ihnen erleichtert, sich auf die Erarbeitung der zugrundeliegenden Mechanismen einzulassen. Selbstverständlich ist es notwendig, die Schülerinnen und Schüler in die Sicherheitsregeln einzuweisen und ihre Einhaltung konsequent durchzusetzen.

Aus vielen internationalen Studien ist bekannt, dass Schülerinnen und Schüler bei bestimmten Themen immer wieder mit denselben Lernschwierigkeiten kämpfen. Die Lehrkraft muss diese Lernschwierigkeiten kennen, die Präkonzepte und Fehlvorstellungen der jeweiligen Schülerinnen und Schüler erheben und immer wieder passende Repräsentationsarten parat haben, um die Lernenden gezielt bei ihrer Auseinandersetzung mit der Sache unterstützen zu können.

Wie schon mehrfach angesprochen, ist auch in der Chemie die Sprache ein zentraler Aspekt beim Lehren und Lernen. Es gilt, die Fachsprache korrekt und eindeutig zu verwenden und sich der unterschiedlichen Bedeutungen von Begriffen in der Fach- und Alltagssprache bewusst zu sein. Unbedingt sollte die Lehrkraft auf einen nachlässigen Laborjargon und eine ebensolche Schreibweise verzichten, die es den Lernenden unnötig erschweren nachzuvollziehen, ob es gerade um die Phänomenebene, die Teilchenebene oder die symbolische Ebene (vgl. Johnstone Dreieck) geht.

Worauf gilt es bei der Entwicklung und dem Einsatz von Aufgaben bzw. Aufgabensets im kompetenzorientierten Chemieunterricht besonders zu achten?

Unterricht sollte immer vom Ende her geplant werden. Das bedeutet, zunächst festzulegen, was die Lernenden am Ende der Einheit können und wissen sollen. Erst dann werden die Methoden passend zu den Lehrzielen gewählt und entsprechende Aufgaben entwickelt. Im weiteren Verlauf muss die Chemielehrperson sich selbst darüber klar werden, was sie mit der Aufgabe erreichen möchte. Geht es darum, dass die Schülerinnen und Schüler eine Sache erlernen oder üben sollen, oder geht es um die Überprüfung erlernten Wissens oder erworbener Kompetenzen? Je nachdem sind die Aufgaben völlig anders zu konstruieren. Grundsätzlich können in alle Aufgaben – auch in Prüfungsaufgaben – praktische Phasen (z. B. Versuche oder Arbeit mit Modellen) integriert werden, die es den Lernenden ermöglichen, bestimmte Kompetenzen zu üben oder zu zeigen, dass sie diese angemessen anwenden können. Als Lehrende und Lehrender sollte man zudem immer im Auge behalten, dass nicht alle Kompetenzen, die wir im Chemieunterricht anbahnen, messbar sind. Im Hinblick auf den Aufbau einer angemessenen naturwissenschaftlichen Grundbildung, die ein informiertes Urteilen und Handeln im Alltag ermöglichen soll, ist es wichtig, nicht auf das Üben dieser nichtmessbaren Kompetenzen zu verzichten. Ein 'Teaching to the Test' ist unbedingt zu vermeiden.

Gleichgültig, ob es sich um Lern- oder Prüfungsaufgaben handelt, sollte bei der Konstruktion darauf geachtet werden, dass eine möglichst große Vielfalt an Kompetenzen bei der Bearbeitung zum Einsatz kommen kann und das reine Abfragen von Begriffen oder Formeln vermieden wird. Klare und eindeutige Formulierungen, ein sinnvoller roter Faden und transparente Erwartungen erleichtern es den Lernenden ihre Konzentration auf die relevanten Aspekte der Aufgabe zu lenken. Insbesondere bei Klassen mit hoher Diversität sollten Aufgaben z. B. mit gestuften Hilfen zum Einsatz kommen, so dass Schülerinnen und Schüler individuell nach ihrem aktuellen Können und Wissen entscheiden, ob sie die Aufgabe mit oder ohne Hilfen bearbeiten möchten. Dadurch wird auch das Selbsteinschätzungsvermögen der Lernenden gestärkt. Dies bedeutet allerdings auch, dass ein stärkerer Fokus auf die Bewertung der Fortschritte des Einzelnen gelegt werden muss, was sich auch in der Art der Notengebung spiegeln muss. Nicht unerheblich ist es, wie Ergebnisse von Lern- bzw. Prüfungsaufgaben zusammengeführt oder rückgemeldet werden. Der Blick sollte dabei in allen Fällen auf das Ermöglichen des Weiterlernens gerichtet sein.

Welche Schritte empfehlen Sie aufgrund Ihrer wissenschaftlichen bzw. erfahrungsbasierten Expertise als „first steps" für angehende Chemielehrer/-innen, die sie für guten Chemieunterricht umsetzen können?

Chemielehramtsstudierende werden zu Beginn ihres Studiums oft mit Fachvorlesungen konfrontiert, deren berufliche Relevanz für sie z. T. fraglich erscheint. Wir empfehlen, die Bildungsrelevanz ausgewählter Fachthemen in fachdidaktischen Seminaren zu diskutieren und diese im Lehrplan bzw. in den Basiskonzepten zu verankern. Studierende sollten sich der eigenen (Fehl-)Vorstellungen zu Themen des Chemieunterrichts bewusst werden, sie hinterfragen und bearbeiten.

Wir möchten Mut machen, auch Ansätze und Methoden auszuprobieren (im geschützten Rahmen des Studiums und später als Lehrperson in der Klasse), die nicht den eigenen Unterrichtserfahrungen entsprechen. Der Perspektivwechsel vom Schüler bzw. von der Schülerin zur Lehrperson und das Abstrahieren von Unterrichtserfahrungen als Lernender, fallen angehenden Lehrpersonen oft schwer. Chemielehramtsstudierende haben nicht alle einen besonders innovativen Chemieunterricht genossen, sie haben sich jedoch mit der Art des Unterrichts arrangiert. Nicht immer können sie nachvollziehen, dass ein moderner, subjektorientierter Chemieunterricht mehr sein muss als das, was sie in der eigenen Schulzeit erlebt haben. Für enorm wichtig halten wir es, die Studierenden Praxiserfahrungen sammeln zu lassen und den Rollenwechsel konstruktiv zu begleiten und zu reflektieren. Dabei fällt uns immer wieder auf, dass für die angehenden Lehrpersonen oft die Anwendung einer Methode oder ein bestimmter Versuch im Zentrum stehen, anstatt lehrzielgeleitet und kompetenzorientiert vorzugehen.

Außerdem halten wir es für entscheidend, dass Chemielehrpersonen jenseits der klassischen Fachsystematik in Kontexten zu denken lernen. Um für die Lernenden persönlich bedeutsame Kontexte auswählen zu können, sollten sie in der Lage sein, sich in Schülerinnen und Schüler hineinzuversetzen, auch in diejenigen, die das Fach vielleicht nicht in dem Maße lieben wie sie selbst. Oft ist aus Sicht der Schülerinnen und Schüler die Lebensnähe von Schulversuchen wenig gegeben und die Auswahl überholt. Hier kommt es auf innovative Beispiele an, die Studierende auch in der Ausbildung kennenlernen sollen.

Wir fordern unsere Studierenden auf, Inhalte nicht allein aus dem traditionellen Fachkanon oder dem Curriculum heraus zu legitimieren, sondern schülerorientiert zu denken und auch einmal Mut zur Lücke zu haben. Zeit dafür aufzuwenden, um Schülerinteresse zu erheben, Schülerinnen und Schüler etwas zuzutrauen und Verantwortung an sie abzugeben, erhöht unserer Erfahrung nach die Motivation aller Beteiligten.

Was ist Ihrer Ansicht nach das Besondere am Chemieunterricht?

Der Chemieunterricht hat die besondere Möglichkeit, zum Verstehen der Welt beitragen zu können. Dies kann durch den Umgang mit faszinierenden Phänomenen, einer starken Alltagsorientierung und besonderer Anschaulichkeit gelingen. Die Chemie beschäftigt sich mit Stoffen und ihren Umwandlungen. Dies tut sie zum einen auf der Ebene der Phänomene, zum anderen auf der Ebene der Teilchen. Zur Symbolisierung dieser Ebenen entwickelte sich eine eigene Fach- und Formelsprache. Eine besondere Herausforderung ist es, Schülerinnen und Schüler die dahinterliegenden abstrakten Konzepte zur Erklärung der Phänomene verständlich zu machen. Mit Hilfe von Modellen und Animationen soll die „Andersartigkeit" der Atome (sie haben nicht dieselben Eigenschaften wie die makroskopischen Stoffe oder Modelle) auf anschauliche Weise durchdrungen werden. Die Inhalte des Curriculums bauen dabei sehr stark aufeinander auf. Dies erschwert Schülerinnen und Schülern, die inhaltlich einmal ausgestiegen sind, den Wiedereinstieg ins Fachlernen.

Eine weitere Besonderheit des Chemieunterrichts ist die Vorrangstellung des Experiments als praktischer und motivierender Zugang zu den Phänomenen und als Brücke zu den abstrakten Konzepten. Allerdings birgt das Experimentieren auch ein gewisses Gefahrenpotential, das keinem anderen Fach auf diese Weise inne liegt und die Einhaltung spezieller Schutzmaßnahmen erfordert.

Lehrpersonen haben damit zu kämpfen, dass der Chemieunterricht sehr ressourcenlastig sowie vor- und nachbereitungsintensiv sein kann. Von Vorteil ist die Möglichkeit, einen eigenen Fachraum nutzen zu können. Die Chemielehrpersonen verbringen jedoch meist nur wenige Stunden mit vielen verschiedenen Klassen, sodass sie die Schülerinnen und Schüler mit ihren Lernvoraussetzungen oft nicht ausreichend kennen, um sie individuell unterstützen zu können.

Chemie wird vielfach mit negativen Aspekten konnotiert. Sie gilt als schwer zu verstehen, umweltverschmutzend, stinkend, gefährlich, einzelkämpferisch geprägt und männlich dominiert. Das Image des Faches leidet zusätzlich, wenn die Schülerinnen und Schüler das Gefühl bekommen, sich mit Mantel und Schutzbrille als 'crazy scientist' verkleiden zu müssen.

Aufgrund dieses Images geraten Chemielehrpersonen oft in einen Rechtfertigungsdruck: Warum muss jede und jeder Chemie lernen? Weil Chemieunterricht einen wichtigen Beitrag zum Aufbau einer naturwissenschaftlichen Grundbildung für informierte, reflektierte Bürgerinnen und Bürger leistet, um bei Wahl- und Konsumentscheidungen mitdiskutieren und mitentscheiden zu können.

Welche zentralen Merkmale des forschenden Lernens halten Sie für notwendig, um Chemieunterricht wirksam zu gestalten?

Wir halten einen levelbasierten Ansatz des Forschenden Lernens für entscheidend, um Chemieunterricht wirksam und schülerorientiert zu gestalten. Blanchard et al. (2010) haben vier Level (Level 0–3) vorgeschlagen. Auf Level 0 sind alle Schritte von der Fragenfindung über die Methodenwahl bis hin zur Interpretation der Ergebnisse von der Lehrperson vorgegeben. Level 1 erwartet von den Schülerinnen und Schülern selbstständig die Ergebnisse zu interpretieren, bei Level 2 ist nur die Fragestellung vorgegeben. Auf Level 3 werden alle Schritte von den Schülerinnen und Schülern selbstständig ausgeführt. Mit jedem Level steigt der Grad der Offenheit und die Schülerinnen und Schüler sollen mehr Schritte der naturwissenschaftlichen Untersuchung selbstständig bewältigen. Zuvor müssen die Schülerinnen und Schüler die Gelegenheiten erhalten, die für das jeweilige Level benötigten Kompetenzen schrittweise zu erwerben. Zur Differenzierung kann z. B. zeitgleich an verschiedenen Schwerpunkten eines Themas und ggf. mit unterschiedlichen Graden der Offenheit gearbeitet werden.

Die Schritte Forschenden Lernens werden oft in einem Forschungszyklus (Inquiry Cycle) angeordnet (Abels, Puddu & Lembens, 2014), der ein idealisiertes Bild naturwissenschaftlicher Forschung zeichnet: Fragen stellen, theoriegeleitet Vermutungen / Hypothesen formulieren, Untersuchungen planen und durchführen, beobachten, Daten sammeln, Ergebnisse dokumentieren, Daten analysieren, interpretieren, Zusammenhänge zur Theorie und Fragestellung herstellen, Erkenntnisse präsentieren, bewerten, offen gebliebene Aspekte erkennen und daraus neue Fragen generieren. Entscheidend ist, dass sich Forschendes Lernen im Gegensatz zu den meisten klassischen Schulversuchen und Bestätigungsexperimenten immer an Fragen orientiert.

Wir empfehlen Chemielehrpersonen zur Planung das 5E-Modell nach Bybee (2009) heranzuziehen und sich jeweils auf einzelne ausgewählte, zu erwerbende Kompetenzen zu konzentrieren (Hofer, Abels & Lembens, 2016; Lembens & Abels, 2015). Es ist oft eine große Herausforderung, nach einer praktischen Phase des Explorierens tatsächlich konzeptuellen Wissenserwerb für die Schülerinnen und Schüler zu ermöglichen und zwar ebenfalls in eigenständigen Lernphasen, in denen die Schülerinnen und Schüler in einer strukturierten Lernumgebung Wissen konstruieren können. In jeder Phase ist das Scaffolding (Furtak, 2008) von besonderer Wichtigkeit. Je nach Level setzen die Lehrpersonen andere, aber nicht weniger Unterstützungsmaßnahmen ein. Eine solche begleitende, strukturierende, aktivierende und motivierende Rolle einzunehmen, müssen Lehrpersonen in ihrer Aus- und Weiterbildung lernen (dürfen).

Welche fachlichen und fachdidaktischen Aspekte erachten Sie als bedeutsam, damit das Lernen zum Wesen der Naturwissenschaften wirksam wird?

Um naturwissenschaftliche Erkenntnisse auch im Alltag für die argumentative Untermauerung in Diskussionen sowie für sachlich begründete Urteile und Handlungen nutzen zu können, ist es für jeden Einzelnen wichtig zu wissen, wie dieses Wissen zustande gekommen und wie belastbar es ist. Dies sind klassische Aspekte von Nature of Science. Um Lernende vor Einflüssen pseudowissenschaftlicher Strömungen zu schützen, ist ein Unterricht notwendig, der explizit solche Fragen thematisiert. Z.B. sollten Schülerinnen und Schüler lernen, was Fragestellungen sind, die mit naturwissenschaftlichen Methoden bearbeitet und beantwortet werden können und wann die Grenze zu moralischen oder religiösen Fragen überschritten wird. Naturwissenschaften sollten auch als menschliches Handlungsfeld mit allen Konsequenzen erfahrbar werden. Dies schützt einerseits vor blinder Wissenschaftsgläubigkeit, andererseits hilft es zu verstehen, warum Wissenschaftlerinnen und Wissenschaftler manchmal auf Basis derselben Daten zu unterschiedlichen Interpretationen kommen. Auch sollte thematisiert werden, dass Forschungsergebnisse nie wertfrei sind, weil hinter der Finanzierung von Forschung immer bestimmte Interessen stehen. Des Weiteren hat die kulturelle und religiöse Prägung der Forschenden Einfluss auf ihre Art und Weise mit Fragen und Beobachtungen umzugehen.

Sequenzen Forschenden Lernens eignen sich gut, um den Erkenntnisprozess explizit mit Schülerinnen und Schülern zu reflektieren und damit Aspekte von Nature of Science ins Zentrum zu rücken. Zum Beispiel ist der Prozess einer naturwissenschaftlichen Untersuchung keineswegs so linear wie er im Inquiry Cycle häufig dargestellt wird, denn auch und gerade der Forschungsprozess von Naturwissenschaftlerinnen und Naturwissenschaftlern ist von Irrwegen, Umwegen, Unsicherheiten und von Auseinandersetzungen geprägt.

Das heißt, die Ziele Forschenden Lernens sind nicht nur naturwissenschaftliche Untersuchungen durchführen zu können und chemisches Wissen zu erlernen und anzuwenden, sondern auch zu verstehen, wie naturwissenschaftliche Erkenntnisgewinnung funktioniert. Schülerinnen und Schüler können so erfahren, dass das vorhandene chemische Wissen immer nur das beste zurzeit verfügbare Wissen ist, welches seine Gültigkeit jeweils durch Aushandlungsprozesse in der Scientific Community erfährt und dass dieses Wissen Veränderungen unterliegt. Diese Erkenntnis sollte Chemielehrpersonen dazu führen, chemisches Wissen weniger als zu memorierendes, lexikalisches Wissen zu unterrichten und mehr auf konzeptuelles Verstehen auszurichten.

Welchen Umgang mit herkömmlichen bzw. neuen Medien empfehlen Sie im Chemieunterricht?

Gleich um welche Medien es sich handelt, es geht immer um einen reflektierten, schülerorientierten Einsatz. Dieser muss sich am gesetzten Lehrziel und der jeweiligen Lerngruppe orientieren. Wichtige Fragen sind dabei: Was können die Schülerinnen und Schüler mit diesem Medium besonders effektiv lernen? Welche Medien sind motivierend für die Schülerinnen- und Schülergruppe, die man unterrichtet? Welche Erfahrungen haben die Lernenden bereits im Umgang mit Medien? In der Anwendung neuer Medien haben Schülerinnen und Schüler oftmals einen Vorsprung gegenüber älteren Generationen. Lehrkräfte können hier viel von ihren Schülerinnen und Schülern lernen und müssen diesem eventuellen Kompetenzgefälle offen gegenüberstehen. Die Lehrpersonen haben die Aufgabe, das Unterrichtsziel im Auge zu behalten, Medienvielfalt zu nutzen, um unterschiedlichen Interessen gerecht zu werden, die Lernenden kognitiv zu aktivieren und vor allem auch interaktive Funktionen von Medien zu verwenden. Die ständig erweiterten Funktionen von Smartphones ermöglichen den Einsatz dieser Geräte für die Aufzeichnung von Messwerten sowie das Auswerten, Darstellen und Kommunizieren von Daten. Manche Phänomene, z. B. solche, die zu schnell für die direkte Beobachtung ablaufen, können mit der Zeitlupenfunktion von Smartphones selbst gefilmt und damit sicht- und untersuchbar gemacht werden.

Der Chemieunterricht ist – wie jedes andere Fach auch – mit dafür verantwortlich, dass Schülerinnen und Schüler Medienkompetenz erwerben und den rechtlichen Hintergrund verstehen. Ein verantwortungsbewusster Umgang mit Medien ist zentrales Anliegen von Unterricht. Schülerinnen und Schüler müssen den Unterschied in der Verwendung von Smartphones und Tablets in der Schule im Vergleich zur privaten Nutzung verstehen lernen. Ein Vorteil bei der Verwendung neuer Medien liegt auch darin, dass viel weniger Material auf Papier ausgedruckt werden muss, da Aufgaben online bearbeitbar und kommunizierbar sind. Im Internet finden sich darüber hinaus zunehmend mehr Animationen, die submikroskopische Vorgänge nachvollziehbar und sogar manipulierbar machen. Hier sollte die Lehrkraft immer sorgfältig prüfen, ob die Animation fachlich angemessen ist. Wir befürworten die Nutzung von neuen Medien im Unterricht, da sie zukunftsweisend sind und in der Schule vor allem der verantwortungsbewusste Umgang damit erlernt werden kann. Unterschiedliche Zugänge können verglichen werden (neue Medien mit klassischen), der Unterschied zwischen virtuellen Rekonstruktionen und realen naturwissenschaftlichen Phänomenen ist erarbeitbar u. v. m.

Literatur

Abels, S. (2015). Der Entwicklungsbedarf der Fachdidaktiken für einen inklusiven Unterricht in der Sekundarstufe. In: G. Biewer, E. Böhm & S. Schütz (Hrsg.), *Inklusive Pädagogik in der Sekundarstufe* (S. 135–148). Stuttgart: Kohlhammer.

Abels, S., Puddu, S. & Lembens, A. (2014). Wann flockt die Milch im Kaffee? Mit „Mysteries“ zu differenziertem Forschenden Lernen im Chemieunterricht. *Naturwissenschaften im Unterricht Chemie, 25* (142), 37–41.

Blanchard, M.R., Southerland, S.A., Osborne, J.W., Sampson, V.D., Annetta, L.A. & Granger, E.M. (2010). Is Inquiry Possible in Light of Accountability?: A Quantitative Comparison of the Relative Effectiveness of Guided Inquiry and Verification Laboratory Instruction. *Science Education, 94* (4), 577–616.

Bybee, R. (2009). *The BSCS 5E instructional model and 21st century skills.* A commissioned paper prepared for a workshop an exploring the intersection of science education and the development of 21st century skills. The National Academies Board on Science Education. http://sites.nationalacademies.org/cs/groups/dbassesite/documents/webpage/dbasse_073327.pdf (30.06.2016).

Chin, Ch. & Brown, D. (2002). Student-generated questions: A meaningful aspect of learning in science. *International Journal of Science Education, 24* (5), 521–549, 521–549.

Franke-Braun, G., Schmidt-Weigand, F., Stäudel, L. & Wodzinski, R. (2008). Aufgaben mit gestuften Lernhilfen – ein besonderes Aufgabenformat zur kognitiven Aktivierung der Schülerinnen und Schüler und zur Intensivierung der sachbezogenen Kommunikation. In Kasseler Forschergruppe (Ed.), *Lernumgebungen auf dem Prüfstand* (pp. 27–42). Kassel: Kassel university press.

Furtak, E.M. (2008). *The dilemma of guidance. An exploration of scientific inquiry teaching.* Saarbrücken: VDM Verlag Dr. Müller.

Hattie, J. (2009). *Visible Learning. A synthesis of over 800 meta-analyses relating to achievement.* Oxon: Routledge.

Helmke, A. (2008). *Unterrichtsqualität erfassen, bewerten, verbessern.* Seelze: Kallmeyer.

Hofer, E., Abels, S. & Lembens, A. (2016). Forschendes Lernen und das 5E-Modell – ein kurzer Überblick. *Plus Lucis, 1/2016,* 4. Abrufbar unter http://www.univie.ac.at/pluslucis/PlusLucis/161/S04.pdf (07.03.2017).

Hofstein, A., Navon, O., Kipnis, M. & Mamlok-Naaman, R. (2005). Developing Students' Ability to Ask More and Better Questions Resulting from Inquiry-Type Chemistry Laboratories. *Journal of Research in Science Teaching, 42* (7), 791–806.

Johnstone, A.H. (2000). Teaching of chemistry – logical or psychological? *Chemistry Education: Research and Practice in Europe, 1* (1), 9–15.

Köhler, E. (2008). Nur wer Fragen hat, wird nach Antworten suchen. Experimentieren mit Kindern im Sachunterricht. *Grundschulunterricht Sachunterricht, 2,* 30–33. http://www.oldenbourg-klick.de/zeitschriften/grundschulunterricht-sachunterricht/2008-2/nur-wer-fragen-hat-wird-nach-antworten (07.03.2017).

Lembens, A. & Abels, S. (2015). Forschendes Lernen nach dem 5E-Modell und Showmanship. *Chemie & Schule, 30* (1b), 6–7. Abrufbar unter http://www.vcoe.or.at/files/sonderheft2015_1b.pdf (07.03.2017).

Markic, S. & Abels, S. (Hrsg.; 2016). *Science Education towards Inclusion.* New York City: Nova.

Middlecamp, C. & Nickel, A.-M. Doing Science and Asking Questions II: An Exercise That Generates Questions. *Journal of Chemical Education, 28* (8), 1181–1186.

Annette Marohn

Guter Chemieunterricht – zwischen Anspruch und Machbarkeit

Marohn, Annette, Prof. Dr., Westfälische-Wilhelms-Universität Münster, Institut für Didaktik der Chemie; Arbeitsschwerpunkte: Forschungsschwerpunkt ist die theoriegeleitete und empirisch basierte Entwicklung von Lehr-Lern-Konzeptionen für naturwissenschaftlichen Unterricht und Lehrerausbildung. Thematische Schwerpunkte sind: *Schülervorstellungen* und *fachliches Argumentieren* (choice^{2}learn), *Bewertungskompetenz* (choice^{2}reflect), *inklusives Lernen* (choice^{2}explore), *interaktives Lernen mit Tablets* (choice^{2}interact), *Forschendes Lernen im Lehr-Lern-Labor* und *Lernen mit Videovignetten*

Welches fachwissenschaftliche und fachdidaktische Wissen und Können der Lehrperson ist aus Ihrer Sicht für die Qualität des Chemieunterrichts besonders wichtig?

Ein klarer Konsens über die notwendige Breite und Tiefe des Fachwissens von Lehrkräften existiert nicht. Einig ist man sich darüber, dass es sich um ein vertieftes Wissen handeln muss, das über schulspezifische Inhalte hinausgeht. Dieses umfasst nicht nur Fakten, sondern auch wissenschaftliche Methoden und Kenntnisse über die Natur der Naturwissenschaften. Neben theoretischen Kenntnissen sollte es zudem experimentelle Fertigkeiten beinhalten sowie das Interesse aktuelle Entwicklungen in der Fachwissenschaft zu verfolgen.

Zum fachdidaktischen Wissen wurden verschiedene Konzeptualisierungen publiziert (vgl. u. a. Park & Oliver, 2008); auch hier existiert keine einheitliche Definition. Fünf Bereiche möchte ich hervorheben:

1. Lehrkräfte benötigen Wissen, aber auch persönliche Überzeugungen in Bezug auf Aufgaben und Ziele von Chemieunterricht.
2. Sie brauchen Kenntnisse über Lernvoraussetzungen von Schülerinnen und Schülern wie etwa Schülervorstellungen oder Schülerfehler sowie die Fähigkeit, diese zu diagnostizieren und Handlungsoptionen daraus abzuleiten.

3. Chemielehrer benötigen Wissen im Bereich fachspezifischer Vermittlungsstrategien. Zu diesen zählen der Umgang mit Experimenten und fachspezifischen Modellen, Conceptual Change-Strategien, etablierte Unterrichtskonzepte oder auch Differenzierungs- und Fördermaßnahmen.
4. Lehrkräfte benötigen die Fähigkeit Lernprozesse unter fachspezifischer Perspektive zu reflektieren, sowohl im Hinblick auf Lernerfolge, als auch mit einem selbstkritischen Blick auf eigenes Handeln.
5. Sie brauchen zudem Wissen über Methoden und Erkenntnisse chemiedidaktischer Forschung, um Ergebnisse von Studien einordnen, bewerten und für den eigenen Unterricht nutzbar machen zu können.

Sämtliche Bereiche erfordern nicht nur deklaratives Wissen, sondern auch Wissen darüber, wie, wann und warum (Lern-)prozesse ablaufen. Hinzu kommt die Fähigkeit, dieses Wissen in situationsgerechtes Handeln umzusetzen. Diese lässt sich vornehmlich erfahrungsbasiert, durch eigenes Unterrichtshandeln erwerben.

Allerdings sind die genannten Fähigkeiten nur dann lernwirksam, wenn sie mit einer Vielzahl pädagogischer Kompetenzen der Lehrkraft einhergehen. So nützt das Wissen über Schülervorstellungen wenig, wenn es der Lehrkraft nicht gelingt eine offene und respektvolle Lernatmosphäre zu schaffen, in der sich Schülerinnen und Schüler trauen eigene Ideen zu äußern.

Bei allen genannten Aspekten darf man nicht vergessen, dass Unterricht immer ein Zusammenspiel von Lehrendem und Lernenden ist; der Erfolg hängt somit nicht nur von den Kompetenzen der Lehrkraft, sondern ebenso von denen der Schülerinnen und Schülern ab!

Welche Qualitätsmerkmale halten Sie für den Chemieunterricht für essenziell?

Nimmt man die Bildungsstandards als Maßstab, so misst sich Unterrichtsqualität an der Frage, ob Schülerinnen und Schüler die vorgegebenen Kompetenzziele tatsächlich erreichen. Auf dieser Basis ließe sich eine umfangreiche Liste von Qualitätsmerkmalen formulieren, die aus Praxissicht wohl eher utopischen Charakter hätte. Ich greife aus persönlicher Sicht daher drei Merkmale heraus:

1. Qualität von Chemieunterricht macht sich u. a. daran fest, inwiefern es gelingt Phänomen-, Teilchen- und Symbolebene sinnvoll und für Schülerinnen und Schüler nachvollziehbar ineinandergreifen zu lassen.
2. Qualität misst sich auch daran, ob Lernsituationen geschaffen werden, in denen sich Schülerinnen und Schüler ausgehend von ihren Lernvoraussetzungen möglichst eigenständig mit einem naturwissenschaftlichen

Sachverhalt auseinandersetzen können. Dazu zählen z. B. die Möglichkeit Vorstellungen zu äußern, Aussagen zu begründen, Fachsprache anzuwenden, eigene Hypothesen zu formulieren, experimentelle Überprüfungen zu planen oder auch Erkenntnisse in neuen Kontexten anzuwenden.

3. Aus meiner Sicht ist zudem entscheidend, ob Schülerinnen und Schüler das erworbene fachliche Wissen als sinnhaft und nützlich erleben. Dies kann sich auf zwei Ebenen vollziehen: Auf fachimmanenter Ebene muss z. B. deutlich werden, warum man ein „neues" Atommodell benötigt oder wozu die Betrachtung molarer Verhältnisse nützt. Über die Fachebene hinaus sollten Schülerinnen und Schüler erleben, dass chemisches Wissen helfen kann, um Aussagen und Phänomene des täglichen Lebens zu verstehen und zu bewerten.

Die pädagogische Lehr-Lern-Forschung beschreibt darüber hinaus eine Reihe *fachunabhängiger* Merkmale, die einen lernwirksamen Unterricht kennzeichnen. Dazu zählen u. a. eine klare Strukturierung, die kognitive Aktivierung oder das intelligente Üben und Wiederholen. Wichtig ist aus meiner Sicht jedoch eine pragmatische Sichtweise: Nicht jede Unterrichtseinheit kann sämtlichen Qualitätsmerkmalen gerecht werden.

Empirische Studien zeigen, dass sich aus Schülersicht „guter" Unterricht auch an den menschlichen Eigenschaften der Lehrkraft festmacht, wie z. B. Gerechtigkeitssinn, Begeisterungsfähigkeit, Warmherzigkeit und Humor (Merzyn, 2013). Ein Satz meines Vaters, eines ehemaligen Physiklehrers, hat sich mir in diesem Zusammenhang eingeprägt: In einer guten Unterrichtsstunde sollte auch gelacht werden! Damit verbindet sich ein Qualitätsmerkmal, das zwar banal erscheinen mag, ohne welches man jedoch kaum von gelungenem Unterricht sprechen würde: Schülerinnen und Schüler sollten Freude am Chemieunterricht haben!

Welche Lernumgebungen/Lehrformen halten Sie für einen wirksamen Chemieunterricht für besonders bedeutsam?

Eine Lernumgebung ist nicht per se gut oder schlecht – die Frage ist vielmehr, wie gut sie zu den angestrebten Lernzielen und individuellen Lerngruppen passt. Aus diesem Grund erachten auch viele Lehrkräfte Studien als wenig sinnvoll, die die Wirksamkeit zweier Unterrichtsformen vergleichen, mit dem Ziel verallgemeinerbare Aussagen zu treffen.

Betrachtet man die vielfältigen Kompetenzen, die gemäß den Bildungsstandards im Chemieunterricht gefördert werden sollen, so wird klar, dass wir vor allem schüleraktivierende Formen benötigen. Diese sollten an den Lernvoraussetzungen der Schülerinnen und Schülern anknüpfen und zum eigenständigen Experimentieren, Kommunizieren und Bewerten anregen.

Im Gegensatz zu einigen anderen Fächern haben wir im Chemieunterricht den Vorteil, auf zahlreiche Unterrichtskonzeptionen zurückgreifen zu können, die speziell auf die Anforderungen von naturwissenschaftlichem Unterricht ausgerichtet sind. Diese Konzeptionen verfolgen unterschiedliche didaktische Ideen und fokussieren damit auch verschiedene Kompetenzbereiche. So kennen wir z. B. problemlösende Ansätze wie den forschend-entwickelnden oder den historisch-problemorientierten Unterricht, die vor allem Kompetenzen im Bereich der Erkenntnisgewinnung in den Blick nehmen (Schmidkunz & Lindemann, 1992; Matuschek & Jansen, 1992). Konzepte wie der gesellschaftskritisch-orientierte Unterricht oder choice²reflect haben zum Ziel Bewertungskompetenzen zu fördern (Marks & Eilks, 2009; Marohn & Jungkamp, 2016). Kontextorientierte Ansätze wie Chemie im Kontext konzentrieren sich auf die Verknüpfung fachlichen Wissens mit lebensweltlichen Bereichen (Demuth et al., 2008). Konzepte wie choice²learn ermöglichen die Auseinandersetzung mit individuellen Schülervorstellungen und fördern das fachliche Argumentieren (Marohn, 2008).

Je nach Fokus benötigen wir also unterschiedliche Lernumgebungen. Es gibt jedoch empirische Hinweise, dass ein zu häufiger Methodenwechsel Schülerinnen und Schüler überfordern kann und damit ebenso wenig lernförderlich ist wie ein monomethodischer Unterricht.

Aus Schülersicht gibt es klare Präferenzen: Mehrere Studien zeigen, dass hier vor allem eigenaktive Formen wie das Experimentieren oder auch das Diskutieren erwünscht sind; Lehrervorträge oder Schulbuchlektüre sind dagegen deutlich weniger beliebt (Merzyn, 2013).

Wie sieht eine gute Differenzierung / Individualisierung Ihrer Meinung nach im Chemieunterricht aus?

Wir kennen unterschiedliche Differenzierungsarten: Differenzierungen gemäß der Lernerperspektive (z. B. anhand von Schülervorstellungen), inhaltliche, mediale, methodische oder auch Leistungsdifferenzierungen. Genau wie bei der Frage nach geeigneten Lernumgebungen gilt auch hier: Maßstab einer guten Differenzierung ist die Passgenauigkeit zu Lernzielen und Lernausgangslagen.

Die empirischen Befunde sind fragmentarisch und uneinheitlich. Neben positiven Effekten wird auch eine negative Auswirkung binnendifferenzierender Maßnahmen auf die Leistungsentwicklung beschrieben. Als schwierig gilt vor allem Differenzierungsmaßnahmen mit der Zielgleichheit von Unterricht zu vereinbaren. Trotzdem ist Unterricht ohne Differenzierung vor dem Hintergrund von Inklusion und konstruktivistischer Sichtweise des Lernens kaum denkbar.

Eigene Erfahrungen im Rahmen des choice²explore-Projektes im inklusiven Sachunterricht (Rott & Marohn, 2015, 2016) haben uns vor Augen geführt, dass Differenzierungen dem Ziel, gemeinsames Lernen am gemeinsamen Gegenstand zu fördern, auch entgegenstehen können. So kann z.B. die Gestaltung differenzierter Lernmaterialien für Kinder mit und ohne Unterstützungsbedarf die Unterschiedlichkeit von Schülerinnen und Schülern betonen und eine Separierung fördern. Eine Lösung bieten hier selbstdifferenzierende Aufgaben, also gemeinsam genutztes Material, das jedoch unterschiedliche Zugänge bzw. Lösungswege ermöglicht.

Das Experimentieren als zentraler Bestandteil des Chemieunterrichts bietet in sämtlichen Phasen sinnvolle Differenzierungsmöglichkeiten auf unterschiedlichen Ebenen: So kann etwa bei der *Planung* von Experimenten der Komplexitätsgrad über die gegebene Materialauswahl gesteuert werden, z.B. in Form von Interaktionsboxen (Marohn, 2014). In der *Durchführungsphase* ist es denkbar, verschiedene Rollen zu verteilen. Zur *Dokumentation* lassen sich unterschiedliche Medien wie Handy, Fotostorys oder strukturierte Protokollbögen nutzen.

Eine Gefahr von Differenzierungen liegt sicherlich in unserer häufig defizitorientierten Sichtweise, die primär darauf zielt, *Lernschwierigkeiten* von Schülerinnen und Schülern durch Hilfestellungen auszugleichen. Hier sollten wir versuchen, verstärkt die unterschiedlichen *Fähigkeiten* und *Interessen* von Lernenden als Ausgangspunkt zu wählen. In der Praxis stellt dies Chemielehrkräfte allerdings vor eine enorme Herausforderung – als Nebenfachlehrer mit bis zu 400 Schülerinnen und Schülern, die man nur ein- oder zweimal pro Woche im Unterricht erlebt, erscheint es kaum möglich die Lernausgangslagen und Interessen aller Lernenden zu kennen.

Ein empirischer Bildungsforscher sagte kürzlich in einer Podiumsdiskussion, Differenzierung sei im Unterricht doch recht einfach zu leisten. Vielleicht muss man Bildungsforscher sein, um das zu glauben!

Welche immer wiederkehrenden fachspezifischen Herausforderungen im Unterrichtshandeln müssen Lehrkräfte bewältigen, um im Chemieunterricht eine angemessene Unterrichtsqualität garantieren zu können?

Unterrichtshandeln umfasst sowohl geplantes Handeln als auch spontanes Agieren und Reagieren in der jeweiligen Unterrichtssituation. Beides ist mit wiederkehrenden Anforderungen verbunden. Vor dem Hintergrund von zunehmend heterogenen Lerngruppen wird von vielen Lehrkräften vor allem das sichere Experimentieren unter Beteiligung aller Schülerinnen und Schüler als Herausforderung empfunden. Dies gilt gerade auch im Rahmen von offeneren Experimentiersituationen, die über das Befolgen von „Kochbuchrezepten" hinausgehen.

Lernprozesse sollen möglichst am Vorwissen und den Vorstellungen der Lernenden anknüpfen. Doch nicht jedes Unterrichtshandeln ist hier planbar. Häufig müssen unerwartete Schüleräußerungen spontan eingeschätzt und Handlungsoptionen innerhalb von Sekunden gegeneinander abgewogen werden: Offenbart z. B. eine fachlich „falsche" Antwort lediglich fehlendes Wissen? Oder liegt hinter der Antwort eine Vorstellung, die auch andere Schülerinnen und Schüler betreffen könnte? Reagiere ich als Lehrkraft mit einer Erklärung oder stelle ich Zeit und Materialien zur Verfügung, damit sich die Lernenden eigenständig mit der Schüleräußerung auseinandersetzen können?

Eine ständige Herausforderung im Unterrichtshandeln stellt zudem das Zusammenspiel von Phänomen-, Repräsentations- und submikroskopischer Ebene dar. Die von manchen Schülerinnen und Schülern ungeliebten Modelle, Formeln und Reaktionsgleichungen müssen so in den Unterricht integriert werden, dass sie als sinnvoll und nützlich erlebt werden; im Hinblick auf die Heterogenität der Schülerschaft gilt es dabei zudem differenzierte Zugänge zu schaffen.

Lehrkräfte müssen darüber hinaus sinnhafte Bezüge zur Lebenswelt herstellen, ohne dass die Kontextualisierung das Verständnis des Sachverhalts erschwert. Kontexte wie „Kuchenbacken" oder „Brände" können sich im Anfangsunterricht als komplex erweisen, um erstmalig die Kennzeichen einer chemischen Reaktion zu erfassen; Edukte und Produkte sind hier schwerer zu identifizieren als etwa bei der „lebensfernen" Reaktion von Kupfer und Schwefel. Unterrichtshandeln erfordert damit nicht nur eine begründete *Auswahl* lebensweltlicher Bezüge, sondern auch eine Entscheidung darüber, ob diese den *Ausgangspunkt* eines Lernprozesses bilden oder einer vertiefenden *Anwendung* des Gelernten dienen sollen.

Nicht zuletzt stehen Lehrkräfte vor der ständigen Herausforderung sich bezüglich des Anforderungsniveaus, aber auch des eigenen Auftretens, auf die unterschiedlichen Altersgruppen einzustellen. Eine Anforderung liegt hier z. B. darin, im sprunghaften Wechsel vom 7. zum 12. Jahrgang ein jeweils angemessenes Verhältnis von Fach- und Alltagssprache zu finden.

Worauf gilt es bei der Entwicklung und dem Einsatz von Aufgaben bzw. Aufgabensets im kompetenzorientierten Chemieunterricht besonders zu achten?

Aufgaben können unterschiedliche Funktionen erfüllen, z. B. Lernprozesse initiieren, der Diagnose dienen oder Mittel der Leistungsüberprüfung sein.

Auch bezüglich ihrer Merkmale, wie etwa dem Grad der Offenheit oder den Anforderungsniveaus, lassen sie sich unterscheiden.

Vor dem Hintergrund der Bildungsstandards sollten wir Schülerinnen und Schüler schrittweise an zunehmend komplexe und offene Aufgaben heranführen, die möglichst mehrere Fähigkeiten zur Lösung erfordern: Z. B. experimentelle Methoden anzuwenden, etwas fachsprachlich zu verbalisieren oder auf Basis von Informationen zu bewerten. Damit diese Aufgaben tatsächlich lernwirksam sind, dürfen sie die Schülerinnen und Schüler allerdings nicht überfordern; sie sollten zudem als sinnvoll wahrgenommen werden und eigene Kompetenz erfahrbar machen. Dies ist z. B. dann der Fall, wenn die Lernenden merken, dass ihnen zuvor erworbenes Wissen nützt, um die Aufgabe zu lösen. Verschiedene Gestaltungsmerkmale können die Bearbeitung von Aufgaben erleichtern, so z. B. eine klare Strukturierung, Tippkarten oder binnendifferenzierende Maßnahmen.

Im Rahmen der eigenen Projekte haben sich vor allem zwei Aufgabentypen bewährt: Zum einen kooperativ zu lösende (Experimentier-)Aufgaben, die mehrere Lösungen auf unterschiedlichem Anspruchsniveau zulassen. Diese können von leistungsschwächeren wie auch stärkeren Schülerinnen und Schülern gleichermaßen erfolgreich bearbeitet werden. Sollen die Lernenden z. B. eine Methode entwickeln, um festzustellen wie viel Gramm Kochsalz sich in 100 Gramm Wasser lösen, so sind unterschiedlich komplexe Lösungswege denkbar: Schülerinnen und Schüler können portionsweise Kochsalz hinzugeben, bis sich kein Salz mehr löst. Sie können aber auch Salz im Überschuss hinzufügen, den Bodensatz abfiltrieren und die Masse des Bodensatzes von der Gesamtmasse des zugegebenen Salzes abziehen.

Bewährt haben sich zudem Aufgaben, die zum Argumentieren und Bewerten anregen. Zu diesem Zweck werden in der Unterrichtskonzeption choice^{2}learn Concept-Cartoons mit Lernimpulsen kombiniert (Marohn, 2014; Marohn & Schillmüller, 2016). Mit deren Hilfe prüfen die Schülerinnen und Schüler typische Schülervorstellungen in einem diskursiven Prozess. Ein Grund für die hohe Motivation der Lernenden die Aufgabe zu lösen ist der „Rätselcharakter" des Settings (Welche der vier Antworten ist fachlich „richtig"?). Auf die Frage, was ihnen an der Aufgabe gefällt, antworten viele Schülerinnen und Schüler „das gemeinsame Diskutieren und Begründen" (Egbers, 2017). Dies stimmt mit der in Frage 3 zitierten Studienlage überein, dass Schülerinnen und Schüler vor allem aktive Lernformen wie das Experimentieren und Diskutieren im Chemieunterricht schätzen.

Welche Schritte empfehlen Sie aufgrund Ihrer wissenschaftlichen bzw. erfahrungsbasierten Expertise als „first steps" für angehende Chemielehrer/-innen, die sie für guten Chemieunterricht umsetzen können?

Nicht nur Lernende, auch Lehrkräfte müssen den Umgang mit offeneren Lernsituationen einüben. Angehende Lehrerinnen und Lehrer sollten ihren Unterricht daher zunächst enger strukturiert gestalten, um den Schülerinnen und Schülern dann schrittweise mehr Möglichkeiten zum selbstbestimmten Lernen einzuräumen.

Gleiches gilt für den Umgang mit Experimentiersituationen. Hier hat sich bewährt zunächst einfache Versuche mit sehr geringem Gefährdungspotenzial auszuwählen, die von den Schülerinnen und Schülern nach Versuchsvorschrift durchgeführt werden können. Diese sollten durch wenige, einprägsame Experimentierregeln ergänzt werden, die es einzuhalten gilt. Dies gibt den Lehrkräften die Gelegenheit, Routinen in der Betreuung von Schülerexperimenten zu entwickeln, um später auch freiere Experimentiersituationen, in denen Schülerinnen und Schüler eigenständig Versuche planen, sicher handhaben zu können.

Wichtig ist zudem Unterrichtsstunden nicht mit zu vielen Zielen und Erwartungen zu überfrachten. Angehende Lehrkräfte sollten in jeder Stunde nur ein Ziel in den Mittelpunkt stellen, an dem sie den Erfolg später messen möchten, z. B. „Die Schülerinnen und Schüler sollen lernen einen Versuch eigenständig per Fotostory zu dokumentieren" oder „Sie sollen üben Reaktionen mit Hilfe von Knete und Streichhölzern modellhaft darzustellen". Diese Ziele sollten im Verlauf des Schuljahres in jeder Lerngruppe so variiert werden, dass unterschiedliche (Kompetenz-)Erfahrungen ermöglicht werden. Unterrichtsziele müssen sich dabei nicht in jedem Fall auf Kompetenzen beziehen; auch das Ziel, dass Schülerinnen und Schüler nach längerer Beschäftigung mit eher „trockenen" Unterrichtsinhalten wieder Freude beim Experimentieren erleben ist durchaus legitim!

Darüber hinaus kann man sich vornehmen, in jeder Lerngruppe pro Halb- oder Schuljahr ein „besonderes" oder auch (zeit-)aufwändigeres Unterrichtskonzept zu erproben, z. B. aus dem Pool der vorher erwähnten chemiespezifischen Unterrichtskonzeptionen. Dies bietet die Gelegenheit, Kompetenzen wie etwa Problemlösefähigkeit oder Bewertungskompetenz in den Fokus zu setzen, die meist längere Zeiträume zur Entwicklung benötigen und die in der Gesamtschau des Unterrichts sonst vielleicht zu kurz kommen.

Darüber hinaus sollte man sich nicht scheuen, den Austausch mit Kolleginnen und Kollegen zu suchen und vorhandene Materialien zu nutzen oder weiter zu entwickeln. Niemandem wird es in den ersten Jahren gelingen 26 „gute" Stunden pro Woche eigenständig neu zu kreieren.

Als grundlegender Ratschlag gilt: Seien Sie sensibel für das, was Ihnen Schülerinnen und Schüler rückmelden. Bleiben Sie stets offen für neue Ideen – aber bewahren Sie auch Ihre ganz persönliche Note Chemieunterricht zu gestalten!

Was ist Ihrer Ansicht nach das Besondere am Chemieunterricht?

Chemieunterricht ist für mich ein faszinierendes Zusammenspiel zweier unterschiedlicher Ebenen: Auf der einen Seite stehen Phänomene, eindrückliche Sinneserfahrungen, überraschende und ästhetische Momente, das praktische Tun; auf der anderen Seite das Eintauchen in abstrakte Gedankenwelten, um die erlebten Phänomene modellhaft zu erklären.

Zwei persönliche Erfahrungen stehen mir hierzu vor Augen: Zum einen die Traube von Siebtklässlern, die mich während meiner Zeit als Lehrerin regelmäßig in den Pausen belagerte, um zu erfahren, was wir in der nächsten Chemiestunde machen werden. Ein Grund dafür war sicherlich die Freude am Experimentieren und die damit verbundenen emotionalen Momente: z.B. das Staunen, dass man aus einem unscheinbaren schwarzen Pulver glänzendes Silber gewinnen kann oder auch der Stolz über die selbst entwickelte Destillationsapparatur.

Zum anderen beeindrucken mich immer wieder die vielen Schülergruppen, die im Rahmen des choice²learn-Projektes 60 Minuten engagiert diskutieren, obwohl es sich bei den Diskussionsgegenständen um abstrakte Modellvorstellungen auf der Teilchenebene handelt. Viele Schülerinnen und Schüler sind erstaunt darüber, dass sie mit Hilfe von einfachen Phänomenen und Alltagserfahrungen – z. B. dass sich ein Duft im Zimmer ausbreitet – Modellvorstellungen auf der Teilchenebene überprüfen können: z.B. die Schülervorstellung, dass ein Verdampfungsvorgang auf einer Ausdehnung von Molekülen beruht (Egbers, 2017; Marohn & Egbers, 2011).

Schülerinnen und Schüler finden meiner Erfahrung nach die Auseinandersetzung mit Modellen und abstrakten Inhalten des Chemieunterrichts gerade dann nicht langweilig, wenn diese nicht „vom Himmel fallen", sondern die Lernenden deren Ursprung und Nutzen erkennen. Aus meiner Sicht ist es dabei von Vorteil, dass wir in der Chemie immer wieder auf die gleichen, zahlenmäßig recht begrenzten Modellvorstellungen und Basiskonzepte zurückgreifen können, um Phänomene zu erklären.

Besonders ist Chemieunterricht für mich auch deshalb, weil das erworbene Wissen und vor allem das naturwissenschaftliche Verständnis genutzt werden kann, um Lebenswelt zu verstehen und begründete Einschätzungen und Entscheidungen zu treffen: Kann ein Körper tatsächlich übersäuern? Sind alternative Heilmethoden sinnvoll? Glaube ich an die Wirkung von Magnetarmbändern oder eine Vergiftung durch „Chemtrails"?

Welche zentralen Merkmale des forschenden Lernens halten Sie für notwendig, um Chemieunterricht wirksam zu gestalten?

Forschendes Lernen kennzeichnet sich dadurch, dass Schülerinnen und Schüler eine aus ihrer Sicht relevante Fragestellung entwickeln und eigenständig Strategien erarbeiten, um diese zu klären. Die Lernenden sollen sich dabei an wissenschaftliche Arbeitsweisen anlehnen: Hintergrundinformationen müssen gesammelt, geeignete Methoden ausgewählt und das eigene Vorgehen strukturiert werden. Ergebnisse sind zu bewerten und mit der Ausgangsfrage in Beziehung zu setzen. Das alles vollzieht sich – so wie es auch in der Wissenschaft üblich ist – möglichst kooperativ in einem Team. Die Lehrkraft steht als Lernbegleiter im Hintergrund. Die Schülerinnen und Schüler dokumentieren ihr Vorgehen und präsentieren es am Ende. Dies kann in unterschiedlicher Weise geschehen, z. B. in Form eines Posters, einer Diskussionsrunde oder eines „Messestandes" am Tag der offenen Tür.

Ohne Frage fordert und fördert dieses Vorgehen Fähigkeiten auf sehr unterschiedlichen Ebenen. Aus Lehrersicht erzeugen die vielen Freiheitsgrade des forschenden Lernens jedoch die Sorge, zu wenig steuern zu können was die Schülerinnen und Schüler im Verlauf ihres „Forschungsprozesses" tatsächlich lernen – vermutlich hat sich der Ansatz auch aus diesem Grund stärker in Projektkursen und Chemie-AGs durchgesetzt, als im regulären Unterricht. Es gilt daher, pragmatische Lösungen zu finden. So lässt sich z. B. die thematische Breite der individuellen Fragestellungen eingrenzen, indem alle Schülerinnen und Schüler vom gleichen Kontext ausgehen; es kann auch im Unterrichtsgespräch gemeinsam ein „Fragepool" entwickelt werden, aus dem die Lernenden anschließend Fragen auswählen.

Das aus meiner Sicht lernwirksamste Element des forschenden Lernens liegt darin, dass Schülerinnen und Schüler ggf. auch Irrwege und Umwege beschreiten und neue Klärungsansätze versuchen müssen. Sie vollziehen damit unmittelbar naturwissenschaftliche Arbeitsweisen nach. Dabei geht es – wie Ludwig Huber (2009) es so treffend beschreibt – nicht nur um einen kognitiven, sondern auch emotionalen Prozess, der Höhen und Tiefen, Erfolgsgefühle und Ungewissheit umfasst. Allerdings steht unsere Unterrichtstaktung diesem Prozess sehr entgegen – wie sollen Schülerinnen und Schüler beharrlich ein Ziel verfolgen, wenn sie bereits nach 45 Minuten wieder aufhören müssen?

Forschendes Lernen ist anspruchsvoll – übrigens auch für die Lehrkraft, die sich in verschiedene Fragestellungen eindenken und Expertise aneignen muss. Der Ansatz bedarf einer langfristigen Vorbereitung, in der die Schülerinnen und Schüler schrittweise an größere Eigenständigkeit herangeführt werden, z.B. indem sie etwas recherchieren, ein Experiment planen oder etwas präsentieren. Unterrichtskonzepte wie der forschend-entwickelnde Unterricht, die stärker durch die Lehrkraft gelenkt werden, können hier sinnvolle Vorstufen bilden.

Welche fachlichen und fachdidaktischen Aspekte erachten Sie als bedeutsam, damit das Lernen zum Wesen der Naturwissenschaften wirksam wird?

In einem Disput versuchte Heisenberg Einstein davon zu überzeugen, dass man in eine Theorie nur beobachtbare Elemente aufnehmen dürfe. Einstein widersprach: Unsere Beobachtungen werden doch gerade durch unsere Theorien, Voranahmen und Erwartungen bestimmt! (Heisenberg, 1969) Um Einsteins Argument erlebbar zu machen, lassen wir Schülerinnen und Schüler im Rahmen des choice²reflect-Projektes Naturjoghurt-Proben kosten, die wir mit Lebensmittelfarben unterschiedlich eingefärbt haben. Tatsächlich glauben viele Lernende bei der rot gefärbten Probe deutlich ein Erdbeeraroma herauszuschmecken (Marohn & Jungkamp, 2016).

Die Theoriegebundenheit von Beobachtungen gilt heute neben weiteren Aspekten als ein Kennzeichen der „Natur der Naturwissenschaften“. Lederman und andere Autoren haben gezeigt, dass viele Schülerinnen und Schüler, aber auch Lehrende, nicht adäquate Vorstellungen zur Nature of Science besitzen (Lederman, 1992). Aus meiner Sicht sind vier Aspekte besonders bedeutsam:

1. Chemieunterricht folgt häufig einem Dreischritt: Eine Vermutung („Stoffe benötigen Sauerstoff zum Verbrennen“) wird mit Hilfe eines Bestätigungsexperiments geprüft; die Vermutung gilt im Anschluss als allgemein gültig. Die damit vermittelte Vorstellung, man könne aus einer Einzelfallbeobachtung Gesetzmäßigkeiten ableiten, kann auch im Alltag zur Herleitung falscher Zusammenhänge und Verallgemeinerungen führen: Nur weil die letzte Erkältung nach der Einnahme homöopathischer Globuli besser wurde, ist damit keine Wirksamkeit belegt. Lehrerinnen und Lehrer sind nicht grundsätzlich faul, nur weil der Erdkundelehrer wenig Engagement zeigt. Es gilt daher, Bestätigungsexperimente und Verallgemeinerungen kritisch einzuordnen; auch Irr- und Umwege müssen, wie gerade schon beschrieben, als selbstverständlicher Bestandteil von Naturwissenschaft erfahren werden.
2. Schülerinnen und Schüler sollten erkennen, dass Naturwissenschaft auf dem Prinzip der Falsifikation beruht. Die Unterrichtskonzeption choice²learn betont daher bewusst das Ausschlussverfahren: Alternative Modellvorstellungen (z.B. zum Lösen zweier Stoffe) werden durch die

Schülerinnen und Schüler schrittweise falsifiziert; die übrig bleibende Vorstellung gilt zwar als geeignet den Lösevorgang zu erklären, jedoch nicht als bewiesen (Egbers, Wischerath & Marohn, 2015).

3. Chemieunterricht sollte an vielen Stellen (z. B. Atommodelle, Säure-Base-Definitionen) bewusst machen, dass Modellvorstellungen niemals richtig, sondern nur angemessen sein können und zudem einem ständigen Wandel unterliegen. Alternative Modelle mit unterschiedlicher Erklärungsmächtigkeit können parallel zueinander existieren und in unterschiedlichen Kontexten nützlich sein.
4. Schülerinnen und Schüler müssen lernen, dass (natur)wissenschaftliches Vorgehen bestimmten Wissenschaftskriterien folgt, wie z. B. Variablenkontrolle oder Reproduzierbarkeit. Da wir aus Studien wissen, dass sich angemessene Vorstellungen zu NOS nur *explizit* vermitteln lassen, erarbeiten die Lernenden diese Kriterien im Rahmen der choice²reflect-Konzeption an lebensnahen Kontexten und wenden sie anschließend auf kontrovers diskutierte Alltagsthemen an (Marohn & Jungkamp, 2016). Auf diese Weise erfahren sie, dass das Wissen über Wissenschaft auch im eigenen Leben bei Bewertungen und Entscheidungsfindungen hilfreich sein kann.

Welchen Umgang mit herkömmlichen bzw. neuen Medien empfehlen Sie im Unterricht?

Medien sind z. B. sinnvoll, wenn sie Erfahrungen ermöglichen, die auf direktem Weg nicht zu vermitteln wären. Sie sind auch geeignet, um die Prozesshaftigkeit von Vorgängen, z. B. durch Animationen, zu verdeutlichen und damit adäquatere Modellvorstellungen zu entwickeln.

Die Einbeziehung „neuer" Medien wie Smartphone und Tablet können die Motivation erhöhen sich mit einem Sachverhalt auseinanderzusetzen. Allerdings hat uns eine Fragebogenstudie mit Lehrkräften und Lernenden gezeigt, dass diese noch recht eingeschränkt im Chemieunterricht genutzt werden, so z. B. für Recherchen oder für Präsentationen. Hier wäre eine Reihe weiterer Anwendungen denkbar. So entwickeln wir zurzeit im Rahmen des Projektes choice²interact interaktive Lernumgebungen für Tablets, bei denen die Schülerinnen und Schüler verschiedene Lernwege gehen, die Lernumgebung ergänzen, Aufgaben bearbeiten und eigene Fortschritte prüfen können. Diese Form der digitalen Mediennutzung kann selbstgesteuertes Lernen stützen und Differenzierungen im Lernprozess ermöglichen.

Smartphones oder Tablets lassen sich auch nutzen, um Experimente zu dokumentieren; z. B. können Schülerinnen und Schüler in Gruppen einen Versuch durchführen, einzelne Versuchsschritte dabei erläutern und den

Prozess filmen. Ebenso lassen sie sich für die Erstellung und Verwendung von Erklärvideos im Rahmen eines Flipped Classroom-Konzepts einsetzen.

Angesichts der selbstverständlichen und breiten Nutzung digitaler Medien durch Schülerinnen und Schüler wären auch digitale Schulbücher wünschenswert; allerdings nicht im Sinne einer Sammlung von PDF-Dokumenten, sondern, wie oben geschildert, als interaktiv nutzbare Lernumgebungen. Erste Ansätze hierzu existieren bereits (Ulrich & Schanze, 2015).

Ob dieser Medieneinsatz tatsächlich zu intensiveren Lernprozessen und besseren Lernerfolgen führt, ist empirisch bislang nicht geklärt. Letztlich gilt hier das Gleiche wie für den Einsatz von Lehr-Lernformen oder Aufgaben: Nicht die Medien an sich garantieren einen lernwirksamen Unterricht – ausschlaggebend ist die Qualität der Lernprozesse, die mit diesen Medien initiiert werden!

Literatur

Demuth, R., Gräsel, C., Parchmann, I. & Ralle B. (2008). Chemie im Kontext – Von der Innovation zur nachhaltigen Verbreitung eines Unterrichtskonzepts. Münster, New York, München, Berlin: Waxmann.

Egbers, M. (2017). Konzeptentwicklungs- und Gesprächsprozesse im Rahmen der Unterrichtskonzeption choice²learn. In: A. Marohn (Hrsg.): Lernen in Naturwissenschaften – verstehen und entwickeln. Berlin: Logos.

Egbers, M., Wischerath, K. & Marohn, A. (2015): Lernen über Nature of Science im Rahmen der Unterrichtskonzeption choice²learn. *Praxis der Naturwissenschaft Chemie in der Schule*, 6 / 64, 23–29.

Heisenberg, W. (1969). Der Teil und das Ganze. Gespräche im Umkreis der Atomphysik. München, Zürich: Piper.

Huber, L. (2009). Warum Forschendes Lernen möglich und nötig ist. In: L. Huber (Ed.), *Forschendes Lernen im Studium: aktuelle Konzepte und Erfahrungen*. Motivierendes Lehren und Lernen in Hochschulen, 10. Bielefeld: UVW, 9–35.

Lederman, N.G. (1992). Students' and teachers' conceptions about the nature of science: A review of the research. Journal of Research in Science Teaching, 29, 331–359.

Marks, R. & Eilks, I. (2009). Promoting scientific literacy using a socio-critical and problem-oriented approach in chemistry education: Concept, examples, experiences. *International Journal of Environmental and Science Education*. 4 (2), 131–145.

Marohn, A. (2008). choice²learn – eine Konzeption zur Exploration und Veränderung von Lernervorstellungen im naturwissenschaftlichen Unterricht. *Zeitschrift für Didaktik der Naturwissenschaften*, 14, 57–83.

Marohn, A. (Ed.) (2014): Interaktionsboxen. Themenheft. *Praxis der Naturwissenschaften Chemie in der Schule*, 63 (6).

Marohn, A. (2014): Von der Diagnose zur Veränderung – Zum Umgang mit Schülervorstellungen in Unterricht und Lehrerausbildung. In: A. Fischer et al. (Ed..): *Diagnostik für lernwirksamen Unterricht*, Baltmannsweiler: Schneider, 157–175.

Marohn, A. & Egbers, M. (2011). Vorstellungen verändern – Lernmaterialien zum Thema 'Verdampfen' im Rahmen der Unterrichtskonzeption choice²learn. *Praxis der Naturwissenschaften Chemie in der Schule*, 60 / 3, 5–9.

Marohn, A. & Jungkamp F. (2016). choice²reflect. Kontrovers diskutierte Themen mit Hilfe wissenschaftlicher Prüfkriterien reflektieren am Beispiel Homöopathie. *Praxis der Naturwissenschaften Chemie in der Schule*, 65 (5), 38–43.

Marohn, A. & Schillmüller, R. (2016). choice²learn. Schülervorstellungen verändern am Beispiel Lösen von Kochsalz. *Praxis der Naturwissenschaften Chemie in der Schule*, 65 (5), 18–24.

Matuschek, C. & Jansen W. (1992). Das Historisch-Problemorientierte Unterrichtsverfahren. In: P. Pfeifer, K. Häusler, B. Lutz (Ed.), *Konkrete Fachdidaktik Chemie*. München: Oldenbourg, 119–121 und 223–230.

Merzyn, G. (2013). Guter Chemieunterricht. Die Sicht von Schülern, Lehrern, Wissenschaftlern. *Praxis der Naturwissenschaften Chemie in der Schule*, 62 (1), 37–42.

Park, S. & Oliver, S.J. (2008). Revisiting the conceptualisation of pedagogical content knowledge (PCK): PCK as a conceptual tool to understand teachers as professionals. *Research in Science Education*, 38 (3), 261–284.

Rott, L. & Marohn, A. (2015). choice²explore – Eine Unterrichtskonzeption für den inklusiven Sachunterricht. Sache Wort Zahl, 154 (4), 52–58.

Rott, L. & Marohn, A. (2016). Inklusiven Unterricht entwickeln und erproben – Eine Verbindung von Theorie und Praxis im Rahmen von Design-Based Research. *Zeitschrift für Inklusion*. Verfügbar unter: http://www.inklusion-online.net/index.php/inklusion-online/article/view/325/277.

Schmidkunz, H. & Lindemann, H. (1992). Das Forschend-Entwickelnde Unterrichtsverfahren – Problemlösen im naturwissenschaftlichen Unterricht. Didaktik Naturwissenschaften, Band 2: Westarp Wissenschaften.

Ulrich, N. & Schanze, S. (2015). Das e-Chem-Book. Einblicke in ein digitales Schulbuch, *Naturwissenschaften im Unterricht Chemie*, 26 (145), 44–48.

Bernd Ralle / Insa Melle

Lehren und Lernen in voraussetzungsgebundenen Lernprozessen

Ralle, Bernd, Prof. Dr., Technische Universität Dortmund, Lehrstuhl für Didaktik der Chemie I, Fakultät für Chemie und Chemische Biologie; Arbeitsschwerpunkte: Fachdidaktische Entwicklungsforschung, kontextorientierter Chemieunterricht, fachliches und sprachliches Lernen

Melle, Insa, Prof. Dr., Technische Universität Dortmund, Lehrstuhl für Didaktik der Chemie II, Fakultät für Chemie und Chemische Biologie; Arbeitsschwerpunkte: Entwicklung und Evaluation von Unterrichtsmethoden, Unterrichtskonzeptionen und Lehrerfortbildungen, auch unter Berücksichtigung von Unterricht in heterogenen bzw. inklusiven Lerngruppen

Welches fachwissenschaftliche und fachdidaktische Wissen und Können der Lehrperson ist aus Ihrer Sicht für die Qualität des Chemieunterrichts besonders wichtig?

Um den Chemieunterricht offen und methodisch vielfältig gestalten zu können, bedarf es seitens der Lehrperson einer ausgeprägten fachwissenschaftlichen und fachdidaktischen Kompetenz. Dies wird umso bedeutsamer, da für die erfolgreiche Umsetzung der Forderung nach einer verstärkten Kontextorientierung der fachlichen Themen des Lehrplans eine breite fachwissenschaftliche Basis unabdingbar ist. Kontexte aus der Lebenswelt der Schülerinnen und Schülern sind in der Regel eben nicht auf die Systematik eines Faches beschränkt (man denke nur an die Themen Energie, Mobilität,

Umwelt, Nachhaltigkeit u. a., vgl. z. B. Demuth et al., 2008). Die Lehrperson muss in der Lage sein, auf dem Wege einer didaktischen Rekonstruktion der Fachinhalte begründete Entscheidungen hinsichtlich der Breite und Tiefe des jeweiligen Lerngegenstandes vorzunehmen (vgl. Kattmann et al., 1997). Dazu sind Kenntnisse in der historischen Genese von fachwissenschaftlichen Begriffen, Konzepten und Verfahren notwendig; gleichzeitig muss die Lehrperson in der Lage sein, aktuelle, gesellschaftlich bedeutsame Themen mit chemisch-naturwissenschaftlichem Hintergrund fachlich angemessen zu hinterfragen und zu durchdringen, um diese kompetent in den Unterricht einbringen zu können. Diese Anforderungen bedeuten für Lehrkräfte, dass sie sich auch nach ihrem Studium regelmäßig fachwissenschaftlich weiterbilden müssen.

Unter fachdidaktischer Perspektive sind die Ergebnisse der Schülervorstellungsforschung zu antizipieren und für die Unterrichtsgestaltung zu berücksichtigen. Dies gilt zum einen, weil das bei den Lernenden vorhandenes Wissen über einen Lerngegenstand ein wichtiger Prädiktor für das erfolgreiche, aufbauende Lernen darstellt, zum anderen, weil insbesondere die Kenntnis von *nicht belastbaren Vorstellungen* besondere Vermittlungsstrategien erfordert.

Die Lehrkraft sollte über Kenntnisse zu Makro-, Meso- und Mikromethoden verfügen und deren möglichen Einsatz theoretisch begründen können. Insbesondere muss sie über Entscheidungskriterien verfügen, wann ein Vermittlungsprozess eher stärker von der Lehrkraft strukturiert oder im Sinne eines selbstregulierten Lernens der Schülerinnen und Schüler angelegt werden soll. Diese Kriterien sind sowohl vom Lerngegenstand abhängig als auch von der jeweiligen Lerngruppe. Zur angemessenen Ausrichtung des Unterrichts sind motivationstheoretische und lernpsychologische Bedingungen für das Lernen professionell anzuwenden, um auf dieser Basis Schülerinnen und Schüler über eine Perspektivenübernahme zum aktiven Lernen zu führen.

Schließlich müssen Lehrpersonen der zunehmenden Heterogenität im Unterricht begegnen und über ein Repertoire an Diagnose- und Förderkompetenzen verfügen. Sie sollten dabei im Besonderen die Rolle der Sprache im naturwissenschaftlichen Unterricht kennen und diese Kenntnisse in rezeptiven wie produktiven Aktionsprozessen anwenden können.

Welche Qualitätsmerkmale halten Sie für den Chemieunterricht für essenziell?

Wichtig ist zunächst, dass der Unterricht klar strukturiert ist, sodass den Schülerinnen und Schülern transparent ist, was von ihnen erwartet wird (z. B. Holländer & Melle, 2011, 2012). Er sollte weiterhin gekennzeichnet sein von einem hohen Zeitanteil sach- und zielbezogenen Arbeitens. In einem funktionierenden Chemieunterricht findet dabei ein hohes Maß an sachbezogener Kommunikation statt, und zwar sowohl zwischen Lehrperson und Lernenden als auch zwischen Schülerinnen und Schülern untereinander. Die Lernenden erhalten so individuelle Feedbacks, die sie zum weiteren Nachdenken anregen. Diese Kommunikation betrifft sowohl den Einstieg in ein Thema als auch die weiteren inhaltlichen und organisatorischen Aspekte. Weiterhin muss die Lehrperson darauf achten, dass für Weichenstellungen im Unterricht, z. B. die Entscheidung für ein Experiment, die Einigung auf eine zentrale Fragestellung oder etwa die Planung der Vorgehensweise, ein genügend großer zeitlicher Rahmen für Aushandelsprozesse zur Verfügung steht. Sie sorgt dafür, dass eine offene und vertrauensbildende Atmosphäre herrscht und die Kommunikation sachbezogen bleibt.

Nicht nur, aber im Besonderen für den Experimentalunterricht, ist es essenziell, dass, bevor zur Lösung eines Problems geschritten wird, die Frage oder die Hypothese klar formuliert ist und den Lernern die daran anknüpfenden Schritte plausibel sind. Es ist sichergestellt, dass das Experiment in der vorgesehenen, fachlich und unter Sicherheitsaspekten angemessenen Weise durchgeführt werden kann (z. B. Schmidkunz & Lindemann, 1976; Klahr & Dunbar, 1988; Sekretariat der Ständigen Konferenz der Kultusminister, 2005). Die Lernergebnisse werden zusammengeführt, diskutiert und fixiert. Abweichenden Ergebnissen (z. B. beim Experimentieren) wird nachgegangen.

Welche Lernumgebungen und Lehr-/Lernformen halten Sie für einen wirksamen Chemieunterricht für besonders bedeutsam?

Grundsätzlich gilt, dass eine gewisse Vielfalt der Lehr- / Lernformen angestrebt werden sollte. Allerdings ist nicht jede Methode für alle Schülerinnen und Schüler geeignet. So bedürfen weniger erfahrene und auch lernschwächere Lerner eine eher strukturierende Vorgabe; Formen des selbstregulierenden Lehrens und Lernens zeigen ihren Erfolg vor allem bei leistungsstärkeren Schülerinnen und Schülern. Im günstigen Fall können beide Herangehensweisen kombiniert werden (Bremkes & Ralle, 2011). In jedem Fall ist ein ausgeprägt kommunikativer Unterricht anzustreben, in dem die Ideen und Anregungen der Lehrkraft und der Schülerinnen und Schüler ihren Raum haben.

Für eine gelingende Kommunikation im Unterricht ist es von Vorteil, wenn sowohl die Lehrenden als auch die Lernenden eine *forschende Grundhaltung* einnehmen. So können die Lehrenden ihre eigenen Vorstellungen vom Vermittlungsprozess hinterfragen und die Lernenden erhalten die Chance, ihr Vorwissen in einem stetigen Prozess im Dialog miteinander zu rekonstruieren. Dabei muss es verstärkt darum gehen, statt der „Kultur der schnellen

Antworten" eine „Kultur des Fragens" zu etablieren, die von den Lehrenden und Lernenden Geduld und Ausdauer fordert und in der auch die Vorläufigkeit von Antworten ihren Platz hat. Diese Forschungshaltung hat allgemeinbildenden Wert. Sie ist Voraussetzung einer selbstgesteuerten Lebenshaltung (Eisner et al., 2017).

Wie sieht eine gute Differenzierung / Individualisierung Ihrer Meinung nach im Chemieunterricht aus?

Für den naturwissenschaftlichen Unterricht existiert eine Vielfalt an Ergebnissen aus der Schülervorstellungsforschung. Eine Differenzierung beginnt für die Lehrkraft bereits dort, wo sie sich mit häufig vorkommenden (aber fachlich nicht belastbaren) Vorstellungen von Schülerinnen und Schülern auseinandersetzt und diese bei der Unterrichtsplanung berücksichtigt (vgl. z. B. Marohn, 2008a, b). Zudem ist bekannt, dass die traditionell spiralcurricular angestrebte Wissens- und Kompetenz-Kumulation im Chemieunterricht häufig nicht den erwünschten Erfolg zeigt. Es ist daher notwendig, die Lernenden bei jedem neuen Lerngegenstand auf ihrem derzeitigen Wissensniveau abzuholen. Lernstandsüberprüfungen mit gezielten Rückmeldungen an die Schülerinnen und Schüler schaffen Transparenz, sowohl auf der Seite der Lernenden als auch auf der der Lehrkraft. Dabei dürfen diese Maßnahmen sich nicht allein auf das fachlich-kognitive Wissen beschränken, sondern sollten z. B. auch die Kompetenzen der Lerner im Bereich der Kommunikation (inklusive Sprachfähigkeit) und Bewertung berücksichtigen. Auf dieser Basis kann der Unterricht mit entsprechenden Lernhilfen versehen werden, die allerdings mit Blick auf die Lernenden individuell angepasst werden müssen.

Welche immer wiederkehrenden fachspezifischen Herausforderungen im Unterrichtshandeln müssen Ihrer Meinung nach die Lehrpersonen bewältigen, um im Chemieunterricht eine angemessene Unterrichtsqualität garantieren zu können?

Traditionell ist hier der Unterrichtseinstieg zu nennen, der eine Bedeutung für die effektive Lernzeit hat. Unterrichtseinstiege sollen Schülerinnen und Schüler anregen, sich mit einem neuen Gedankengang zu beschäftigen und diesen mit ihrem chemisch-naturwissenschaftlichen Wissen in Einklang zu bringen. Im optimalen Fall wird durch den Einstieg ein kognitiver Konflikt erzeugt, der den weiteren Unterrichtsgang stark beeinflusst. Bedeutsam ist daher, dass dieser Konflikt von den Schülerinnen und Schülern geteilt wird. Dies ist von der Lehrkraft durch eine entsprechende Zeiteinteilung sowie Maßnahmen wie Sammlung von Ideen, Fragen und Anregungen sicherzustellen. Des Weiteren ist die Einbettung von Experimenten zur Lösung des kognitiven Konfliktes genau zu planen und zu inszenieren. Dies betrifft sowohl die kognitiven und motivationalen Einstellungen (was genau möchte ich untersuchen?), als auch die organisatorischen Voraussetzungen, die für ein funktionierendes Experimentieren mit den Schülerinnen und Schülern vereinbart sein sollen. Auch die Übergänge zwischen verschiedenen Phasen des Unterrichts, z.B. zwischen der Hypothesenformulierung und der Planung eines geeigneten Experimentes, müssen gut aufeinander abgestimmt sein. Ansonsten kann es leicht passieren, dass Schülerinnen und Schüler dem weiteren Verlauf des Unterrichts nicht folgen können. Schließlich sollte jede Lerneinheit mit einer Zusammenfassung und Festigung abgeschlossen werden, was zeitlich ebenfalls gut geplant sein will.

Worauf gilt es bei der Entwicklung und dem Einsatz von Aufgaben bzw. Aufgabensets im kompetenzorientierten Chemieunterricht besonders zu achten?

Beim Einsatz von Aufgaben im Unterricht muss transparent zwischen Lernaufgaben und Leistungsaufgaben unterschieden werden, wobei die Aufgabengestaltung durchaus ähnlich sein kann. Die Aufgaben müssen adressatenbezogen auf den Lern- und Wissensstand der Schülerinnen und Schüler bezogen sein. Dabei ist zu berücksichtigen, dass Hemmnisse beim Lösen von Aufgaben nicht immer auf grundsätzliche kognitive Defizite bei den Lernern zurückgeführt werden können. Gerade bei Lernaufgaben ist daher den Lösungsstrategien und damit verbundenen Hemmnissen bei Schülerinnen und Schülern große Aufmerksamkeit zu schenken. Der Einsatz angemessener Lernhilfen hängt davon ab, welche Ursachen für eine mangelhafte Nutzung von Lösungsstrategien vorliegen. Hierfür lassen sich im Prinzip drei verschiedene Defizitausprägungen unterscheiden (Marschner et al., 2012, S. 78). Beim *Verfügbarkeitsdefizit* hat der Lerner nicht das für ein strategisches Lernen notwendige Wissen über die Strategien. Beim *Produktionsdefizit* verfügt der Lerner zwar über die entsprechende Strategie, er nutzt sein Strategiewissen jedoch nicht spontan, sodass keine effektive Lernhandlung einsetzt. Beim *Nutzungsdefizit* schließlich kann verfügbares Strategiewissen zwar in strategische Lernhandlung umgesetzt werden, die Lernenden ziehen daraus jedoch keinen Nutzen für ihr Lernen. Studien an Schülerinnen und Schülern der 8.–9. Klasse zeigen, dass bei Lernenden dieser Altersklasse hinsichtlich der Anwendung von Experimentierstrategien hauptsächlich von einem Produktionsdefizit ausgegangen werden kann. Mit einiger Vorsicht kann angenommen werden, dass das Produktionsdefizit auch bei anderen Aufgaben eine große Rolle spielt. Hinzu kommen jedoch auch Nutzungsdefizite, die zum Beispiel infolge der Anwendung schematischer, aber wenig reflektierter Lösungswege, zu Fehlleistungen führen, etwa bei unreflektiertem Einsatz von Lösungsformeln bei Berechnungen zur Stöchiometrie oder zu Stoffmengenverhältnissen. Die Grenze zwischen einem Nutzungsdefizit und einem Verfügungsdefizit ist dabei für die Lehrkraft nicht immer leicht auszumachen, sodass im Zweifel konkrete fachbezogene Hilfestellungen angebracht sind, selbst dann, wenn die Inhalte im Unterricht zuvor bereits behandelt wurden. Dies trägt dem Umstand Rechnung, dass das Lernen im Chemieunterricht eine hohe Voraussetzungsgebundenheit aufweist, die nicht zu unterschätzen ist.

Welche Schritte empfehlen Sie aufgrund Ihrer wissenschaftlichen bzw. erfahrungsbasierten Expertise als „first steps" für angehende Chemielehrer/-innen, die sie für guten Chemieunterricht umsetzen können?

Für angehende Chemielehrerinnen und Chemielehrer empfehlen wir eine Orientierung am forschend-entwickelnden Unterrichtsverfahren nach Schmidkunz & Lindemann (1976). Dieses Prinzip findet sich ähnlich auch in vielen anderen Ansätzen, z. B. bei Klahr & Dunbar (1988). Aufbauend auf der im forschend-entwickelnden Unterrichtsverfahren klar dargelegten Struktur der Unterrichtsplanung können nach und nach weitere Elemente zur Unterrichtsgestaltung integriert werden, zum Beispiel, um der Forderung nach kontextorientiertem Unterricht nachzukommen (di Fuccia & Ralle, 2010).

Was ist Ihrer Ansicht nach das Besondere am Chemieunterricht?

Das aufbauende Lehren und Lernen entlang der Basiskonzepte verläuft traditionell durchgehend spiralcurricular und ist dementsprechend in höherem Maße voraussetzungsgebunden, als dies in anderen Fächern der Fall ist. Kenntnisse von Teilkonzepten, zum Beispiel zum Atombau, zur chemischen Bindung, zu Reaktionstypen etc., müssen die Lernenden permanent zur Verfügung haben, um die nächsten Schritte erfolgreich bewältigen zu können. Damit unmittelbar verbunden sind die notwendigen Kenntnisse der chemiespezifischen Fachsprache (z. B. chemische Formeln und Gleichungen), die eine Voraussetzung für ein tieferes Verständnis der Basiskonzepte der Chemie darstellen.

Eine weitere Besonderheit im Chemieunterricht stellt das Experimentieren im Zentrum des Erkenntnisprozesses und der Umgang damit dar. Die an der Fragestellung orientierte Durchführung von Experimenten, die zielführende Vorgehensweise und die damit einhergehende Variablenkontrolle, die Beschreibung der gemachten Beobachtungen und die Formulierung von Schlussfolgerungen stellen besondere Herausforderungen dar, die allerdings zum Teil auch in den anderen naturwissenschaftlichen Fächern auftreten.

Eine Sonderstellung hat der Chemieunterricht, aber auch der gesamte naturwissenschaftliche Unterricht, zudem durch die enge Anlehnung von Lerngegenständen an die Lebenswelt der Schülerinnen und Schülern. Im Sinne des *Situated Learning* kann dies dazu beitragen, eine Verknüpfung von Kontexten mit den zu lernenden Basiskonzepten herzustellen und damit ein sinnstiftendes Lernen zu ermöglichen.

Welche zentralen Merkmale des forschenden Lernens halten Sie für notwendig, um Chemieunterricht wirksam zu gestalten?

Folgende Merkmale sind für forschendes Lehren und Lernen konstitutiv:

- Propädeutischer Zugang zu chemisch-naturwissenschaftlichen Erkenntnissen,
- Hypothesenentwickelndes bzw. hypothesenüberprüfendes Herangehen,
- Kritisch-distanzierte Haltung gegenüber vermeintlich „sicheren Erkenntnissen“,
- Kontinuierliche und kritische Reflexion der Relevanzen,
- Kontextuierung der Befunde in wissenschaftliche, praktische und persönliche Referenzrahmen.

Die Orientierung an diesen Merkmalen dient zunächst der Bewusstwerdung der eigenen Vorstellungen. Während wir in der historisch-wissenschaftstheoretischen Betrachtung von *Paradigmenwechsel* als den Übergang einer wissenschaftlichen Theorie auf eine andere sprechen, reden wir in der Lernentwicklung eines Kindes / eines Jugendlichen von einem *Konzeptwechsel* als einen Übergang von den vorunterrichtlichen und alltagsbezogenen Vorstellungen hin zu den naturwissenschaftlich belastbaren. Ein Konzeptwechsel *(Conceptual Change)* kann jedoch nicht erzwungen werden – er vollzieht sich bei Schülerinnen und Schülern dauerhaft nur, wenn die Notwendigkeit für eine andere Sicht eines Naturphänomens sinnhaft erlebt und internalisiert worden ist und wenn sich zudem die „Alltagstauglichkeit“ bald einstellt. Dies ist jedoch eher selten aus dem naturwissenschaftlichen Unterricht heraus erfolgreich herbeizuführen. Insofern ist die Übersetzung des Begriffs *Conceptual Change* als „Konzeptwechsel“ eher irreführend. Vielmehr geht man heute davon aus, dass ein länger andauernder Prozess der Konzeptveränderung stattfindet. Bestehende Konzepte müssen im Sinne einer Weiterentwicklung und Veränderung bestehender (Alltags-) Strukturen in Richtung der naturwissenschaftlichen Konzepte sowie dem Aufbau paralleler wissenschaftlicher Denkstrukturen neben den weiter bestehenden Alltagsstrukturen modifiziert werden *(Conceptual Reconstruction)*. Für diesen Schritt innerhalb der Änderung einer Vorstellung spielt die Lehrkraft eine entscheidende Rolle. Ihr kommt die Aufgabe zu, die Unzufriedenheit mit dem bestehenden Konzept bei den Lernenden zu wecken und ihnen geeignete Wege zum Erwerb einer angemessenen Vorstellung aufzuzeigen.

Welche fachlichen und fachdidaktischen Aspekte erachten Sie als bedeutsam, damit das Lernen zum Wesen der Naturwissenschaften wirksam wird?

Im naturwissenschaftlichen Erkenntnisprozess steht meist zu Beginn ein Problem, das gelöst werden soll. Dafür müssen Hypothesen aufgestellt, geeignete Experimente geplant und diese durchgeführt werden. Nach zielgerichtetem Beobachten und der Erfassung experimenteller Ergebnisse werden Schlussfolgerungen gezogen, um zu analysieren, ob das Problem gelöst werden konnte. In diesem Prozess haben Schülerinnen und Schüler häufig Schwierigkeiten, die verschiedenen Phasen zu berücksichtigen. Deshalb sollten der Erkenntnisprozess und dessen Reflexion explizit Gegenstand des Unterrichts sein. Wichtig für das Lernen der Natur der Naturwissenschaften ist darüber hinaus die Verdeutlichung, dass die Erkenntniswege in den Naturwissenschaften in der Regel sowohl eine empirische als auch eine spekulative Basis haben. Hier sollte dann auch die Veränderlichkeit und Begrenztheit von Theorien und Modellen Gegenstand der Diskussionen sein. Die Schülerinnen und Schüler erfahren dadurch, wie schwierig es ist, aus einem theoretischen Gebäude heraus eine neue umfassende Theorie zu entwickeln, selbst wenn die Versuche, die diese erforderlich machen, schon durchgeführt worden sind. In diesem Zusammenhang kommt der Erkenntnis eine besondere Bedeutung zu, dass die Fähigkeit, Hypothesen zu bilden und Spekulationen anzustellen wichtige Funktionen in der Erkenntnisgewinnung darstellen.

Hilfreich kann es sein, an geeigneten Stellen historische Experimente nachzuvollziehen und in den Unterricht zu integrieren. Auf diese Weise kann den Schülerinnen und Schülern mit Hilfe der Geschichte der Chemie der Erkenntnisweg zwischen Empirie und Spekulation verdeutlicht werden, damit sie zu einem tieferen Verständnis von naturwissenschaftlicher Problemlösung und Theoriebildung finden (z. B. Jansen et al., 1986). Auch erhalten sie die Möglichkeit zu erkennen, dass die Erkenntnisgewinnung in der Chemie nicht so gradlinig und logisch aufgebaut abläuft, wie Lehrbücher das Bild der Chemie vermitteln. Die Erkenntnis von der Veränderlichkeit und Begrenztheit von Theorien und Modellen schult eine kritisch-rationale Sichtweise auch auf gegenwärtige Entwicklungslinien. Sie kann zudem dazu beitragen zu erkennen, dass Forschung auch von den Ansprüchen der Gesellschaft geprägt wird.

Welchen Umgang mit herkömmlichen bzw. neuen Medien empfehlen Sie im Chemieunterricht?

Neue Medien spielen im Unterricht der Naturwissenschaften seit geraumer Zeit eine wichtige Rolle in der Funktion als Messinstrumente sowie bei der

Aufbereitung und Darstellung von Daten. Neue Programme und Anwendungen für Smartphones und Tablets bauen für die Lehrkraft einen gewissen Druck auf, die damit möglichen Anwendungen in den Unterricht zu integrieren. Schülerinnen und Schüler erwarten dies; zudem kann von einer angemessenen Verwendung neuer Medien eine gewisse Motivation durch erhöhte Eigenleistung der Lerner ausgehen, zumal aktuelle Programme Darstellungen ermöglichen, die bis vor Kurzem noch nicht oder nur mit sehr hohem Aufwand möglich waren (z. B. Zeitraffer oder Hochgeschwindigkeitsaufnahmen, Dokumentation von Langzeitversuchen etc.).

Literatur

Bremkes, T., & Ralle, B. (2011). Strukturierende Lernhilfen im Unterricht nach Chemie im Kontext, in: D. Höttecke (Hrsg). *Naturwissenschaftliche Bildung als Beitrag zur Gestaltung partizipativer Demokratie*. GDCP-Tagungsband, Münster: LIT, 468–470.

Demuth, R., Gräsel, C., Parchmann, I. & Ralle, B. (Hg.) (2008). *Chemie im Kontext – Von der Innovation zur nachhaltigen Verbreitung eines Unterrichtskonzepts*. Münster: Waxmann.

Di Fuccia, D. & Ralle, B. (2010). Forschend-entwickelnd und kontextorientiert, *MNU 63* (5), 296–302.

Eisner, B., Kattmann, U., Kremer, M., Langlet, J., Plappert, D., Ralle, B. (2017). Bildung stärken: Naturwissenschaftlichen Unterricht verändern. *MNU 70* (3), S. 148–153.

Holländer, M. & Melle, I. (2011). Advance Organizer. *MNU 64* (8), 452–456.

Holländer, M. & Melle, I. (2012). Die Effektivität des Advance Organizers im Chemieunterricht der Sekundarstufe I. *MNU 65* (1), S. 44–52.

Jansen, W., Fickenfrerichs, H., Flintjer, B., Matuschek, C., Peper-Bienzeisler, R. & Ralle, B. (1986). Geschichte der Chemie im Chemieunterricht – das historisch-problemorientierte Unterrichtsverfahren. Teil 1: MNU 39 (5), S. 321–330., Teil 2: MNU 39 (6), S. 385–390.

Kattmann, U., Duit, R., Gropengießer, H. & Komorek, M. (1997). Das Modell der didaktischen Rekonstruktion – Ein Rahmen für naturwissenschaftsdidaktische Forschung und Entwicklung. *Zeitschrift für Didaktik der Naturwissenschaften, 3* (3), 3–18.

Klahr, D. & Dunbar, K. (1988). Dual Space Search During Scientific Reasoning. *Cognitiv Science*, 12 (1), 1–48.

Marohn, A. (2008a). „Choice2learn" – eine Konzeption zur Exploration und Veränderung von Lernervorstellungen im naturwissenschaftlichen Unterricht. *Zeitschrift für Didaktik der Naturwissenschaften, 14*, 57–83.

Marohn, A. (2008b). Ionenbildung durch Strom? Eine an Schülervorstellungen orientierte und chemiegeschichtlich motivierte Unterrichtskonzeption, *Chemkon 15* (2), S. 75–84.

Marschner, J., Thillmann, H., Wirth, J. & Leutner, D. (2012). Wie lässt sich die Experimentierstrategie-Nutzung fördern? – Ein Vergleich verschieden gestalteter Prompts. *Zeitschrift für Erziehungswissenschaft*, DOI 10.1007 / s11618-012-0260-5.

Schmidkunz, H. & Lindemann, H. (1976). Das Forschend-entwickelnde Unterrichtsverfahren. München: List (neu aufgelegt 1992 und 1999 bei Hohenwarsleben: Westarp Wissenschaften).

Sekretariat der Ständigen Konferenz der Kultusminister der Länder in der Bundesrepublik Deutschland (2005). *Beschlüsse der Kultusministerkonferenz – Bildungsstandards im Fach Chemie für den Mittleren Schulabschluss (Jahrgangsstufe 10)*. München: Luchterhand.

SASCHA SCHANZE / ANDREAS NEHRING

BAUSTEINE EINER REFLEKTIERTEN HANDLUNGSFÄHIGKEIT IM FACH CHEMIE

Schanze, Sascha, Prof. Dr., Leibniz Universität Hannover, Institut für Didaktik der Naturwissenschaften, Fachgebiet Chemiedidaktik (IDN); Arbeitsschwerpunkte: Integration digitaler Medien als Werkzeuge in den Chemieunterricht, Kollaborative Lernformen, Forschendes Lernen im naturwissenschaftlichen Unterricht

Nehring, Andreas, Prof. Dr., Leibniz Universität Hannover, Institut für Didaktik der Naturwissenschaften, Fachgebiet Chemiedidaktik (IDN); Arbeitsschwerpunkte: kompetenzorientierter Chemieunterricht, Inklusion im Chemieunterricht, Vorstellungen über naturwissenschaftliche Denk- und Arbeitsweisen sowie über die Natur der Naturwissenschaften

Welches fachwissenschaftliche und fachdidaktische Wissen und Können der Lehrperson ist aus Ihrer Sicht für die Qualität des Chemieunterrichts besonders wichtig?

„Nichts ist praktischer als eine durchdachte Planung!". Die Qualität des Chemieunterrichts ist aus unserer Sicht ein Ergebnis sorgfältiger Vorbereitung (Analyse möglicher Unterrichtszugänge), flexibler Aktionen und Reaktionen im Unterrichtshandeln und Nachbereitung von Unterricht (Reflexion des eigenen Unterrichts in Bezug auf die vorher getroffenen Entscheidungen). Die Lehrkraft muss begründete Entscheidungen für ihren und in ihrem Unterricht treffen. Das heißt nicht, dass sie im Unterricht an der Planung festhält. Eine Lehrkraft kann je nach Situation nur dann alternative Wege einschlagen, wenn sie sich im Vorfeld damit befasst und Potenziale und Schwächen gegeneinander abgewogen hat. Der Entscheidungsprozess sollte – in welcher Form auch immer – dokumentiert werden. Auf diese Weise wird Wissen, Handeln und Reflektieren miteinander in Verbindung gesetzt. In diesem Sinne erachten wir den Aufbau und die Förderung einer reflektierten Handlungsfähigkeit als Basis für ein langfristig erfolgreiches Lehrerhandeln. Im Rahmen des Interviews werden wir immer wieder auf dieses Prinzip unserer Lehrerbildung in der Leibniz Universität Hannover zurückkommen.

Um den an die Lehrkraft gestellten Anforderungen gerecht zu werden, sind eine Reihe von Wissensbeständen in verschiedenen Bereichen notwendig. Um einige wenige chemiedidaktische Bereiche zu nennen, gehören dazu u. a.

- das Wissen über typische Unterrichtsverfahren,
- das Wissen über Schülervorstellungen und Lernschwierigkeiten in den jeweiligen Themenfeldern (darauf aufbauend die Bereitschaft, Unterricht daran zu orientierten),
- themenspezifisches Wissen über die Funktionen, das Potential und die Grenzen von Experimenten,
- ein praxisbasiertes Wissen, Experimente gemeinsam mit Schülerinnen und Schülern umsetzen zu können,
- die Fähigkeit, dies mit Bezug auf themenspezifische Lernziele einzusetzen,
- Kenntnisse über die mediale Aufbereitung von Unterricht im Hinblick auf die Fokussierung von Lernzielen.

Chemisches Fachwissen ist in verschiedenen Qualitäten hilfreich, die über die Kenntnis von Fakten und Konzepten hinausgehen. Dazu gehört auch ein verstehendes bzw. vernetztes Wissen, das chemische Inhalte und ihre Relationen zueinander umfasst. Ein solches Wissen unterstützt fachdidaktische Kompetenzen, indem es flexibel auf die oben genannten Anforderungen bei der Planung, Umsetzung und Reflexion von Unterrichtsstunden angewendet werden kann. Dabei spielt das Wissen um Kernkonzepte der Chemie eine besondere Rolle.

Wir führen das an einem konkreten Beispiel aus: Eine Lehrkraft plant eine Unterrichtseinheit zur Einführung des Säure-Base-Konzepts. Sie informiert sich zunächst über Herangehensweisen aus verschiedenen Schulbüchern. Ein Werk teilt Reinstoffe nach ihrer Färbung einer wässrigen Indikatorlösung in Säuren, Basen oder neutrale Stoffe ein. Ein anderes Werk wählt zum

Thema „Säuren und Laugen“ einen lebensweltlich orientierten Zugang über Haushaltsreiniger – der Begriff Lauge wird da synonym zum Base-Begriff verwendet. Die Lehrkraft hat nun zunächst einmal die Aufgabe zu prüfen, welcher Säure-Base-Begriff den Werken zugrunde liegt (verstehendes Wissen über chemische Inhalte) und inwiefern sie für eine Weiterentwicklung (chemiedidaktisches Wissen über themenspezifische Lernziele und Schülervorstellungen) tragfähig sind. Unterrichtsmaterialien sind bereits in dem Sinne didaktisch strukturiert, dass Entscheidungen für eine Wahl der Zugänge zu den Konzepten, der Terminologie, der verwendeten Modelle etc. getroffen wurden. Diese Entscheidungen werden nur in seltenen Ausnahmen, zum Beispiel durch Handreichungen, den Nutzern explizit gemacht. Die Lehrkraft muss neben den didaktischen Begründungen auch ein gutes Fachwissen haben, um die Zugänge bezüglich ihrer Tragfähigkeit beurteilen zu können. In diesem konkreten Beispiel sollte bereits ein Lewis-Begriff der Säuren und Basen aktiviert werden können, um eine tragfähige Begriffsentwicklung beurteilen zu können: Werden Stoffe kategorisiert, dann sollten sie auch nach dem Brönsted- und dem Lewis-Konzept ihre Zuordnung nicht verlieren oder gar in einem Widerspruch dazu stehen.

Welche Qualitätsmerkmale halten Sie für den Chemieunterricht für essenziell?

„Gib jedem Lernenden die Chance, sich aktiv und individuell anspruchsvoll am Unterricht zu beteiligen!“ Von außen betrachtet (Sichtstruktur) macht sich ein wechselnder, auf die Lerngruppe abgestimmter, zielklarer und materialintensiver Methodeneinsatz immer positiv bemerkbar. Zeigt die Lehrkraft in diesem Falle zusätzliches Engagement, bietet sie den Lernenden z. B. über verschiedene Formen der Auseinandersetzung mit dem Lerngegenstand, individuelle Möglichkeiten einen Zugang zum Lerngegenstand zu finden. Das würden wir auch soweit unterschreiben, wenn die Entscheidungen für die verschiedenen Interaktionen bewusst und in Bezug auf die gesetzten Unterrichtsziele begründet getroffen wurden. Unabhängig von der Anzahl der verwendeten Methoden zeichnet sich für uns ein Unterricht dadurch aus, dass er viele Phasen einer hohen Schülerinnen- und Schülerbeteiligung und -interaktion mit einem hohen on-topic- bzw. time-on-task-Anteil hat. Dies beinhaltet aber auch, dass eine ansprechende Motivierung zur Herstellung und Aufrechterhaltung eines individuellen Interesses vorangegangen ist und die Stundenziele im Sinne einer Zielklarheit deutlich gemacht wurden. Achten die Lehrkräfte dann darauf das aufzubauende Wissen oder die Kompetenzen zum bestehenden Lernstand der Lernenden zu vernetzen, den Unterricht an ihren bestehenden Vorstellungen zu orientierten und in einer adäquaten und vernetzten Sachstruktur weiterzuentwickeln, kommen weitere chemiedidaktisch relevante Aspekte mit ins Spiel. Eine gute Strukturierung mit klaren Schwerpunkten der Unterrichtsphasen wie ein funktioneller Einsatz von Experimenten mit Fokus auf z. B. Motivierung, Einstieg, Visualisierung, Erleben von Phänomenen oder der gezielten Förderung von Kompetenzen spielt dabei eine ebenso zentrale Rolle (Tiefenstruktur). Vor dem Hintergrund der Anforderungen, die die teilweise gezielt gesteuerte Vergrößerung der Heterogenität im Unterricht mit sich bringt, wird die Abstimmung von individuellen Potentialen und Lernzielen und gleichzeitigem gemeinsamen Lernen noch mehr an Bedeutung gewinnen.

Oft fokussiert eine intensive Unterrichtsplanung die Erarbeitungsphasen neuer Inhalte oder Problemlöseprozesse, um den Lernenden möglichst in dieser Phase der Kreativität Unterstützung anzubieten. Aber auch die Übungs-, Vertiefungs- oder Transferphasen bedürfen einer besonderen Vorbereitung und instruktionalen Begleitung, um allen Lernenden, unabhängig vom aktuellen Kenntnisstand, eine möglichst intensive Beteiligung zu ermöglichen.

Welche Lernumgebungen und Lehr-/Lernformen halten Sie für einen wirksamen Chemieunterricht für besonders bedeutsam?

„Schülerorientierung erfahren lassen!“ In den Seminaren erfahren wir bei der Diskussion verschiedener Lehr- und Lernformen oft eine Verunsicherung bei den Studierenden, insbesondere, wenn sich die Methoden sichtbar von den selbst erfahrenen, eher traditionellen Formen unterscheiden. Besitzt eine angehende oder junge Lehrkraft noch wenig eigene Unterrichtserfahrung, ist das Streben nach Sicherheit groß. Wenn sich die Lehrkraft in der Planung des Unterrichts bezüglich der Erreichung eigener Ziele sicher fühlt, dann nimmt sie diese Sicherheit auch mit in den Unterricht. Aus diesem Grund fallen angehende oder junge Lehrkräfte oft gern in Rollenmuster zurück, die sie selbst bei Lehrkräften als Schülerin oder Schüler erfahren haben. Ihnen sind die Methoden mit ihren Stärken und Schwächen vertraut. Sie akzeptieren potenzielle Schwächen zugunsten des selbst erfahrenen Gelingens.

Ein wirksamer Chemieunterricht ist aus unserer Sicht stark schülerorientiert. Unterrichtsformen zu nutzen, die den Lernenden Raum geben eigene Ideen zu entwickeln und zu verfolgen, bedeutet auch Ideen aufzugreifen, die in der Vorbereitung nicht unbedingt antizipiert werden können – bedeutet auch Irrwege zuzulassen. Gleichzeitig kann es insb. für eher leistungsschwächere Lernende sinnvoll sein ein geeignetes Maß an geschlossenen Lernformen anzubieten und z. B. problemorientierte Ansätze um Formen des beispielorientierten Lernens zu ergänzen. Für die Lehrkraft besteht hier die größte Unsicherheit darin, Zeit zu investieren ohne den gewünschten Output erreicht zu haben. Diese Unsicherheit gilt es zu überwinden. Gleiches gilt aber auch für die Lernenden. Auch Lernende müssen erst einmal lernen, die ihnen zur Verfügung gestellten Freiräume zu akzeptieren und zu nutzen. Insofern haben auch Lernformen mit einer engeren Führung der Lehrkraft eine Bedeutung, wenn diese mit zunehmendem Kompetenzerwerb abgebaut werden können. Ein guter Einstieg zur Förderung des forschenden Lernens – für uns die Lernform mit den höchsten Freiheitsgraden im naturwissenschaftlichen Bereich und in ihrer reinen Form mit einer Lerngruppe anzustreben – wäre zum Beispiel das forschend-entwickelnde Unterrichtsverfahren. Hier ist zu beachten, dass der Weg zum Unterrichtsziel bereits von der Lehrkraft vorstrukturiert und von den Lernenden eher nachgelebt (entdeckt) wird. Dennoch bietet dieses Verfahren verschiedene Elemente des forschenden Lernens, die im Anschluss bezüglich ihrer Bedeutung so reflektiert werden können, dass die Lernenden in einem nächsten Durchgang mit weniger instruktionaler Unterstützung auskommen und Fragen immer eigenständiger bearbeiten lernen. Diesem Prozess des Ausblendens instruktionaler Unterstützung muss in der Regel mehreren Schuljahren Zeit gegeben werden. Im Sinne einer reflektierten Handlungsfähigkeit können Lehrkräfte diesen Prozess begleiten und gezielt entscheiden, welcher Grad an Öffnung für ihre jeweilige Lerngruppe passend ist.

Wie sieht eine gute Differenzierung / Individualisierung Ihrer Meinung nach im Chemieunterricht aus?

„Formen der Externalisierung eigenen Wissens fördern!" Um der immer vorhandenen Heterogenität einer Lerngruppe Rechnung zu tragen, kann eine Lernzieldifferenzierung am gleichen chemischen Inhalt notwendig sein. Wir hatten oben bereits ausgeführt, dass mit Recht den Phasen der Begegnung neuer Unterrichtsgegenstände eine große Sorgfalt beigemessen wird, um hier den verschiedenen Lernleistungen gerecht werden zu können. Diese Phasen dürfen nicht nur den leistungsstärken Schülerinnen und Schüler vorbehalten sein. Vergleichbar darf eine Differenzierung in den Phasen der Übung, Vertiefung und des Transfers nicht lediglich durch das Lerntempo bzw. die Anzahl der bearbeiteten Aufgaben deutlich werden. Gut gestaltete Übungsphasen zeichnen sich dadurch aus, dass alle Lernenden vergleichbar gefordert werden. Eine Grundvoraussetzung für die Differenzierung ist die Diagnose der Lernvoraussetzungen. Diese muss in den Unterricht in Lernprozesse integrierbar sein. Hierfür braucht es Methoden, die es den Lernenden ermöglichen, ihren Kenntnisstand darzulegen. Leistungstests halten wir dafür weniger geeignet, da diese oft eher erfassen, was die Lernenden wissen und weniger, wo sie sich unsicher fühlen. Dies haben wir in eigenen Studien erfahren können (z. B. Grüß-Niehaus, 2010). Die Lernenden benötigen einen

Schutzraum, frei von Sanktionen, um ihre Ideen zu chemischen Konzepten zu äußern. Daher sind Formen der Zusammenarbeit mit hohen Redeanteilen für uns sehr gute Ansatzpunkte für eine Differenzierung, Individualisierung und Selbstregulierung. In diesen Formen muss es jedem Lernenden möglich sein, das eigene Wissen, die eigenen Vorstellungen mit einzubringen, zu diskutieren oder zu reflektieren. Besonders der Chemieanfangsunterricht ist davon geprägt, dass die Lernenden Erklärungsansätze mit einbringen, die sich in lebensweltlichen Kontexten bewährt haben und sich somit als sehr beständig erweisen, selbst wenn sie nicht mit den wissenschaftlich akzeptierten im Einklang sind. Ergebnisse aus der Forschung zu Schülervorstellungen zeigen, dass eine aktive Auseinandersetzung mit den eigenen Konzepten eine fruchtbare Basis für deren Überwindung ist.

Welche immer wiederkehrenden fachspezifischen Herausforderungen im Unterrichtshandeln müssen Ihrer Meinung nach die Lehrpersonen bewältigen, um im Chemieunterricht eine angemessene Unterrichtsqualität garantieren zu können?

„Adäquate Vorstellungen und Fachsprache fördern!" Das Fach Chemie hat in der Mittelstufe oft einen geringen Stundenumfang. In einem Doppelstundenmodell kann es daher vorkommen, dass es maximal einmal in der Woche unterrichtet wird. Somit kommt bereits dem Unterrichtseinstieg eine besondere Bedeutung zu. Es ist wichtig durch geeignete Methoden eine Anknüpfung an den Vorunterricht zu ermöglichen und bei neuen Themen zusätzlich potenzielle Vorkenntnisse zu aktivieren. Eine bloße Wiederholung im Plenum überprüft das (Nicht)Wissen einzelner Lernender und bleibt oft isoliert vom Rest des Unterrichts. Kurze kollaborative Methoden wie das „Peer-Interaction" oder das „Think-Pair-Share" (Schanze & Busse, 2015) aktiviert alle Lernenden. Bei den Aufgaben ist dann darauf zu achten, dass die Gruppenergebnisse Anknüpfungspunkte für den weiteren Unterricht liefern. Die Think-Phase kann bereits eine Hausaufgabe sein. Auf diese Weise entwickelt sich die Hausaufgabe auch zu einem integrierten und damit besser akzeptierten Element des Unterrichts. Da wir die Kommunikation als ein notwendiges Element für das Lernen von Chemie erachten, ist eine Sicherheit im Umgang mit der Fachsprache und deren gezielte Reflexion unerlässlich. Das bedeutet für die Lehrkraft zum einen auf eine bewusste Wahl von Fachbegriffen in der eigenen Sprache zu achten sowie in der Kommunikation mit und zwischen den Schülerinnen und Schülern für die Fachsprache zu sensibilisieren. Es bedeutet zum anderen auch ein Erkennen von und einen spontanen Umgang mit Schülervorstellungen, um adäquate Konzepte zu fördern. In diesem Zusammenhang ist immer auf einen adäquaten Umgang mit Schülerbeiträgen zu achten. Sie sollten als Potenzial begriffen werden die Kommunikation zwischen den Schülerinnen und Schülern aufrecht zu erhalten. Die Schülerinnen und Schüler sollten also mehr unterstützende als korrektive Maßnahmen erfahren, damit sie eine adäquate Fachsprache anwenden und adäquate Vorstellungen entwickeln können.

Worauf gilt es bei der Entwicklung und dem Einsatz von Aufgaben bzw. Aufgabensets im kompetenzorientierten Chemieunterricht besonders zu achten?

„Gute Aufgaben bilden den Unterricht ab!" Um der Gefahr einer bloßen Prüfkultur zu entgehen, dürfen Leistungsaufgaben keinen Selbstzweck erfüllen. Bei der Erstellung von Aufgaben ist der eigene Unterricht in den Blick zu nehmen. In jedem Fall gilt aber Lernaufgaben in den Unterricht einzubauen, die dann auf den Charakter der Leistungsaufgaben vorbereiten. Die Integration von Lernaufgaben in den Unterricht ermöglicht eine individuelle Leistungsdiagnose und somit auch das Ableiten von Unterstützungs- und Fördermaßnahmen. Lernaufgaben sollten hierfür eine Differenzierung zulassen. Ein Aufgabenset sollte außerdem nicht in der Art aufgebaut sein, dass eine spätere Aufgabe nur dann bearbeitet werden kann, wenn vorherige Aufgaben erfolgreich abgeschlossen wurden. Um dieser Gefahr vorzubeugen, bewähren sich Lernhilfen, die individuell in Anspruch genommen werden können.

Im Hinblick auf die Umsetzung von kompetenzorientiertem Unterricht halten wir es für zentral, die Idee eines handelnden, zielorientierten Umgangs mit chemischem Wissen in Aufgaben umzusetzen. Reflektierte Handlungsfähigkeit taucht dabei in einem doppelten Sinne auf: Während Forschung darauf verweist, dass die Reflexion von Handlungen durch die Schülerinnen und Schüler effektiv für den Aufbau von Kompetenzen ist, ist eine reflektierte Handlungsfähigkeit der Lehrkräfte die Voraussetzung zur Schaffung entsprechender Lernsituationen. Im Sinne einer neuen Aufgabenkultur beinhaltet dies einen weniger häufigen Einsatz von Aufgaben, die den Nachvollzug und den Aufbau von Routinen erfordern. Vielmehr sollte das eigenständige, kreative und möglicherweise sogar auf vielfältigen Wegen vorzunehmende Lösen von Problemen (Stichwort: divergentes Denken) im Mittelpunkt stehen. Mit Bezug auf die definierten Kompetenzbereiche kann dabei die Umsetzung eines Experimentes zur eigenständigen Beantwortung einer Forschungsfrage, das Fällen einer wissensbasierten, begründeten Entscheidung in der Dilemmasituation oder die zielgerichtete Kommunikation von chemischen Inhalten an verschiedene Personen im Mittelpunkt stehen. Dabei können Operatoren helfen, die den handelnden Umgang mit chemischem Wissen einfordern. So fokussieren Operatoren wie „nenne", „beschreibe" oder „erkläre" eher die Entwicklung von Konzeptwissen oder chemischen Vorstellungen. Aufforderungen wie „entwickle", „entwirf", „finde heraus wie", „wähle aus", „wende an", „entscheide", „beurteile" ziehen eine fachlich basierte Handlung zur Lösung eines Problems nach sich.

Die Lehrkräfte sind hierbei vor zwei wesentliche Herausforderungen gestellt: Da sich nicht sämtliche Inhalte für die Förderung sämtlicher Kompetenzen eignen, ist es, zum einen, notwendig, die chemischen Inhalte so gut zu kennen, auszuwählen und aufzubereiten, dass die Förderung von spezifischen Kompetenzen möglich wird. Zum anderen bringen kompetenzorientierte Aufgaben das Paradox mit sich, dass wir von den Lernenden, zur Förderung ihrer Kompetenzen, Handlungen erwarten, deren Lösung diese Kompetenzen eigentlich selbst voraussetzen. Die zweite Herausforderung besteht darin, eine Lernsituationen zu gestalten, die Schülerinnen und Schüler mit herausfordernden, kompetenzorientierten Aufgaben konfrontiert (die Aufgabenlösung ist nicht unmittelbar sichtbar, sondern muss selbstständig erarbeitet werden), sie aber nicht so überfordert, dass Unterricht z. B. durch einen Interesse- und Motivationsverlust nicht mehr möglich wird. Hier besteht noch ein enormes Potential, um Innovationen für einen guten Unterricht zu generieren und wirksam werden zu lassen.

Welche Schritte empfehlen Sie aufgrund Ihrer wissenschaftlichen bzw. erfahrungsbasierten Expertise als „first steps" für angehende Chemielehrer/-innen, die sie für guten Chemieunterricht umsetzen können?

„Nehmen Sie die praktische Ausbildung schon im Studium selbst in die Hand!" Tatsächlich gibt es wirklich viele sehr gute und sehr kreative Unterrichtsvorschläge, die angehenden Chemielehrkräften eine Orientierung und Hilfe sein können – gerade auch, um die oben angesprochenen traditionellen, selbst erfahrenen Unterrichtsmuster überwinden zu können. Diese Konzepte sollten allerdings nicht einfach nur gesammelt und für den Unterricht übernommen werden! Derlei Stunden zeichnen sich dann in der Realität oft dadurch aus, dass sie inhaltlich überfrachtet sind und dass die Lehrkraft im Unterrichtsprozess wenig flexibel für mögliche oder nötige Änderung ist. Ein Tipp für die Unterrichtsvorbereitung also: Machen Sie die Konzepte zu ihren eigenen Konzepten! Schauen Sie sich Unterrichtsvorschläge an und wägen sie diese gegeneinander ab. Setzen Sie sich dabei aber auch mit den konkreten Zielen auseinander, die für die Konzepte beschrieben werden. Passen sie zu den eigenen Zielen? Durch das Abwägen von Alternativen und das Hinterfragen der Ziele verschiedener Ansätze wird bereits das theoretische Handlungsspektrum für den eigenen Unterricht erweitert. Das ist sehr zeitintensiv aber notwendig. Wir empfehlen daher bereits im Studium anzufangen, die gegebenen Möglichkeiten für sich selbst so gut es geht zu nutzen.

Ein sinnvoller Begleiter ist dabei eine gute Dokumentation, etwa als (elektronisches) Portfolio. Damit setzten Sie erste Schwerpunkte für die Reflexion Ihrer Handlungen als Lehrkraft. Gehen Sie möglichst früh in ein erstes Schulpraktikum, hospitieren oder unterrichten Sie viel und dokumentieren Sie diese Erfahrungen für sich. Nehmen Sie die Impulse mit in die fachdidaktischen Lehrveranstaltungen. Versuchen Sie dort Hintergründe zu finden, warum der Unterricht so verlief wie Sie es erfahren haben und wie er hätte variiert werden können. Dokumentieren Sie das wieder. In experimentellen Lehrveranstaltungen: Führen Sie möglichst viele Experimente durch und führen Sie diese auch zu Ende! Oft entspricht die Ausstattung im Praktikum nicht den Versuchsvorschriften. Das entspricht dem Schulalltag! Seien Sie also kreativ bei der Durchführung der Experimente. Auch so erweitern Sie bereits Ihr Handlungsspektrum für einen späteren Unterricht. Und dokumentieren Sie immer wieder Ihre neuen Erkenntnisse. Dies wird Ihnen im Vorbereitungsdienst zugutekommen! Wenn Sie dann im Verlaufe des Studiums moderne und für Sie interessante Unterrichtskonzepte kennen gelernt haben, die sie aus Ihrer eigenen Schulerfahrung nicht kennen, dann suchen Sie sich gezielt für ein nächstes oder ein zusätzliches Praktikum eine Schule, die das realisiert. Vermeiden Sie aber auch typische Fallen, die auf Lehrkräfte mit weniger Unterrichtserfahrung lauern, und denken Sie z. B. daran, dass die Lernziele und Ihre Lerngruppe im Zentrum der Planungen stehen müssen und nicht die Methode, die Sie einsetzen. Spitz formuliert macht ein Gruppenpuzzle allein noch keinen guten Chemieunterricht. Der Lehrerberuf lebt von Lehrerpersönlichkeiten, die ihre individuellen Stärken einsetzen. Je früher Sie selbst daran arbeiten, diese zu entdecken und auszubilden, umso leichter wird Ihnen der Einstieg fallen.

Was ist Ihrer Ansicht nach das Besondere am Chemieunterricht?

„Ein guter Chemieunterricht vermittelt in der Abstraktion von Phänomenen eine Ordnung!" Diese Frage hätte gut auch am Anfang gestellt werden können. Hieran wird jedoch auch das grundlegende Spannungsfeld deutlich, das dieses Fach auszeichnet: spannende, teilweise für Schülerinnen und Schüler spektakuläre Versuche und Experimente auf der einen Seite, hohe Abstraktionen und formales Denken auf der anderen Seite. Chemie ist eine experimentelle Wissenschaft. Sie beschreibt außerdem die Natur auf eine besondere Art und Weise, indem sie sie klassifiziert und die Vielfalt der Natur auf wenige Grundelemente zurückführt, die sie ausmachen. Schließlich ist zum Verstehen der Vorgänge in der Natur der Weg in eine für die Sinne nicht erfahrbare Welt notwendig. Das unterscheidet sie grundsätzlich von den anderen naturwissenschaftlichen Domänen Physik und Biologie, die in bestimmten Bereichen rein auf der Ebene der Phänomene Gesetzmäßigkeiten erarbeiten und auch deuten können. So ist es unerlässlich, in Modellen zu denken und auf einer abstrakten Ebene Sachverhalte zu kommunizieren. Wenn das gut gelingt, dann entfaltet sich die ganze Faszination dieses Fachgebiets. Der Schritt zur Abstraktion darf also nicht mit Unbehagen begleitet sein. Ein guter nachhaltig geplanter Chemieunterricht bereitet durch eine widerspruchsfreie Terminologie den Gang von konkreten Phänomenen über eine Klassifizierung der Phänomene bis hin zur Erklärung auf einer abstrakten Ebene vor. Die Terminologie muss eine Unterscheidung der Ebene der Phänomene und der diskontinuierlichen Ebene ermöglichen. Darüber hinaus müssen auch die getroffenen Klassifizierungen bedeutungshaltig und widerspruchsfrei sein. Dabei ist es unseres Erachtens notwendig sich von Traditionen zu lösen. Der Oxidationsbegriff als Sauerstoffübergang ist erwiesenermaßen schwierigkeitsgenerierend. Eine Salzsäure als Säure zu klassifizieren ist ebenso problematisch, wie das Betrachten einer Lauge als Antonym zu einer Säure. Das soll nicht bedeuten, dass diese Begriffe und auch deren historische Bedeutung im Unterricht ignoriert werden sollten. Sie müssen thematisiert werden! – nicht aber, um sie als (scheinbare) Synonyme zu tolerieren, sondern gerade um sie von der gewählten Fachterminologie begründet abzugrenzen.

Welche zentralen Merkmale des forschenden Lernens halten Sie für notwendig, um Chemieunterricht wirksam zu gestalten?

„Der Erkenntnisprozess ist nicht linear und muss offen für Zufälle sein!" Das forschende Lernen soll einen möglichst authentischen Weg der Erkenntnisgewinnung abbilden. Doch in der Forschung selbst läuft der Erkenntnisprozess selten in der idealisierten Form linear ab. Er ist im Gegenteil oft von explorativen Phasen, Zufallsentdeckungen und Fehlschlägen bzw. Sackgassen begleitet. Wir halten es für geboten, diese Unwägbarkeiten in den Erkenntnisprozess mit einzubauen. Experimente z.B. haben immer ein Ergebnis. Die Aussage „Das Experiment hat nicht geklappt." ist im eigentlichen Sinne des Experiments unzutreffend. Es suggeriert im Gegenteil, dass ein nicht erwartungskonform verlaufendes Experiment falsch durchgeführt wurde. Es wird dann auch nicht die Hypothese infrage gestellt oder die Frage, ob das Experiment überhaupt geeignet ist, Informationen für die Beantwortung der Fragestellung zu generieren. Im Prozess des forschenden Lernens sind deshalb immer wieder Reflexionsphasen einzuschalten, um den eigenen Fortschritt in Bezug auf die Ausgangsfragestellung zu hinterfragen. Für uns sollte auch der Eingangsphase eine besondere Bedeutung zukommen, die oft explorativer Natur sein kann. Dies bietet Raum für die Entwicklung eigener Fragestellungen und Zufallsentdeckungen (Schanze, 2009a). Drei strukturgebende Phasen halten wir für wesentlich (Schanze,

2009b): die Eingangsphase (Problemfindung oder -beschreibung), die Erarbeitungsphase (Problembearbeitung) und der Abschluss (Sicherung). In jeder dieser Phasen gibt es mögliche Arbeitsschritte in Abhängigkeit der Problemsituation. In der zweiten Phase ist nach jedem Erkenntnisfortschritt zu prüfen, ob eine Phase zurückgegangen werden muss (Ausschärfung / Veränderung der Problembeschreibung) oder ob die abschließende Phase beschritten werden kann (Fragestellung ist zu einem gewissen Grad beantwortbar, dokumentierbar und kommunizierbar). Das forschende Lernen bleibt eine anspruchsvolle Lernform. Unterstützende Maßnahmen können Lernhilfen sein – wir präferieren dabei methodische oder strukturierende Hilfestellungen (Scaffolding, Prompting, s. auch Bell et al, 2010). Eine weitere Möglichkeit der Unterstützung ist die gezielte Zusammensetzung von heterogenen Lerngruppen.

Welche fachlichen und fachdidaktischen Aspekte erachten Sie als bedeutsam, damit das Lernen zum Wesen der Naturwissenschaften wirksam wird?

„Es gibt keine absolute Sicherheit in der Erkenntnis in der Chemie – jedoch können auch wir Chemie betreiben." Dies sollte aus unserer Sicht ein Leitmotiv für die Entwicklung des Chemieunterrichts sein. Das wirkt sich zum Beispiel unmittelbar auf den Charakter eines Experiments und auf den Modellbegriff aus. Die Forschung zeigt uns eine Reihe von typischen Vorstellungen auf, über die Schülerinnen und Schüler und teilweise sogar Lehrkräfte verfügen. Dazu gehören das Bild, das sie von der Person des Chemikers (wohl weniger häufig der Chemikerin) haben, oder ihre Einschätzung der Rolle der Sicherheit von experimentell gewonnenen Ergebnissen. Ansichten, nach denen Naturwissenschaftlerinnen und Naturwissenschaftler nicht kreativ sind, Laien keine naturwissenschaftlichen Fragen stellen dürfen oder Modelle entweder richtig oder falsch sind, ergänzen diese Vorstellungen. Guter und wirksamer Unterricht nimmt darauf Bezug und entwickelt Vorstellungen gezielt und explizit weiter. Dabei kann nicht davon ausgegangen werden, dass sich Vorstellungen über die Natur der Naturwissenschaften gewissermaßen „nebenbei", d. h. implizit verändern. Vielmehr sind Lehrkräfte dann erfolgreich, wenn sie diese Vorstellungen explizit zum Gegenstand des Unterrichts machen. Sei es durch fachlich kontextualisierte Zugänge wie Experimente oder Beispiele aus der Geschichte der Chemie, sei es durch dekontextualisierte Zugänge wie der Erforschung einer „Black Box" mit Kugeln und Drähten als Analogie zur naturwissenschaftlichen Modellbildung. Sollen Vorstellungen in diesem Bereich gefördert werden, müssen wir akzeptieren, dass der chemische Fachinhalt oder das aktuelle Experiment in diesem Moment nicht im Mittelpunkt einer Lernphase stehen. Vielmehr bilden sie eine Grundlage oder dienen sogar als ein „Vehikel“ für die Reflexion über das, was Naturwissenschaften ausmacht. Guter Chemieunterricht fokussiert darüber hinaus das durchaus anspruchsvolle Ziel, die Spezifik des Faches abzubilden und mit den Schülerinnen und Schülern darüber ins Gespräch zu kommen, was die Chemie als solche ausmacht. Dazu gehören die Erforschung des diskontinuierlichen Aufbaus der Materie und dessen Ordnung im Rahmen der chemischen Analyse sowie die kontrollierte und gezielte Veränderung der stofflichen Umwelt bzw. die gezielte „Erschaffung“ neuer Stoffe in der Synthese. Ebenso die Idee der Wechselwirkung und der chemischen Reaktion wie auch die Bedeutung und die Verantwortung der Chemie für unser aktuelles Zusammenleben durch Alltags-, Umwelt- und Industriebezüge können Gegenstand dieser expliziten Reflexionen sein.

Welchen Umgang mit herkömmlichen bzw. neuen Medien empfehlen Sie im Chemieunterricht?

„Medien im Unterricht sind Lernwerkzeuge!“ Die Integration digitaler Medien in den Chemieunterricht ist eines der Forschungsschwerpunkte in unseren Arbeitsgruppen. Für uns stehen diese Medien nicht in Konkurrenz mit anderen Medien, als ob im Chemieraum ein Ersatz zu prüfen wäre, wie es in der Literatur zum Beispiel oft mit der Kreidetafel und einer interaktiven Tafel (Interactive Whiteboard – IWB) geschieht. Medien sollten als Lernwerkzeuge angesehen werden. Sie werden ausgewählt, weil sie den Lehr- und Lernprozess in einer geeigneten Art und Weise unterstützen. Im besten Fall ermöglichen sie ganz neue Zugänge zum Lernen. Unvermeidlich ist dabei, dass ein adäquater Umgang mit den Medien sowohl von der Lehrkraft gelernt werden muss, als auch im Unterricht einzuführen ist. Im Chemieunterricht bekommen solche Medien eine besondere Bedeutung die Sachverhalte modellhaft zu repräsentieren, die unseren Sinnen nicht zugänglich sind. Darüber hinaus können Experimente geeignet durch Systeme zur Datenerfassung und -aufbereitung sowie Foto- oder Videographie zur Dokumentation unterstützt werden und so neue Zugänge geschaffen werden, die in dieser Form noch nicht möglich waren. Der Lernprozess sollte nicht damit belastet werden, dass diese Lernwerkzeuge nicht oder nur unzureichend beherrscht werden. Gute Schulen haben ein Medienkonzept, in dem festgelegt wird, welche Kompetenzen in welchen Klassenstufen vorhanden sein sollten – am Besten auch, welcher Fachunterricht sich für die Ausbildung dieser Kompetenzen verantwortlich sehen sollte. Hier greift für uns auch die Werkzeugmetapher: Am Anfang lernen wir das Werkzeug in seinen Grundfunktionen kennen und beherrschen. Je besser wir es beherrschen, umso offener sind wir dafür weitere Einsatzzwecke zu erkennen und zu erproben. So sollte es auch im Chemieunterricht ein Konzept oder eine Strategie geben, um Lernwerkzeuge mit fachspezifischen Anwendungen sukzessive so in den Unterricht zu integrieren, dass die Lernenden im Prozess des selbstgesteuerten Lernens selbst entscheiden können, welches Medium sie am besten unterstützt. Die Tafel oder das IWB entwickeln sich so u. a. von einem Präsentationsmedium zu einem Kommunikationsmedium, das gemeinsames, kollaboratives Lernen unterstützt. Aus unserer Sicht sollten Tafeln daher – welcher Art auch immer – nicht (ausschließlich) hinter dem Lehrerpult, sondern auch für die Lerngruppe besser integriert im Klassenraum an den Seiten angebracht werden.

Literatur

Bell, T., Urhahne, D., Schanze, S. & Ploetzner, R. (2010). Collaborative Inquiry Learning: Models, tools, and challenges. *International Journal of Science Education, 32* (3), 349–377.

Grüß-Niehaus, T. (2010). *Zum Verständnis des Löslichkeitskonzeptes im Chemieunterricht – der Effekt von Methoden progressiver und kollaborativer Reflexion* (Vol. 102). Berlin: Logos Verlag.

Schanze, S. (2009a). Wer beherrscht die Hefe am Besten? Ein Egg-Race als Zugang zum forschenden Lernen. *PdN – ChiS, 58* (6), 15–17.

Schanze, S. (2009b). Kochen und naturwissenschaftliches Arbeiten. *PdN – ChiS, 58* (6), 18–20.

Schanze, S. & Busse, M. (2015). Peer-Interaction. Förderung des Konzeptverständnisses durch ein kollaboratives Aufgabenformat. *NiU-Chemie, 149*, 26–34.

Lutz Stäudel

Das Lernen begleiten

Stäudel, Lutz, Dr., Fortbildner, bis 2011: Universität Kassel, Didaktik der Chemie; Arbeitsschwerpunkte: Unterrichtsmethoden im naturwissenschaftlichen Unterricht, Aufgaben mit gestuften Hilfen
www.GuteUnterrichtspraxis-nw.org

Welches fachwissenschaftliche und fachdidaktische Wissen und Können der Lehrperson ist aus Ihrer Sicht für die Qualität des Chemieunterrichts besonders wichtig?

Es gibt hier, wie bei anderen Fragen auch, eine formelle und eine informelle Sicht der Dinge: Erstere wäre zu beschreiben – abgesehen von einer soliden fachlichen Grundlage – mit dem Wissen um die aktuellen Bestimmungselemente des naturwissenschaftlichen Unterrichts. Für den Chemieunterricht sind das die von der Kultusministerkonferenz beschlossenen Bildungsstandards und vor allem die unter den Kompetenzbereich „Umgang mit Fachwissen" vorgestellten Basiskonzepte: Stoff-Teilchen-Beziehungen, Struktur-Eigenschafts-Beziehungen, chemische Reaktion, energetische Betrachtung bei Stoffumwandlungen. Unter dem Aspekt des Fachmethodischen ist herausragend das naturwissenschaftliche Arbeiten (der Kompetenzbereich Erkenntnisgewinnung), weiter das Wissen um die Herausforderung, dass Fachsprache und Symbolsysteme in Alltagssprache und Alltagskontexte transferiert werden können (der Kompetenzbereich Kommunikation), und schließlich auf der Ebene von Bedeutungen und Bewertungen die Notwendigkeit wissenschaftliche Aussagen, Befunde und Entwicklungen in ihren Auswirkungen für die Gesellschaft und das eigene Leben einordnen zu können (der Kompetenzbereich Bewertung). Diese Aufzählung ließe sich, mit Blick auf die konkret zu fördernden Kompetenzen, auf die Differenzierung nach Anforderungsniveaus fortsetzen – und ähnlich für die vielfältigen Aspekte der Fachdidaktik im engeren Sinn, wie auch pädagogischer Fragestellungen.

Dem muss man aber die informelle Sicht gegenüberstellen: Die beginnt zum Beispiel damit, dass eine Lehrkraft sich an die eigenen Verstehensprobleme zu erinnern weiß. Das zählt zwar nicht zu den erklärten Eckpfeilern fachlicher, fachdidaktischer oder pädagogischer Qualifikation, ist aber von einiger Bedeutung, wenn Ähnliches in Unterricht erkennbar wird – was praktisch zur Normalität gehört. Zwar kann man sich das Wissen um solche Probleme – vulgo Misskonzepte – auch aus Forschungsberichten aneignen (und das sollte eine Lehrkraft in jedem Fall). Solche Rezeption aber bedeutet noch lange nicht, dass daraus eine Haltung gegenüber den Lernenden folgen würde, die deren Schwierigkeiten tatsächlich als das wahrnimmt, was sie sind: Die noch nicht erworbene Fähigkeit, eine bestimmte (neue) Sichtweise gegen die Widerstände des common sense auf bestimmte, ausgewählte Erfahrungen anzuwenden – geschweige denn eine spezifische Weltsicht daraus abzuleiten. Das Zweite, eng mit dem Vorherigen verknüpfte, ist dies: Zwar haben heutige Generationen von Lehrerinnen und Lehrern, zumindest mehrheitlich, das früher vorherrschende Selbstverständnis eines „Chemikers im Schuldienst“ hinter sich gelassen, dennoch ist für viele die eigene Motivlage ihre persönlichen Lehr-Ziele betreffend eher unklar. Unreflektierten Forderungen an die Lernenden vorbeugen kann in dieser Situation insbesondere *eine* Sicht des eigenen Anspruchs sein: Wenn Unterricht es schafft, dass die, die vor einem sitzen, in der Lage sind zeitweise eine „chemische Brille“, besser eigentlich eine naturwissenschaftliche, aufzusetzen, damit man gemeinsam das was dadurch erkennbar wird über das Alltägliche hinaus befragen kann, dann wäre das gewiss ein lohnendes Ziel.

Welche Qualitätsmerkmale halten Sie für den Chemieunterricht für essenziell?

Es erscheint wenig sinnvoll, Qualitätsmerkmale für den Chemieunterricht im Speziellen zu formulieren. Wie wir eigentlich schon immer wussten – und was Hattie uns nachdrücklich bestätigte – spielt eine vertrauensvolle und möglichst angstfreie Atmosphäre im Unterricht eine zentrale Rolle. Dies wiederum hängt in hohem Maße von der Haltung der Lehrkraft ab, insbesondere von einem respektvollen und annehmenden Umgang mit den Lernenden und ebenso davon, wie es gelingt auch die Interaktion zwischen den Schülerinnen und Schülern in dieser Hinsicht positiv zu beeinflussen. Das Selbstverständnis einer Lehrkraft könnte sich dabei etwa an dem Bild orientieren, das Lev Vygotski als Sozialkonstruktivist von Lernen entworfen hat: Für ihn bedeutete Lernen den nächsten Schritt zu machen, also in der „zone of proximal development" voran zu schreiten. Dies ist verbunden mit einer deutlichen Herausforderung, jedoch immer in Reichweite des Lerners und zwar in Kooperation mit „fähigeren Gleichaltrigen" oder / und „unter Anleitung von Erwachsenen". In heutiger Sprechweise wird daraus die Lehrkraft als Lernbegleiter, die stets aufmerksam die Entwicklung beobachtet und angemessene Maßnahmen bzw. Hilfen daraus ableitet.

Unterstützt wird diese Sicht auch durch neuere Befunde, die nach dem Maß der Steuerung und deren Einfluss auf das Lernen gefragt haben: In einer Begleitstudie zu PISA 2006 wurden dazu Unterrichtsstile identifiziert und in ein Verhältnis zum Lernfortschritt gesetzt, und zwar speziell für die naturwissenschaftlichen Fächer in der Mittelstufe. Es zeigte sich, dass weder maximal selbstgesteuerte Schüleraktivität – hier: beim Experimentieren – noch ein strikt lehrerzentrierter Unterricht mit der klassischen Dramaturgie rund um ein (Demonstrations-)-Experiment den Lehrerfolg garantieren, sondern vielmehr ein Konzept, das als „kognitiv fokussiert" beschrieben werden konnte. Nicht die Zahl der Experimente entscheidet, sondern die möglichst alle erreichende Aufarbeitung von der Entwicklung der Fragestellung bis hin zu einer möglichen Verallgemeinerung, die Öffnung von Artikulationsmöglichkeiten für die Lernenden und ihre Vorstellungen und eine auf Inhalte und Bedeutungen orientierte Feedback-Kultur. – Wer muss hier nicht an M. Wagenschein denken?

Welche Lernumgebungen und Lehr-/Lernformen halten Sie für einen wirksamen Chemieunterricht für besonders bedeutsam?

Eine „chemische" Plattitüde zum Anfang: Die Dosis macht das Gift (Paracelsus). Wer erlebt hat, wie Ende des letzten Jahrtausends z. B. das „Lernen an Stationen" mancherorts wucherte, wird verstehen was hier gemeint ist: Jeder für sich genommen gute und womöglich sogar empirisch bzgl. seiner Wirksamkeit abgesicherte Ansatz verkehrt sich ins Gegenteil, sobald ein gewisses Maß, eine bestimmte Häufigkeit des Einsatzes, überschritten wird. Das gilt für Kleinmethoden wie ein Kugellager oder die Nutzung von Mapping-Verfahren ebenso wie für eher globale Konzepte wie das des forschend-entwickelnden Unterrichts oder ein schematisch verstandenes *enquiry based learning*. Vielfalt tut not, darauf hat u. a. Weinert (2000) nachdrücklich hingewiesen; für ihn war dies der erste Schritt eines produktiven Umgehens mit der Vielfalt auf Lernerseite. Aber Vielfalt hat im Methodischen zur Voraussetzung, dass man ein größeres Repertoire beherrscht. J. Leisen (2003) benutzt in diesem Zusammenhang das Bild von einem, der nur den Hammer als Werkzeug kennt und versucht mit dessen Hilfe jedes Problem zu lösen, das irgendwann auftritt. Unterrichten wäre unter diesem Blickwinkel auch zu sehen als Erfahrungsfeld für die lernwillige Lehrkraft: Sich nicht überfordern aber auch nicht verharren, das Spektrum der eigenen Möglichkeiten erweitern, ausbalancieren, reflektieren.

Wie sieht eine gute Differenzierung/Individualisierung Ihrer Meinung nach im Chemieunterricht aus?

Wenn noch einmal der Blick zurück auf Vygotski erlaubt ist, dann erkennt man die Lehrkraft als beobachtende, diagnostizierende und als gestaltende, unterstützende Person. Das Arsenal der Mittel für die Diagnose ist hinlänglich bekannt, von Fremd- und Selbstdiagnosebögen bis hin zu Conceptmaps. Worauf es ankommt ist, diese Instrumente zu ständigen Begleitern im Unterrichtsalltag werden zu lassen. Zwar können etwa Selbsteinschätzungsinstrumente auch einzeln vor einer Klassenarbeit ihren Nutzen entfalten, indem sie das gezielte Nacharbeiten bestimmter Inhalte initiieren oder zumindest deutlich machen, worauf es der Lehrkraft ankommt. Nachhaltig wirksam wird aber erst eine Feedback-„Kultur“, die für alle Beteiligten zur Selbstverständlichkeit wird. Dann können auch die inzwischen breit entwickelten Unterstützungsmaßnahmen, etwa Aufgaben mit gestuften Hilfen oder mittels Methodenwerkzeugen, aufbereitete Inhaltsaspekte greifen.

Ein eher noch wenig übersichtliches Feld eröffnet sich gegenwärtig durch die Umsetzung von inklusivem Unterricht entsprechend der UN-Forderungen. Tatsächlich, das zeigen einzelne Modellprojekte, sind die bereits genannten Instrumente auch hier von Nutzen, jedoch kann damit höchstens eine Differenzierung in kognitiver Hinsicht unterstützt werden. Generell kann aber als gesichert gelten, dass ein auf Differenzierung und Individualisierung angelegter Fachunterricht bereits ein guter Ausgangspunkt ist für umfassendere Inklusion (Becker et al., 2015).

Welche immer wiederkehrenden fachspezifischen Herausforderungen im Unterrichtshandeln müssen Ihrer Meinung nach die Lehrpersonen bewältigen, um im Chemieunterricht eine angemessene Unterrichtsqualität garantieren zu können?

Es muss ja nicht gleich das Aufstellen von Redox-Gleichungen sein, wenn von Standardsituationen die Rede ist. Immer wiederkehrende Konstellationen gibt es schon auf der Ebene von Wortgleichungen, beim Zuordnen von Elementen und ihren Symbolen, bei der Klassifizierung von Reinstoffen usw. Für solche Gelegenheiten haben sich u.a. Methodenwerkzeuge (Leisen, 2003) bewährt, insbesondere auch solche mit spielerischem Charakter: Memory und Domino, Satzgeländer und Wortfelder, Kärtchentisch und Stoffe-Würfel. Diese ursprünglich für den deutschsprachigen Fachunterricht an Auslandsschulen von J. Leisen zusammengestellten Kleinmethoden haben sich seit dem Beginn dieses Jahrhunderts weit im naturwissenschaftlichen Unterricht verbreitet, genutzt sowohl in freien Lernzeiten wie auch als nicht-experimentelle Stationen in Lernzirkeln. Sie eignen sich zur individuellen Förderung ebenso wie zur Differenzierung. Das scheinbar Mechanische beim Umgang damit korreliert jedoch mit einem lernpsychologisch gut begründbaren mentalen Prozess: Die Ordnung auf dem Tisch, ob beim Zuordnungsspiel oder der Bildsequenz, fördert zugleich die Ordnung im Kopf.

Ein anderes Instrument, vorgeschlagen von Mikelskis-Seifert (2004), ist die visuelle Präsenz von Realwelt und Modellwelt. Mehr als ihre Schwesterwissenschaften ist die Chemie geprägt vom häufigen Wechsel zwischen den Bezugsebenen. Dies ausdrücklich zu tun macht es den Lernenden deutlich leichter – und macht der Lehrkraft zugleich bewusst, welche Anforderungen in solchen Momenten den Schülerinnen und Schülern abverlangt werden.

Üben und Ritualisieren – vor Jahrzehnten als autoritär verpönt – können, richtig dosiert und den Lernenden als Element des eigenen lernstrategischen Repertoires nahegebracht, dazu beitragen, dass die begrifflich-handwerkliche Seite einen Teil ihres Schreckens verliert. Dem korrespondiert das gezielte Einüben praktischen Tuns im Labor, zum Start etwa durch das Absolvieren eines Laborführerscheins. Zusammengenommen stellt dies den Schlüssel zum mehr und mehr selbstständigen Erschließen der Naturwissenschaften dar.

Worauf gilt es bei der Entwicklung und dem Einsatz von Aufgaben bzw. Aufgabensets im kompetenzorientierten Chemieunterricht besonders zu achten?

Der große Vorzug von Aufgaben besteht darin, dass sie bestimmte Lernschritte in die Hand der Lernenden zur selbstständigen Bearbeitung übergeben. Unter solcher Bedingung kann gezielt ein Aufbau chemie-fachlicher Kompetenzen unterstützt werden. Voraussetzung dafür ist allerdings die richtige Platzierung, was wiederum eine genaue Beobachtung der Lernstände und ggf. auch diagnostische Maßnahmen erfordert. Günstig sind auch lebensweltliche Kontexte, aus denen heraus sich dann eine Fragestellung entwickelt; allerdings gibt es nicht für alle Inhalte passende – und glaubhafte – Kontexte, wohingegen Lebensweltbezüge bei der Bearbeitung eines Problems praktisch durchgängig herangezogen werden können. So haben sich bei den Aufgaben mit gestuften, einem der wenigen selbstdifferenzierenden Formate, lernpsychologisch ausgerichtete Impulse wie „Kennst Du etwas Ähnliches?" bewährt. Hierbei wird zum einen auf analoge Lösungsmodelle verwiesen, zum anderen aber auch ein Bezug hergestellt zu alltäglichen Erfahrungen in ggf. ganz anderen Domänen. Ob als Ausgangs-kontext oder als Lernstrategie, solche Bezüge haben immer auch die Funktion eines Ankers im bereits Gewussten und Verstandenen und erleichtern so eine Integration des Neuen im Bewusstsein.

Neben weiteren Kriterien für gute Aufgaben, die an anderer Stelle (Gropengießer et al., 2006) bereits ausführlich dargestellt worden sind, erscheint ein Merkmal von besonderer Bedeutung: die Gestalthaftigkeit der Fragestellung. Gut ist eine Aufgabe dann, wenn für die Schülerinnen und Schüler von Anfang an erkennbar ist, welcher Art die Antwort sein sollte. Nur dann kann sie bzw. er sich ohne Irritation der Bearbeitung widmen und auf dem Lösungsweg voranschreiten.

Vergleichsweise wenig genutzt wird immer noch das Arbeiten mit Musterlösungen. Diese lernstrategisch fundierte Methode gilt nach Hattie als hoch lernwirksam, sie kann vielfältig variiert werden. Im Chemieunterricht gibt es für Aufgaben des nahen Transfers, die zum Beispiel einen der Reaktionspartner variieren, in diesem Sinn eine Vielzahl von Möglichkeiten, die zugleich immer auch mit einer Vertiefung des Verständnisses von naturwissenschaftlichen Denken und Arbeiten einhergehen.

Welche Schritte empfehlen Sie aufgrund Ihrer wissenschaftlichen bzw. erfahrungsbasierten Expertise als „first steps" für angehende Chemielehrer/-innen, die sie für guten Chemieunterricht umsetzen können?

Zuerst gilt es sich klarzumachen, dass Geduld und Gelassenheit vonnöten sind, insbesondere mit Blick auf die eigenen Lehrbemühungen. Die handwerkliche Seite des Lehrberufs bedarf, wie bei jeder Profession, einer längeren Zeit der Erfahrungen. Das gilt gleichermaßen für den lernförderlichen Umgang mit Schülerinnen und Schülern, wie für das experimentelle Arbeiten. Für beides gilt, dass größere Frustrationen vermeidbar sind: Beim Experimentieren lohnt es sich, den geplanten Versuch mit den zusammengestellten Gerätschaften und den später im Unterricht zu benützenden Chemikalien vorab selbst auszuprobieren. Was die Gestaltung von Lernsituationen angeht, findet man nochmals bei J. Leisen (2011) einen nützlichen Rat – nämlich im Auge zu behalten, ob und wie gut sich die eigenen Planungen dazu eignen, dass die Schülerinnen und Schüler ein „Lernprodukt" erarbeiten können. Solche Lernprodukte können materieller oder immaterieller Art sein, also eine Skizze, ein Text, eine ausformulierte Frage ebenso wie ein mentales Modell, das anschließend diskutiert werden kann. Mit diesen beiden Ankern bleiben auch Lehrkräfte, die am Anfang stehen, auf einigermaßen sicherem Boden.

Was ist Ihrer Ansicht nach das Besondere am Chemieunterricht?

Die Gegenstände der Chemie, die Stoffe also, sind sichtbar oder zumindest anderweitig wahrnehmbar, ebenso ihre Veränderungen; die zur Interpretation ihrer Eigenschaften, Wechselwirkungen, Reaktionen entwickelten und dieser Realität unterlegten Modellvorstellungen und Konzepte sind es naturgemäß nicht. Liebig und etwas später Arndt haben bereits zu ihrer Zeit betont, dass die Laborarbeit das verbindende Glied sei, das es einem Chemiker zunehmend erlauben würde, in den Kategorien der Modelle zu denken, zunehmend in dem Maße, wie er ganz praktisch im Labor mit diesen Stoffen umgehe. Von heute aus betrachtet sind solche Vorstellungen ganz nah einer konstruktivistischen Sicht der Welterschließung – aber eben in sehr spezieller Weise. Umgekehrt und auf den Unterricht bezogen könnte man sagen, dass es mangels realer Erfahrungsmöglichkeiten der Konzepte und Modelle ohnehin sehr schwierig ist sich das System der chemischen Betrachtung der Welt anzueignen, dass der praktische Umgang mit Stoffen und Laborgerätschaften, das Reagieren lassen und dessen Beobachtung eine wichtige unterstützende Funktion bei dieser Aneignung haben können – als visuelle und / oder haptische, sensorische Anker. Das bedeutet aber auch, dass Experimentieren alleine nichts beitragen kann zu dieser Aneignung, sondern nur dann, wenn es durchgängig in Beziehung gesetzt wird mit den Modellen und Konzepten der Naturwissenschaft (BLK, 1997, S. 73 ff.).

Die besondere Herausforderung für den Chemieunterricht besteht dann darin, beide Erfahrungsmöglichkeiten in fruchtbarer Balance zu halten.

Welche zentralen Merkmale des forschenden Lernens halten Sie für notwendig, um Chemieunterricht wirksam zu gestalten?

Wer Lernen weniger als systematischen Aufbau von Wissensstrukturen betrachtet, sondern eher als gelegentlich chaotische Entwicklung, die sich mit ordnenden Phasen abwechselt, der sieht durchgängige Lehr-Lern-Konzepte eher kritisch. Was für eine bestimmte Unterrichtsphase nützlich sein kann, z. B. die Organisation eines komplexeren Themas im Sinne von „Chemie im Kontext" mit einem Wechsel der Betrachtungsebenen, fachlicher Durchdringung und anschließendem Rückbezug auf den Ausgangs-Kontext, kann als durchgängiges Unterrichtsmuster leicht versagen. Ähnliches gilt m. E. auch für Ansätze wie das Inquiry Based Learning und vergleichbare Ansätze. Wichtig ist vielmehr, dass die Lehrkraft entsprechende Vorstellungen als Metatheorie verinnerlicht hat und die Lernenden immer wieder bei der Verortung von Inhalten, Prozessen und praktischem Tun unterstützt. Ähnlich wie bei der Fachsprache, die nach Wagenschein die Sprache des Verstandenen aber nicht des Lernens ist, stellt die Übertragung eines idealisierten – naturwissenschaftlichen – Forschungsmusters eine Art Kurzschluss dar, der wenig hilfreich für das Lernen ist (Duit et al., 2004). Das bedeutet natürlich nicht, dass Modelle wie beim Scientific Inquiry Cycle falsch wären – sie sollten aber nicht als Leitlinie für das Unterrichthandeln herhalten, sondern zum Ordnen und zur Orientierung für die Lernenden dienen, im Sinne von „damit habt ihr jetzt eine Art fairen Test gemacht ...“ oder „ein Chemiker würde sagen, dass er jetzt eine Hypothese im Experiment überprüfen muss“. Faktisch leisten die genannten Konzepte in der Praxis ohnehin nur bedingt, was sie versprechen: Wie PISA 2015 für Deutschland feststellt, hat die Fokussierung auf das naturwissenschaftliche Arbeiten bereits wieder an Schwung verloren (Reiß et al., 2016), insbesondere im gymnasialen Bereich.

Vor dem Hintergrund des Unterrichtens als Berufstätigkeit gewinnen solche Konzepte natürlich eine spezifische Bedeutung, indem sie eine gewisse Sicherheit bei Planung und Durchführung des Unterrichts, besonders in den Anfangsjahren, gewähren. Zugleich wird deutlich, warum und wie leicht sie dann im Sinne einer Verfügbarkeitsheuristik zum bloßen Schema regredieren, das Lernen eher behindert als fördert.

Welche fachlichen und fachdidaktischen Aspekte erachten Sie als bedeutsam, damit das Lernen zum Wesen der Naturwissenschaften wirksam wird?

Erste Voraussetzung und notwendige Bedingung für ertragreiches Lernen über die Naturwissenschaften ist ein reflektiertes Verständnis der Rolle der Naturwissenschaften im gesellschaftlichen, technischen, ökologischen und ansatzweise historischen Kontext auf Seiten der Lehrkraft. Nur wer sich selbst der Grenzen naturwissenschaftlicher Betrachtungsweise bewusst ist, kann Schülerinnen und Schülern im Sinne von Höttecke (2008) Fragen vorlegen, wie „Naturfasern oder Synthetik? Können die Naturwissenschaften mir sagen, was besser ist?“.

In höheren Jahrgangsstufen können die betrachteten expliziten Fragen entsprechend komplexer werden, ganz im Sinne der Bildungsstandards Chemie, die exemplarisch die Debatte um den Biosprit empfehlen. Mit Webquest (edu-Consult, o. J.), Mystery (PH Ludwigsburg, o. J.) oder ganz „traditioneller“ Projektarbeit (Lutz, 2002) stehen Methoden zur Verfügung, um ähnliche Probleme bearbeiten zu lassen, je nach Möglichkeit mit größerem oder geringeren Zeitaufwand.

Generell aber gilt: Unterricht, der seine Inhalte, wann immer möglich, mit lebensweltlichen Erfahrungen verknüpft, gibt damit auch stets Anlass, sich mit der Nature of Science, also der Natur der Naturwissenschaften, im erkenntnistheoretischen Sinn sowie im praktischen Zusammenhang auseinanderzusetzen (Stäudel & Rehm, 2010).

Welchen Umgang mit herkömmlichen bzw. neuen Medien empfehlen Sie im Chemieunterricht?

Medien haben – im Unterricht und außerhalb – die Tendenz, sich unabhängig vom möglicherweise Wünschbaren oder Gewünschten zu entwickeln. Und jede dieser Entwicklungen bringt eine mehr oder weniger tiefgreifende Veränderung der gesellschaftlichen Strukturen mit sich. Die Beispiele hierfür reichen von der Erfindung des Buchdrucks bis aktuell zu Computer und Smartphone. Und jedes dieser Medien erreichte in der Vergangenheit auch die Schule. Beste Belege hierfür sind die Medienzentren, früher als „Filmstelle" bezeichnet, und deren Wandlung hin zu einer modernen Agentur zur Versorgung von Lehrkräften mit „content" in verschiedenster Gestalt. So wie vervielfältigte Schrift beitrug zur Emanzipation von der Kanzel, nachdem viele dann in der Lage waren, die Bibel selbst zu lesen, eröffnet(e) jedes neue Medium weitere Tore der Welterschließung. Die Extrapolation dieses Gedankens bis hin zum Internet fällt gewiss nicht schwer.

Mithin stellt sich weniger die Frage, welche Medien im bzw. für den Chemieunterricht genutzt werden sollten, sondern eher die nach einer optimalen Passung von Inhalt, technischer Darbietung und dem Nutzen für das Lernen. Dass nicht immer von vorn herein absehbar ist, welche Ansätze sich etablieren, lässt sich gut an den Programmen zur Molekülmodellierung beobachten: Nach einem anfänglichen Hype um 3-D-Darstellungen möglichst komplexer Verbindungen, Reaktionsabläufe und Orbitale, haben sie inzwischen eine festen aber eher bescheidenen Platz gefunden – und haben dabei keineswegs das klassische Kugel-Stab- oder Kalottenmodell aus Holz verdrängt. Ähnliches gilt für den methodischen Einsatz „neuer" Technologien: Auch Webquest & Co haben sich inzwischen in den Strauß der bekannten Unterrichtsmethoden eingereiht.

Die Herausforderung in Bezug auf „neue Medien" im Chemieunterricht ist mindestens eine doppelte: Lehrkräfte sollten die damit verbundenen Chancen für effektives Lernen mit den jeweils geeigneten Inhalten verknüpfen können, ohne dabei den konkret-praktischen, d.h. experimentellen Umgang mit den Stoffen zu vernachlässigen; zum anderen, und auch dies mit engem Bezug zur Chemie und ihren Anwendungen, müssen sie ihre Schülerinnen und Schüler dabei unterstützen, quellenkritisch und verantwortlich mit dem umzugehen, was die neuen Medien für sie aktuell und künftig bereithalten.

Literatur

Becker, H.J., Fechner, S., Brauckschulze, L. (2016). Trendbericht Chemiedidaktik 2015. *Nachrichten aus der Chemie*. 3, 352–358.

BLK (1997). *Gutachten zur Vorbereitung des Programms „Steigerung der Effizienz des mathematisch-naturwissenschaftlichen Unterrichts"*. 60, Bonn.

edu-Consult, Universität Frankfurt (o.J.). *Nachhaltigkeit und Nachwachsende Rohstoffe. Ein WebQuest für Schüler der Jahrgangsstufen 8–13*. Retrieved from http://idg.geographie.uni-frankfurt.de/Rollenspiel/Lehrerinfo.htm

Gropengießer, H., Höttecke, D., Nielsen, T., Stäudel, L. (Hg.) (2006). *Mit Aufgaben lernen*. Seelze: Friedrich Verlag.

Höttecke, D. (2008). Was ist Naturwissenschaft? Physikunterricht über die Natur der Naturwissenschaften. *Naturwissenschaften im Unterricht Physik*. (103), 4–11.

Leisen, J. (Hg.) (2003). *Methoden-Handbuch Deutschsprachiger Fachunterricht (DFU)*. Bonn: Varus-Verlag.

Leisen, J. (2011). *Das Lernprodukt bringt's. Modell eines Lehr-Lern-Prozesses*. Retrieved from http://www.aufgabenkultur.de/seiten/0%20Aufgabenkultur%20im%20Lehr-Lern-Modell/3%20Das%20Lernprodukt%20bringts.pdf

Lutz, B., Stäudel, L., Wagner, G. (2002). Offene Lernformen. *Naturwissenschaften im Unterricht Chemie*, (70/71).

Mikelskis-Seifert, S., Leisner, A. (2004). Lernen über Teilchenmodelle: Das Denken in Modellen fördern. In: R. Duit, H. Gropengießer, L. Stäudel (Hrsg.), *Naturwissenschaftliches Arbeiten – Unterricht und Material*. (S. 122–128). Seelze: Friedrich Verlag.

PH Ludwigsburg, FB Goegraphie (o.J.). *Denken lernen mit Geographie: Mystery-Methode*. Retrieved from https://www.ph-ludwigsburg.de/mystery+M523534cb6c1.html

Reiss, K., Sälzer, Chr., Schiepe-Tiska, A., Klieme, E., Köller, O. (2016). PISA 2015. Eine Studie zwischen Kontinuität und Innovation. Münster: Waxmann (Kostenloser Download bei *www.pisa.tum.de/)*.

Stäudel, L., Rehm, M. (2010). Nature of Science. *Naturwissenschaften im Unterricht Chemie*, (118/119).

Stäudel, L. (2014). Lernen fördern: Naturwissenschaften. Unterricht in der Sekundarstufe I. Seelze: Klett-Kallmeyer.

Weinert, F.E. (2000). *Lehren und Lernen für die Zukunft – Ansprüche an das Lernen in der Schule. Pädagogische Nachrichten Rheinland-Pfalz*. 2, 1–16. Retrieved from http://www.bildung.koeln.de/imperia/md/content/selbst_schule/downloads/lehren_und_lernen_fur_die_zukunft.pdf

MIRJAM STEFFENSKY / ILKA PARCHMANN / MATHIAS ROPOHL

WIRKSAMER CHEMIEUNTERRICHT / ORCHESTRIERUNG VON KOMPETENZEN, INHALTEN, AUFGABEN, EXPERIMENTEN UND METHODEN

Steffensky, Mirjam, Prof. Dr., Leibniz-Institut für die Pädagogik der Naturwissenschaften und Mathematik (IPN), Kiel, Abteilung Didaktik der Chemie; Arbeitsschwerpunkte: Frühe naturwissenschaftliche Bildung

Parchmann, Ilka, Prof. Dr., Leibniz-Institut für die Pädagogik der Naturwissenschaften und Mathematik (IPN), Kiel, Abteilung Didaktik der Chemie; Arbeitsschwerpunkte: Kompetenzentwicklung, Kontextbasierte Lernumgebungen, Outreach

Ropohl, Mathias, Prof. Dr., Leibniz-Institut für die Pädagogik der Naturwissenschaften und Mathematik (IPN), Kiel, Abteilung Didaktik der Chemie; Arbeitsschwerpunkte: formative Diagnose und Bewertung von Kompetenzen; Optimierung von Lerngelegenheiten in der Lehrerbildung

Welches fachwissenschaftliche und fachdidaktische Wissen und Können der Lehrperson ist aus Ihrer Sicht für die Qualität des Chemieunterrichts besonders wichtig?

Zu dieser Fragestellung existieren noch nicht viele empirische Befunde für das Fach Chemie. Das heißt, dass wir unser Wissen vor allem aus Erkenntnissen anderer Domänen, z. B. der Mathematik, ableiten müssen. Grundlegende Basis für Überlegungen zum chemiebezogenen Professionswissen sind jedoch die Themenbereiche und die Denk- und Arbeitsweisen der Chemie. Hinsichtlich des Fachwissens lässt sich annehmen, dass Lehrpersonen mehr wissen müssen als die von ihnen zu unterrichtenden Inhalte. Aber was genau dieses *mehr* ausmacht, ist weniger klar. Geht es um mehr Inhalte oder beispielsweise um eine stärkere Vertiefung der Inhalte? Viele Studierende, insbesondere des gymnasialen Lehramts, beklagen sich darüber, dass die Inhalte ihres Fachstudiums weit entfernt von konkreten schulischen Inhalten sind. Sicherlich kann man über die Notwendigkeit einzelner, z. T. sehr spezifischer Inhalte diskutieren, aber insgesamt erscheint eine profunde Fachwissensbasis, die auch nicht unmittelbar unterrichtsrelevante Inhalte umfasst, grundlegend, um zum Beispiel neue, aktuelle Themen für den Chemieunterricht aufbereiten, aber auch um anschlussfähige Wissensbildungsprozesse anstoßen zu können. Wichtig ist jedoch, dass angehenden Lehrpersonen der Bezug zwischen den universitären und den schulbezogenen Inhalten verdeutlicht wird. Wo spielen diese Inhalte, wenn auch z. T. nicht explizit, in der Schule eine Rolle? Was sind übergeordnete Konzepte, die sowohl für die universitären als auch die schulischen Inhalte relevant sind?

Hinsichtlich des fachdidaktischen Wissens muss zunächst festgestellt werden, dass dieses in weiten Teilen inhaltsbezogen ist. Das bedeutet, dass man durchaus fachdidaktisches Wissen im Inhaltsbereich „Säure-Base-Reaktionen" haben kann, aber gleichzeitig wenig fachdidaktisches Wissen im Inhaltsbereich „Naturstoffe". Zwei zentrale Facetten scheinen für einen wirksamen Unterricht relevant zu sein: das Wissen über 1) Schülervorstellungen und spezifische Lernschwierigkeiten und 2) geeignete Instruktionsstrategien, wie geeignete Experimente, Beispiele oder auch Kontexte, um Wissen zugänglich zu machen. Darüber hinausgehend umfasst das chemiedidaktische Wissen auch übergeordnete Anteile, z. B. zur Bedeutung von Kontexten im Chemieunterricht oder zu spezifischen Unterrichtsverfahren.

Neben den Wissensbeständen scheinen auch stärker situationsspezifische Fähigkeiten eine zentrale Voraussetzung gelingenden Unterrichts zu sein. Hierzu gehört die Fähigkeit, lernrelevante Situationen theoriegeleitet erkennen und interpretieren zu können. So müssen Lehrpersonen z. B. Schwierigkeiten von Schülerinnen und Schülern diagnostizieren und darauf abgestimmte Lernwege anbieten können. Als Voraussetzung hierfür wird ebenfalls eine flexible Basis von fachdidaktischem und fachlichem Wissen angenommen (Blömeke, Gustavsson & Shavelson, 2015). Hervorzuheben sind zudem Kenntnisse und Fertigkeiten zum Experimentieren im Chemieunterricht.

Welche Qualitätsmerkmale halten Sie für den Chemieunterricht für essenziell?

Anders als Oberflächenmerkmale gelten insbesondere Tiefenstrukturen als relevant für die Qualität von Unterricht. Hierzu gehören die Klassenführung, die kognitive Aktivierung, die inhaltliche Strukturierung von Unterricht sowie die emotionale Unterstützung. Diese Merkmale werden in unterschiedlichen Arbeiten anders benannt und operationalisiert: So werden beispielsweise in einer Reihe von Arbeiten unter dem Begriff der „konstruktiven Unterstützung" Elemente der inhaltlichen Strukturierung und der emotionalen Unterstützung zusammengefasst (Kunter & Trautwein, 2013).

Klassenführung ist ein generisches, also nicht fachspezifisches, Merkmal. Sie ist für den Unterricht relevant, weil sie eine hohe effektive Lernzeit ermöglicht. Eine Klassenführungsfacette, die vielleicht speziell im naturwissenschaftlichen Unterricht mit Experimentierphasen besonders wichtig ist, sind reibungslose Übergänge zwischen den Phasen. So kann eine klare und routinierte Abfolge von Experimentierphasen und Phasen des Klassengesprächs beispielsweise verhindern, dass Lernzeit mit wiederkehrenden organisatorischen Abstimmungen verloren geht. Kognitive Aktivierung ist ein stärkeres fach- und inhaltsspezifisches Qualitätsmerkmal von Unterricht. Lerngelegenheiten mit einem Potenzial zur kognitiven Aktivierung fordern Lernende kognitiv heraus und regen zur aktiven Auseinandersetzung mit dem Lerngegenstand an. Kognitive Aktivierung lässt sich nicht direkt im Unterrichtsgeschehen beobachten, sondern wird anhand verschiedener Indikatoren eingeschätzt (Kleickmann, 2012). Im Chemieunterricht sind Ausgangspunkt vieler Lernprozesse die bereits vorhandenen Vorstellungen der Lernenden sowie, in Verbindung damit, experimentelle Beobachtungen und Untersuchungen. Indikatoren für einen kognitiv anregenden Unterricht sind entsprechend das Sammeln und Bewusstmachen sowie die Auseinandersetzung mit vorhandenen Vorstellungen. Zum Beispiel haben viele Lernende die Vorstellung, dass Verbrennung Masse vernichtet. Die Auseinandersetzung mit dieser Vorstellung, z. B. im Rahmen von geeigneten Experimenten wie dem „Boyle-Versuch", kann die eingeschränkte Erklärungstauglichkeit dieser Vorstellung verdeutlichen und eine Weiterentwicklung der Vorstellung anregen. Auch das Einfordern von Begründungen oder die Anwendung erworbener Konzepte in verschiedenen Kontexten stellen Indikatoren eines kognitiv aktivierenden Unterrichts dar. Ziel der inhaltlichen Strukturierung ist es, die Lernsituation so aufzubereiten, dass die bereitgestellten Lerngelegenheiten mit einem Potenzial zur kognitiven Aktivierung von möglichst vielen Lernenden bewältigt und genutzt werden können. Inhaltliche Strukturierung kann sich dabei auf die Strukturierung des Lerngegenstandes selbst, z. B. die geeignete Sequenzierung von Inhalten, sowie auf die Strukturierung des Interaktionsgeschehens beziehen. Zu letzterem gehören Merkmale wie Zielklarheit und die inhaltliche Klarheit von Äußerungen, das Hervorheben sowie das Zusammenfassen wichtiger Aussagen und Ergebnisse im Gespräch.

Die emotionale Unterstützung umfasst dagegen Merkmale der Qualität der Beziehung zwischen Lehrperson und Lernenden. Auch dieses fachunabhängige Merkmal ist gerade für das Fach Chemie, das als wenig beliebt und eher schwierig eingeschätzt wird, bedeutsam, um z. B. Schülerinnen und Schüler zu motivieren, am Unterricht teilzunehmen oder verständnisvoll mit Lernschwierigkeiten umzugehen. Auch hier bietet das eigene Experimentieren vielfältige Ansätze.

Welche Lernumgebungen und Lehr-/Lernformen halten Sie für einen wirksamen Chemieunterricht für besonders bedeutsam?

Auch wenn sich viele Studierende und Lehrpersonen in ihren ersten Berufsjahren Unterrichtsrezepte wünschen, kann man „die beste Konzeption“ oder „die beste Methode“ nicht benennen. Es gibt keine Lehr- / Lernform, die *per se* wirkungsvoll ist. Die Entscheidung muss im Zusammenspiel aus Thema und Lernziel, Lerngruppe und Lehrperson stets neu getroffen werden. Es gibt jedoch Kriterien, nach denen man solche Entscheidungen treffen kann und die sich aus den Merkmalen guten Unterrichts ergeben. Entscheidend ist, wie Lernende zum Nachdenken angeregt werden (vgl. kognitive Aktivierung) und womit ihr Interesse an einem Thema geweckt werden kann. Concept Cartoons können beispielsweise die Aufmerksamkeit auf eine Fragestellung lenken und stellen verschiedene mögliche Antworten gegenüber, mit denen Lernende ihre eigenen Vorstellungen aufzeigen und diskutieren können (z. B. Arnold, Kremer & Mayer, 2016). „History Lifts“, wie sie im historisch-problemorientierten Unterrichtsverfahren genutzt werden, werfen Fragen auf, können aber auch als Unterstützung im Finden von Lösungsschritten eingesetzt werden (z. B. Busker, Rosenberg, Böttger, Pöhls, Fittschen & Jansen, 2016). Auch Experimente können im Sinne einer „produktiven Verwirrung“ nach Wagenschein, also zur Konfrontation vorhandener Vorstellungen mit unerwarteten Phänomenen, eine solche Aktivierung als Start eines weiteren Lernprozesses initiieren.

Für den weiteren Verlauf des Lernens ist es wichtig, Schülerinnen und Schülern Gelegenheit zum Aufbau des eigenen Wissens zu geben. Wichtig ist jedoch, dass die Lehrperson das aktive Lernen begleitet, indem sie den Lernfortschritt diagnostiziert und ggf. unterstützend eingreift. Lernen findet folglich in einem Zusammenspiel aus Instruktion, Konstruktion und Reflexion statt, von Hattie (2009) als „sichtbares Lernen“ bezeichnet. Diagnostische Instrumente können Lernbegleitbögen sein, Mapping-Verfahren zur Abbildung von Lernwegen (Sumfleth, Neuroth & Leutner, 2010) oder Aufgaben, die eine Wissensanwendung in einem ausgewählten Kompetenzbereich erfordern.

Neben der Auswahl spezifischer Lehr- / Lernformen für die Gestaltung von Lernprozessen, helfen fachdidaktische Unterrichtsverfahren eine Einheit zu planen. Diese unterscheiden sich nach ihren primären Zielsetzungen. So fokussiert das forschend-entwickelnde Unterrichtsverfahren (Schmidkunz & Lindemann, 1992) primär auf den experimentellen Weg der Erkenntnisgewinnung und auf die dazu notwendigen Teilschritte, wie das Formulieren von Hypothesen, das begründete Auswählen experimenteller Verfahren, das Beobachten und das theoriebezogene Deuten von Beobachtungen. Das historisch-problemorientierte Unterrichtsverfahren (z. B. Jansen & Matuschek, 1992), zeigt darüber hinaus anhand realer Forschungsbeispiele weitere Facetten des „Wesens der Naturwissenschaften“, wie die Vorläufigkeit von Theorien oder die Bedeutung der Interpretation von Beobachtungen, bei der verschiedene Wissenschaftlerinnen und Wissenschaftler zu ganz unterschiedlichen Schlussfolgerungen kommen können. Chemie im Kontext wiederum zeigt vor allem das Zusammenspiel aus Wissenschaft und Gesellschaft auf, sodass je nach Thema verschiedene Ziele primär verfolgt werden können (z. B. Nentwig et al., 2007).

Wie sieht eine gute Differenzierung / Individualisierung Ihrer Meinung nach im Chemieunterricht aus?

Für die Gestaltung differenzierter Lernangebote muss zunächst die Dimension festgelegt werden, in der differenziert werden soll. Sollen bspw. verschiedene Interessen aufgegriffen werden, kann ein- und dasselbe Thema in verschiedenen Kontexten über Aufgaben bearbeitet werden. Säuren und Basen können z. B. im Kontext von Lebensmitteln, von Umweltproblemen oder im Bereich der chemischen Industrie betrachtet werden. Hier können Lernende im Idealfall selbst wählen, welchen Kontext sie bearbeiten wollen. Eine weitere Differenzierung bieten verschiedene Niveaustufen einer Aufgabenbearbeitung an. Die Stufen können sich z. B. auf verwendete naturwissenschaftliche Modelle und den damit verbundenen Abstraktionsgrad beziehen sowie auf qualitative oder quantitative Bearbeitungen.

Bei Schülerinnen und Schülern mit spezifischen Förderbedarfen kommen weitere Differenzierungsansätze hinzu, z. B. nach dem jeweils vorhandenen Sprachniveau oder ggf. vorhandenen Einschränkungen in der Nutzung verschiedener Sinne wie Sehen oder Hören. Hier ist das didaktische Repertoire an Regelschulen jedoch noch vergleichsweise gering, auch Bildungspläne und Bildungsstandards bieten hier kaum Anregungen zur Gestaltung differenzierter Lernumgebungen.

Welche immer wiederkehrenden fachspezifischen Herausforderungen im Unterrichtshandeln müssen Ihrer Meinung nach die Lehrpersonen bewältigen, um im Chemieunterricht eine angemessene Unterrichtsqualität garantieren zu können?

Als erstes sollten Lehrpersonen die verschiedenen Zieldimensionen des Chemieunterrichts reflektieren und in eine gute Abwägung ihrer Unterrichtsgestaltung bringen. Welche Einheiten zeigen vorrangig die Alltags- und Gesellschaftsrelevanz der Chemie auf, welche bieten Einblicke in Studien- und Berufsperspektiven, welche Lehr- / Lernformen geben den Schülerinnen und Schülern Möglichkeiten, ihre eigenen Stärken und Interessen zu erkennen und weiter zu entwickeln? Dazu müssen Lehrpersonen nicht nur die grundlegenden Konzepte der Schulchemie kennen, sondern auch deren Bedeutung und Anwendung in verschiedenen Kontexten sowie deren Weiterentwicklung in Studien- und Berufsfeldern.

Eine weitere entscheidende Fähigkeit ist die Differenzierung: Auf welchen Niveaus, mit welchen Repräsentationen und mit welchen Beispielen können Inhalte von Lernenden mit unterschiedlichen Voraussetzungen erarbeitet werden? Welche Hilfestellungen haben sich in welchen Situationen als wirksam erwiesen? Der sogenannte „chemische Tetraeder“ (Mahaffy, 2004), eine Weiterentwicklung des „Johnstone-Dreiecks“ (Johnstone, 1991), bietet hier eine Planungsgrundlage, ebenso wie die Literatur der Lehr-Lern-Forschung über Schülervorstellungen, Lernschwierigkeiten sowie Methoden und Verfahren zum Umgang damit.

Ein drittes wesentliches Merkmal der Qualität von Chemieunterricht ist der reflektierte und lernförderliche Einsatz von Experimenten. Dazu benötigen Chemielehrpersonen ein Repertoire an Schulexperimenten, die sie in einen Lernprozess einbinden, aber deren sichere Handhabung und die abschließende Entsorgung der Chemikalien sie ebenfalls beherrschen müssen. Das Zusammenspiel aus Experimenten und Modellbetrachtungen (und den dazu geeigneten Medien) ist die Grundlage chemischer Erklärungen und muss von Lehrpersonen für alle Themenbereiche des Chemieunterrichts sicher und lernförderlich eingesetzt werden.

Worauf gilt es bei der Entwicklung und dem Einsatz von Aufgaben bzw. Aufgabensets im kompetenzorientierten Chemieunterricht besonders zu achten?

Ausgangspunkt für die Entwicklung von Lern- und Leistungsaufgaben sollten die angestrebten Kompetenzen sein. Diese finden sich beispielsweise in den Bildungsstandards, Bildungsplänen oder schulinternen Curricula. Bei dem Einsatz von Aufgaben muss die Frage beantwortet werden: Was soll anhand der Aufgabe gelernt werden bzw. was soll anhand der Aufgabe diagnostiziert werden? Die Bearbeitung der Aufgabe durch die Schülerinnen und Schüler ermöglicht der Lehrperson, Rückschlüsse auf die verfügbaren Kompetenzen der Lernenden zu ziehen, auf deren Grundlage dann weitere Lernschritte geplant oder Rückmeldungen an die Lernenden gegeben werden können.

Um im Schulalltag Lern- und Leistungsaufgaben hinsichtlich ihrer Eignung und Schwierigkeit zu überprüfen, sind unter anderem folgende Fragen hilfreich:

- Soll die Aufgabe in einem Lern- oder Leistungskontext eingesetzt werden?
- Welche fachlichen und überfachlichen Kompetenzen werden zur Lösung der Aufgabe benötigt?
- Welches Potential zur kognitiven Aktivierung bietet die Aufgabe oder können sie herausfordernder gestaltet werden, indem z. B. Informationen weggelassen werden?
- Wie können leistungsschwächere Schülerinnen und Schüler unterstützt werden die Aufgabe eigenständig zu lösen, z. B. mit gestuften Hilfen?
- Lässt die Aufgabe eine natürliche Differenzierung, z. B. durch verschiedene Zugangsweisen, zu?
- Wie kann die Aufgabe für Schülerinnen und Schüler interessant und motivierend gestaltet werden?
- Welcher Kontext wird mit welchem Ziel in der Aufgabe verwendet?
- Enthält die Aufgabe Merkmale, die ungewollt Schwierigkeit erzeugen, z. B. sehr lange Texte oder unbekannte Fachausdrücke?

Da Aufgaben eine so zentrale Rolle im Unterricht spielen, lohnt es sich auch grundsätzlicher über die Vielfalt der im eigenen Unterricht eingesetzten Aufgaben nachzudenken. Neben vielen anderen können dabei folgende Fragen hilfreich sein:

- Decken die Aufgaben verschiedene Funktionen ab, wie das Erarbeiten neuer Sachverhalte, intelligentes Üben, Anwenden etc.?

- Lassen die Aufgaben verschiedene Zugänge, z. B. Experimente oder Recherchen, zur Lösung von Problemen zu?
- Zielen die Aufgaben auf die vier Kompetenzbereiche der Bildungsstandards (KMK, 2005) ab?
- Sind die Aufgaben in Kontexte eingebettet, die für Schülerinnen und Schüler gleichermaßen interessant sind?

Welche Schritte empfehlen Sie aufgrund Ihrer wissenschaftlichen bzw. erfahrungsbasierten Expertise als „first steps" für angehende Chemielehrer/-innen, die sie für guten Chemieunterricht umsetzen können?

Nach unserer Einschätzung gibt es auch hier kein Patentrezept. Hilfreich erscheint es uns, „Unterricht von hinten" zu denken, also zuerst zu überlegen, welche inhalts- oder prozessbezogenen Kompetenzen sollen und können die Schülerinnen und Schüler in der Stunde bzw. Einheit entwickeln. In einem zweiten Schritt erfolgt dann das „Wie". Dabei ist es entscheidend sich auf die zentralen Qualitätsmerkmale des Unterrichts zu fokussieren. Aus der fachspezifischen Perspektive sind das die kognitive Aktivierung und die inhaltliche Strukturierung. Das ist eine große Herausforderung und keineswegs leicht, aber viel entscheidender als Oberflächenmerkmale wie die Wahl einer gerade beliebten Unterrichtsmethode.

Dabei gibt es Aspekte der Qualitätsmerkmale, die vor dem Unterricht berücksichtigt oder geplant werden können: So gehört zur inhaltlichen Strukturierung beispielsweise die Sequenzierung von Unterrichtsinhalten: Es muss erst ein Konzept verstanden worden sein, bevor darauf aufbauend ein anderes Konzept erarbeitet werden kann. Ein Thema muss didaktisch aufbereitet werden (das bedeutet, dass es rekonstruiert, z. T. auch reduziert werden muss), um es mit der jeweiligen Lerngruppe erarbeiten zu können. Durch Fragen oder Impulse muss sichergestellt werden, dass die Schülerinnen und Schüler nicht nur zu Beginn der Stunde erfahren, was erarbeitet werden soll und wie vorgegangen wird (Zielorientierung), sondern auch bei einzelnen Aufgaben oder Versuchen. Indikatoren für die kognitive Aktivierung sind beispielswiese die Berücksichtigung und Weiterentwicklung von Vorstellungen der Schülerinnen und Schüler, etwa durch Versuche oder Fragen, die gängige Vorstellungen in Frage stellen, die Umsetzung herausfordernder Probleme, die das Nachdenken und Erforschen erfordern, die Auswahl von Lernanlässen, die subjektiv bedeutsam sind, Vergleiche anregen oder Anwendungen ermöglichen.

Unterrichtsqualität spiegelt sich natürlich auch im Unterrichtsgeschehen selbst wider, hierbei ist es grundlegend Unterricht zu reflektieren. Auch an dieser Stelle sind Fragen entscheidend, die die Qualitätsmerkmale betreffen: Fordere ich beispielsweise Begründungen ein, fordere ich die Schülerinnen und Schüler auf, ihre Ideen stärker zu erläutern, auf andere Ideen zu beziehen, mache ich Zusammenfassungen, die den Lernprozess strukturieren können, hebe ich zentrale Aspekte gezielt hervor, gebe ich konstruktives Feedback. Es ist insbesondere für Berufsanfängerinnen und Berufsanfänger schwierig im komplexen Unterrichtsgeschehen auf so viele Dinge gleichzeitig zu achten. Manchmal kann gegenseitige kollegiale Unterrichtsbeobachtung hilfreich sein, bei der gezielt auf spezifische Aspekte geachtet wird. Hilfreich können hier auch Einschätzungsskalen sein, wie man sie unter www.unterrichtsdiagnostik.info findet, die allerdings oft noch fachspezifisch angepasst werden müssen.

Was ist Ihrer Ansicht nach das Besondere am Chemieunterricht?

Chemie spielt in sehr vielen verschiedenen Kontexten eine bedeutsame Rolle, im Alltag ebenso wie bei gesellschaftlichen Herausforderungen oder in verschiedenen Berufsfeldern. Diese Vielfalt bietet auch entsprechend vielfältige Zugänge für die inhaltliche Gestaltung von Chemieunterricht, die es zu nutzen gilt. Auch die Vielfalt experimenteller Untersuchungen bietet einen motivierenden Zugang, den andere Fächer nicht oder weniger regelmäßig nutzen können.

Das konzeptuelle Wissen der Chemie beschränkt sich auf wenige zentrale Basiskonzepte in der Schule, deren Erklärungsmächtigkeit aber erst gesehen wird, wenn kontinuierliche und kumulative Lernwege ermöglicht werden und die Basiskonzepte immer wieder Ankerpunkte zur Strukturierung des neu erarbeiteten Wissens darstellen. So kann auch die große Fülle an Fakten im Chemieunterricht bewältigt werden. Diese regelmäßige Verknüpfung stellt jedoch für viele Lernende eine Herausforderung dar. Auch ist das oftmals parallele Erlernen von Inhalten und Fachsprache manchmal schwierig für Lernende. Diese zusätzliche kognitive Anforderung muss von Lehrpersonen in ihrer Unterrichtsgestaltung bedacht werden.

Welche zentralen Merkmale des forschenden Lernens halten Sie für notwendig, um Chemieunterricht wirksam zu gestalten?

Forschendes Lernen hat viele Facetten: Inquiry Based Learning und Problem Based Learning sind zwei konzeptionelle Beispiele, die ihrerseits wieder unterschiedliche Lern- bzw. Arbeitsschritte favorisieren, zum Beispiel zirkuläre Arbeitsschritte (Forschungszyklus, Scientific Inquiry Cycle etc.) oder offene, eher prozessbezogene Arbeitsschritte (Problem Based Learning). Die Unterrichtsgestaltung für forschendes Lernen ist folglich komplex. Dietmar Höttecke, Physikdidaktiker an der Universität Hamburg, charakterisiert forschendes Lernen sehr treffend: „Die Lernenden gehen von (selbst) gestellten naturwissenschaftlichen Fragen oder Problemen aus. Sie explorieren Probleme oder Phänomenbereiche, entwickeln und planen auf dieser Basis eigene Untersuchungen, führen Beobachtungen und Experimente durch, stellen Messergebnisse sachgerecht dar, analysieren und diskutieren sie und erschließen weitere Informationsquellen. Sie erklären Phänomene und lösen Probleme im Lichte bereits bekannten Wissens und selbst generierter Evidenz. Sie treffen begründete Vorhersagen und kommunizieren über ihre oft unterschiedlichen Vorgehensweisen und Resultate. Sie generieren und präzisieren neue Fragen oder Probleme, die weiteres forschend-entdeckendes Lernen motivieren." (Höttecke, 2010, S. 5). Damit bietet das forschende Lernen Schülerinnen und Schülern im Chemieunterricht die Chance naturwissenschaftliche Denk- und Arbeitsweisen anzuwenden und zu reflektieren – ein wichtiges Ziel des Unterrichts. Gleichzeitig sind Schülerinnen und Schüler aufgrund der Komplexität des forschenden Lernens bei der Umsetzung oft überfordert. Sie benötigen also Unterstützung, z. B. durch Maßnahmen der Strukturierung, wie gestufte Lernhilfen oder Hilfekarten in den sogenannten Interaktionsboxen (z. B. Rumann, 2005). Mit Hilfe dieser Boxen wird eine Lernumgebung geschaffen, in der die Schülerinnen und Schüler weitestgehend selbstständig „forschen" können. Auch die Fokussierung auf zunächst einzelne Elemente naturwissenschaftlicher Denk- und Arbeitsweisen, wie etwa das selbstständige Planen von Experimenten, stellt eine Möglichkeit der Strukturierung dar.

Welche fachlichen und fachdidaktischen Aspekte erachten Sie als bedeutsam, damit das Lernen zum Wesen der Naturwissenschaften wirksam wird?

Auch wenn die Einteilung nicht immer trennscharf ist, kann man für die Übersicht zunächst differenzieren zwischen Nature of Science, also dem Wissen über die Beschaffenheit des naturwissenschaftlichen Wissens (Wesen der Naturwissenschaften), und Nature of Scientific Inquiry, also dem Wissen über die Generierung von naturwissenschaftlichem Wissen (Wesen der naturwissenschaftlichen Erkenntnisgewinnung). In aktuellen Arbeiten am IPN wird zusätzlich eine dritte Kategorie hinzugezogen: Nature of Scientists, die sich auf das Wissen über Naturwissenschaftlerinnen und Naturwissenschaftler sowie ihre Tätigkeiten bezieht (Wentorf, 2015). Hier werden die deutlich vielschichtigeren Tätigkeiten moderner Wissenschaftlerinnen und Wissenschaftler berücksichtigt, die eben nicht nur forschende Tätigkeiten, sondern auch Tätigkeiten im Bereich der Nachwuchsförderung, Öffentlichkeitsarb eit oder des Managements umfassen. Damit Schülerinnen und Schüler angemessene oder realistischere Vorstellungen über die Naturwissenschaften erhalten, ist die explizite Reflexion über diese Themen notwendig. Es ist als wesentlich, aber nicht ausreichend, Experimente durchzuführen, um eine angemessene Vorstellung der naturwissenschaftlichen Erkenntnisgewinnung zu erhalten. Konkrete Impulse, wie solche Reflexionsprozesse initiiert werden können, können Beispiele sein, in denen die unterschiedliche Deutung von Beobachtungen deutlich wird. Zunehmend werden auch Ansätze verwendet, die Schülerinnen und Schülern die Gelegenheiten bieten, realistischere Vorstellungen über moderne Naturwissenschaften zu entwickeln, wie Videos über Forschergruppen oder Lifestreaming in Forschungslabore. Voraussetzung für dieses Vorgehen ist aber, dass die (angehenden) Lehrpersonen das entsprechende fachliche und fachdidaktische Wissen entwickeln, was wiederum bedeutet, dass die Themen stärker als bislang im Studium aufgenommen werden müssen.

Welchen Umgang mit herkömmlichen bzw. neuen Medien empfehlen Sie im Chemieunterricht?

In einem lernwirksamen Chemieunterricht kommt es darauf an, herkömmliche Medien gezielt durch neue Medien zu ergänzen und die Vorteile von sowohl herkömmlichen als auch neuen Medien zu nutzen. Dies macht zum Beispiel vor allem im Bereich jeglicher Form von Visualisierungen aus Perspektive der Kognitionspsychologie Sinn. Im Chemieunterricht stehen Chemielehrpersonen vor der Herausforderung nicht Sichtbares sichtbar machen zu müssen. Dabei können sie auf Visualisierungen auf neue Medien wie Smartphones oder Tablets zurückgreifen. Für den Chemieunterricht gibt es eine Reihe von Programmen, die dazu gezielt genutzt werden können.

Gerade in diesem und im vergangenen Jahr wurde in Deutschland eine Reihe von Studien zur Verfügbarkeit von Medien in Schulen veröffentlicht, z. B. die International Computer and Information Literacy Study (ICILS) der IEA oder die Befragung „Digitale Schule" des Verbandes BITKOM. Dabei zeigte sich, dass gerade die Ausstattung mit den digitalen Medien weiterhin verbesserungswürdig ist und sich Lehrpersonen insbesondere im Bereich der neuen Medien und deren Einbindung in den Unterricht Fortbildungen wünschen. Dies setzt jedoch voraus, dass aus Perspektive der Fachdidaktik verstärkt über den lernwirksamen Einsatz von sowohl herkömmlichen als auch neuen Medien diskutiert wird und entsprechende Forschungsarbeiten in diesem Bereich initiiert werden. Bisher fehlt eine empirisch fundierte Debatte über Vorteile, die beispielsweise neue Medien im Vergleich zu herkömmlichen Medien bieten. Diese ist aber nötig, bevor ganze Klassen beispielsweise mit Notebooks oder Tablets ausgestattet werden.

Das von der Joachim Herz Stiftung geförderte Projekt „Medien im mathematisch-naturwissenschaftlichen Unterricht" (MiU) hat das Ziel den Medieneinsatz von Lehrpersonen im Biologie-, Chemie-, Mathematik- und Physikunterricht zu analysieren. Mittelfristig ist angedacht aus den Ergebnissen des Projekts Module für die Lehramtsausbildung zum zielgerichteten Einsatz von Medien im Fachunterricht zu entwickeln, da diese bisher weitestgehend fehlen.

Literatur

Arnold, J., Kremer, K. & Mayer, J. (2016). Concept Cartoons als diskursiv-reflexive Szenarien zur Aktivierung des Methodenwissens beim Forschenden Lernen. *Biologie Lehren und Lernen – Zeitschrift für Didaktik der Biologie (ZDB), 20* (1), 33–43.

Blömeke, S., Gustafsson, J.-E. & Shavelson, R. J. (2015). Beyond Dichotomies. Competence Viewed as a Continuum. *Zeitschrift für Psychologie, 223* (1), 3–13.

Busker, M., Rosenberg, D., Böttger, S., Pöhls, C., Fittschen U. & Jansen, W. (2016). Der historisch-problemorientierte Unterricht am Beispiel „Metalle und Säuren". *Praxis der Naturwissenschaften – Chemie in der Schule, 65* (5), 8–13.

Hattie, J. (2009). *Visible Learning. A synthesis of over 800 meta-analyses relating to achievement.* New York: Routledge.

Höttecke, D. (2010). Forschend-entdeckender Physikunterricht – Ein Überblick zu Hintergründen, Chancen und Umsetzungsmöglichkeiten entsprechender Unterrichtskonzeptionen. *Unterricht Physik, 21,* 119, S. 4–12.

Jansen, W. & Matuschek, C. (1992). Das historisch-problemorientierte Unterrichtsverfahren – Geschichte der Chemie im Chemieunterricht. In: N. Just & H.-J. Schmidt (Hrsg.), *Grundlinien Deutscher Chemiedidaktik* (S. 207–228), Essen: Westarp.

Johnstone, A. H. (1991). Why is science difficult to learn? Things are seldom what they seem. *Journal of Computer Assisted Learning, 7* (2), 75–83.

KMK (2005). *Bildungsstandards im Fach Chemie für den Mittleren Bildungsabschluss. Beschluss vom 16.12.2004. Beschlüsse der Kultusministerkonferenz.* München, Neuwied: Wolters Kluwer Deutschland.

Kleickmann, T. (2012). „Kognitiv aktivieren und inhaltlich strukturieren im naturwissenschaftlichen Sachunterricht". Handreichung im Projekt Sinus an Grundschulen http://www.sinus-an-grundschulen.de/fileadmin/uploads/Material_aus_SGS/Handreichung_Kleickmann.pdf

Kunter, M. & Trautwein U. (2013). *Psychologie des Unterrichts.* Paderborn: Ferdinand Schöningh.

Mahaffy, P. (2004). The future shape of chemistry education. *Chemistry Education: Research and Practice, 3,* 229–245.

Nentwig, P., Parchmann, I., Gräsel, C., Ralle, B. & Demuth, R. (2007). Chemie im Kontext – A New Approach to Teaching Chemistry. *Journal of Chemical Education, 84* (9), 1439–1444.

Rumann, S. (2005). Säuren und Basen. Kooperatives Arbeiten beim Schülerexperiment mit Interaktionsboxen. *Naturwissenschaften im Unterricht Chemie*, 88 / 89, 57–59.

Schmidkunz, H. & Lindemann, H. (1992). *Das forschend-entwickelnde Unterrichtsverfahren. Problemlösen im naturwissenschaftlichen Unterricht*. Hohenwarsleben: Westarp Wissenschaften.

Sumfleth, E., Neuroth, J. & Leutner, D. (2010). Concept Mapping – eine Lernstrategie muss man lernen. *ChemKon, 17* (2), 66–70.

Wentorf, W. (2015). *Konzepte und Materialien für den naturwissenschaftlichen Wahl- und Wahlpflichtunterricht Klassen 7–10, Heft 2: Planspiel Wissenschaft – Konzept und Materialien zum Forschenden Lernen*. Hohengehren: Schneider Verlag.

CARSTEN TITTEL

CHEMIE – EIN FACH ZWISCHEN PRAKTISCHER EXPERIMENTIERTÄTIGKEIT UND THEORETISCHER MODELLARBEIT

Tittel, Carsten, StD, Fachleiter Chemie, Staatl. Seminar für Didaktik und Lehrerbildung (Gym.) Tübingen, Fachbereich Chemie; Arbeitsschwerpunkte: Fachsprache, Modellbildung, Experimentalunterricht

Welches fachwissenschaftliche und fachdidaktische Wissen und Können der Lehrperson ist aus Ihrer Sicht für die Qualität des Chemieunterrichts besonders wichtig?

Guter Chemieunterricht ist Experimentalunterricht! Ein guter Chemielehrer muss folglich selbst Experte im experimentellen Arbeiten sein – auf allen Ebenen. Dies beginnt bei den eigenen handwerklichen Fertigkeiten: Eine sichere, sachgerechte Handhabung von klassischen Laborgeräten und Chemikalien, aber auch dem entsprechenden Umgang mit im Chemieunterricht häufig eingesetzten „Alltagschemikalien" und didaktisch interessanten, alternativen Laborgeräten, z. B. aus der Medizintechnik. Es setzt sich fort mit einem soliden Fachwissen, das den Chemielehrerinnen und Chemielehrern beispielsweise ermöglicht in der Literatur gefundene Experimente an die jeweiligen örtlichen Gegebenheiten anzupassen. Schließlich benötigt die Chemielehrkraft fundiertes Wissen über das Experiment als Methode, einerseits auf fachwissenschaftlicher Ebene als Mittel zum Erkenntnisgewinn, andererseits aber auch auf fachdidaktischer Ebene, etwa über verschiedene

Formen und Einsatzmöglichkeiten des Experiments im Unterricht. Und letztlich muss die Chemielehrkraft auch in der Lage sein Experimente in einen Gedankengang einzubetten und sie zu inszenieren, um die Schülerinnen und Schüler zu begeistern und anzuregen.

Guter Chemieunterricht fördert das Denken in Modellen! Ein guter Chemielehrender muss folglich Experte im Bereich Modellbildung sein. Dies setzt voraus, dass er eine Vielzahl von Modellvorstellungen kennt, diese klar voneinander abgrenzen kann (d. h. möglichst selbst keine Hybridvorstellungen hat) und sich ihrer Stärken und Schwächen sowie ihrer Einsatzmöglichkeiten und Grenzen bewusst ist.

Guter Chemieunterricht zeichnet sich durch eine klare Fachsprache aus! Eine gute Chemielehrerin bzw. ein guter Chemielehrer beherrscht also Fachbegriffe und ihre Definitionen und ist deshalb in der Lage, sie selbst korrekt, eindeutig sowie klar abgegrenzt von Alltagssprache und Laborjargon einzusetzen und dies ebenso von den Lernenden einzufordern.

Guter Chemieunterricht nimmt seinen Ausgang von den Vorstellungen der Schülerinnen und Schüler! Eine gute Chemielehrkraft verfügt daher über ein fundiertes Wissen über typische Schülervorstellungen, das es ihr ermöglicht damit gezielt zu arbeiten und beispielsweise über das Schaffen kognitiver Konflikte einen Konzeptwechsel anzustoßen.

Guter Chemieunterricht befähigt die Schülerinnen und Schüler nicht (nur) die richtigen Antworten zu geben, sondern insbesondere auch die richtigen Fragen zu stellen! Ein guter Chemielehrender ist also immer auch geprägt von wissenschaftlicher Neugier und hat als gute Naturwissenschaftlerin und guter Naturwissenschaftler gelernt, Dinge zu hinterfragen.

Welche Qualitätsmerkmale halten Sie für den Chemieunterricht für essenziell?

Qualitativ hochwertiger Chemieunterricht ist geprägt von einer klaren Problemorientierung. Dabei ist darauf zu achten, dass die Schülerinnen und Schüler das Problem auch als solches wahrnehmen, es für sie eine Relevanz hat und sie es deshalb als Problem annehmen. Nur dann entsteht in der Breite einer Lerngruppe die Bereitschaft sich kognitiv aktiv mit Lösungsstrategien auseinander zu setzen. Nicht jede Fragestellung, die einer Lehrkraft interessant und sinnvoll erscheint, ist dies automatisch auch für die Lernenden. Im Idealfall formulieren die Lerner daher ihre Problemstellung selbst – die Lehrkraft liefert lediglich einen zur Auseinandersetzung motivierenden Problemgrund. Die beste Voraussetzung für eine durch breite Schülerbeteiligung geprägte Unterrichtsstunde ist ein von ihnen spontan gerauntes „Hä?“ zu Unterrichtsbeginn – wobei man die Fragezeichen der Neugier (nicht des Unverständnisses) regelrecht über den Schülerköpfen erahnen kann.

Extrem wichtig ist ein für die Lernenden deutlich erkennbarer roter Faden durch den Unterrichtsgang – sowohl in den einzelnen Stunden als auch innerhalb einer Unterrichtseinheit. Was trivial klingt ist in der Praxis häufig gar nicht so einfach umzusetzen. Immer wieder zeigt sich bei Unterrichtsbeobachtungen, dass die Lehrkraft zwar sehr wohl einen in sich stimmigen und logischen Aufbau wählt – allerdings aus der Sicht eines „Wissenden". Hier muss aber in besonderem Maße auf Schülervorstellungen Rücksicht genommen werden. Das Verfolgen des roten Fadens wird erleichtert durch eine klare Gliederung der Unterrichtsstunden in erkennbare Phasen. Schlüsselstellen sind die Übergänge zwischen den einzelnen Phasen. Hierbei ist immer wieder eine Rückbesinnung auf bereits Geleistetes hilfreich, um anschließend das weitere Vorgehen transparent zu machen: Was wurde bereits gemacht? Warum wurde es gemacht? Welches Problem gilt es zu lösen? Inwieweit hilft das Bearbeitete bei der Problemlösung? Welches könnten die nächsten Schritte sein?

Eine konsequente Trennung von Fragestellungen, Hypothesen, Beobachtungen und Folgerungen ist ebenso essenziell wie das stetige Verdeutlichen, ob eine Argumentation auf Stoff- oder Teilchenebene erfolgt.

Qualitativ hochwertiger Chemieunterricht unterstützt die Schülerinnen und Schüler in ihren individuellen Lernprozessen durch vielfältige, vertiefende Wiederholung bereits erworbener Fähigkeiten und Fertigkeiten an geeigneten Stellen. Nur so kann gewährleistet werden, dass die Lernenden über das nötige Rüstzeug zur Problemlösung auch tatsächlich anwendbar verfügen.

Welche Lernumgebungen und Lehr- / Lernformen halten Sie für einen wirksamen Chemieunterricht für besonders bedeutsam?

Entscheidend ist nicht die Frage nach einer bestimmten Methode oder einem bestimmten Unterrichtsverfahren. Entscheidend ist die Frage, wie das Wesen der Naturwissenschaft Chemie im Chemieunterricht abgebildet werden kann. Wirksamer Chemieunterricht stützt sich deshalb im Wesentlichen auf drei Säulen: Experiment, Modellarbeit und fachlichen Diskurs. In welcher Lernumgebung diese Säulen dann ihre tragende Rolle einnehmen, ist letztlich nachrangig.

Je nach Unterrichtsgegenstand kann frei oder stark angeleitet experimentiert werden: In Einzel-, Partner,- oder Gruppenarbeit, an einer Front, im Zirkelpraktikum oder an einer Experimentiertheke, arbeitsgleich oder arbeitsteilig, durch die Lehrkraft oder im Schülerpraktikum. Wichtig ist letztlich, dass das Experiment seine entscheidende Rolle beim naturwissenschaftlichen Erkenntnisgewinn auch im Unterricht einnimmt – und zwar als Mittel zum

Zweck, nicht als Selbstzweck, zum Aufwerfen und Beantworten von Fragen, nicht zum Erzielen eines Effektes!

Die Interpretation der experimentellen Befunde erfolgt in der Regel auf der Teilchenebene. Diese Abstraktion bereitet den Lernenden häufig erhebliche Schwierigkeiten. Wichtig ist deshalb das Integrieren von Arbeitsschritten an und mit Modellen. Die Möglichkeiten diese Modellarbeit methodisch umzusetzen sind wiederum vielfältig, letztlich entscheidend ist aber nicht das Wie, sondern das Ob.

Lediglich beim fachlichen Diskurs möchte ich doch – trotz der auch hier sicherlich gegebenen, weitreichenden schriftlichen sowie mündlichen Möglichkeiten der Umsetzung – eine ganz bestimmte Methode in den Fokus rücken. Obwohl etwas in Verruf geraten, erscheint mir das gelenkte Unterrichtsgespräch für einen wirksamen Chemieunterricht als besonders bedeutsam, insbesondere da es gut geführt sehr wohl kompetenz- und schülerorientiert sein kann. Es ist meines Erachtens deshalb so wirksam, weil die Lernenden nur im Gespräch mit Beteiligung eines Wissenden eine direkte Korrektur ihrer Aussagen erhalten. Dies ist bei der Vielzahl von Homonymen, Synonymen und Antonymen in der Sprache der Chemie höchst wichtig, denn in der Regel erkennen die Lernenden eine fachlich unpräzise Ausdrucksweise häufig nicht als problematisch. Da die Schule nicht genügend Raum für Einzelgespräche lässt, bleibt letztlich nur diese Möglichkeit. Gleichwohl stellt das gelenkte Unterrichtsgespräch sicherlich die Königsdisziplin für Lehrkräfte dar, da es ihnen ein Höchstmaß an fachlicher Qualität, geistiger Flexibilität, Aufmerksamkeit und Entscheidungsfreude abverlangt.

Wie sieht eine gute Differenzierung / Individualisierung Ihrer Meinung nach im Chemieunterricht aus?

Neben den Differenzierungsangeboten auf kognitiver Ebene, an die man meist zuerst denkt, spielen im Chemieunterricht Differenzierungsmöglichkeiten im motorischen Bereich, bezogen auf die experimentellen Fertigkeiten, ebenso eine zentrale Rolle. Dabei ist es notwendig, Experimente so zu gestalten, dass das hohe motivationale Potential von Schülerexperimenten bei möglichst allen Lernenden greifen kann. Es müssen also einerseits alle Schülerinnen und Schüler in angemessener Zeit erfolgreich experimentelle Ergebnisse erzielen können, andererseits dürfen geschickte Experimentatoren nicht unterfordert und letztlich durch das stetige Erzielen billiger Erfolge gelangweilt werden. Das Spektrum geeigneter Umsetzungsformen ist vielfältig und kann hier nicht im Einzelnen aufgeführt werden. Es reicht von arbeitsteiligen, experimentellen Arrangements, über zu durchlaufende Stationen mit Pflicht und Ergänzungsangeboten, bis hin zu Zusatzaufgaben bei Experimenten, die an einer Front durchgeführt werden. Daneben können

Lernende zur Durchführung von Demonstrationsexperimenten mit Schülerassistenz herangezogen werden oder experimentelle Hausaufgaben gegeben werden. Auch über eine gesteuerte Gruppenzusammensetzung kann im experimentellen Bereich vielfältig differenziert gearbeitet werden.

Im kognitiven Bereich sind meines Erachtens vor allem die unterschiedlichen Voraussetzungen der Lernenden in der Abstraktionsfähigkeit problematisch. Insbesondere beim Übergang von der Beobachtung auf Stoffebene zur Interpretation auf Teilchenebene sind deshalb vielfältige und angepasste Unterstützungsmöglichkeiten nötig und müssen in der Unterrichtsplanung berücksichtigt werden. Angefangen bei unterschiedlichen Formeldarstellungen über zweidimensionale Modelle hin zu Computeranimationen und dreidimensionalen Modellen zum „Begreifen" – auch im wahrsten Sinne des Wortes.

Gerade im gymnasialen Bereich, wo in der Regel nicht zieldifferent unterrichtet wird, können gestufte Hilfen sinnvoll und gezielt eingesetzt werden, um allen Schülerinnen und Schülern die individuelle Unterstützung zu geben, die zum Erreichen des gemeinsamen Lernziels notwendig ist. Darüber hinaus spielt hier auch die individuelle Förderung leistungsstarker und -williger Schülerinnen und Schüler durch besondere kognitive Forderung eine zunehmende Rolle. Dies kann im täglichen Unterricht beispielsweise durch Aufgaben zum Weiterdenken und Knobeln erreicht werden.

Welche immer wiederkehrenden fachspezifischen Herausforderungen im Unterrichtshandeln müssen Ihrer Meinung nach die Lehrpersonen bewältigen, um im Chemieunterricht eine angemessene Unterrichtsqualität garantieren zu können?

Diese Frage kann kurz durch Aufzählung weniger Stichworte beantwortet werden, da sie durch die Ausführungen zu den anderen Fragen letztlich redundant wird:

- Herstellen von Alltagsbezügen,
- Erfassen von Problemfragen,
- Organisation und Durchführung von Experimenten,
- Anleitung zur Modellarbeit,
- Umgang mit Schülervorstellungen,
- Visualisierungen,
- Anwenden der chemischen Fach- und besonders der Formelsprache,
- sachlogische Gliederung von Unterrichtsgängen inklusive der Gestaltung von Übergängen.

Worauf gilt es bei der Entwicklung und dem Einsatz von Aufgaben bzw. Aufgabensets im kompetenzorientierten Chemieunterricht besonders zu achten?

Eine Alltagserfahrung, die bestimmt jeder Lehrer kennt: Ein Schüler gibt eine an sich sachlich völlig korrekte Antwort – aber leider passt sie nicht zur Frage. Vorrangiges Ziel bei der Entwicklung von Aufgaben muss es also sein, dass der Bearbeiter eindeutig erfassen kann, was in welchem Umfang von ihm erwartet wird. Mittel der Wahl, um dies zu erreichen, ist die konsequente Verwendung von Operatoren bei der Formulierung von Aufgaben. Im Gegensatz zu einer Frage, an deren Ende ein Fragezeichen steht, endet eine Aufgabe daher auch meist mit einem Ausrufezeichen, welches den Aufforderungscharakter zusätzlich unterstreicht. Die Verwendung von Operatoren ist allerdings nur dann sinnvoll, wenn den Lernenden die Bedeutung der einzelnen Operatoren klar ist. Mit dem Einsatz operationalisierter Aufgaben wird es also notwendig, auch die Operatoren selbst zum Unterrichtsgegenstand zu machen, um ein Bewusstsein für das spezifische Anforderungsziel eines Operators zu entwickeln.

Bei der Entwicklung von Aufgabensets sollte darauf geachtet werden, dass alle Kompetenzbereiche in einem angemessenen Verhältnis abgebildet werden, d.h. Aufgaben nicht nur aus dem Bereich Fachwissen, sondern auch aus den Bereichen Erkenntnisgewinnung, Kommunikation und Bewertung gestellt werden. Dabei sollten gleichermaßen unterschiedliche Anforderungsniveaus bedient werden. Um Frustrationen zu vermeiden, muss darauf geachtet werden, dass die Lernenden Erfolgserlebnisse erzielen. Das heißt die Aufgaben sollten von der Lerngruppe bewältigt werden können, im Sinne einer Differenzierung auch durch unterstützende Maßnahmen, wie Zusatzmaterialien oder gestufte Hilfen. Der Tatsache, dass Kompetenzen erst entwickelt werden müssen, sollte dadurch Rechnung getragen werden, dass die Aufgaben an den jeweiligen Kompetenzstand der Lernenden angepasst sind und neu erlernte Kompetenzen durch geeignete Aufgaben in nachfolgenden Unterrichtssituationen wiederholt, geübt und gefestigt werden.

Da kompetenzorientierte Aufgaben häufig materialgebunden sind, kommt der stimmigen Auswahl geeigneter, motivierender und kognitiv aktivierender Materialien eine besondere Bedeutung zu.

Neben den Lernaufgaben sollten aber auch Diagnoseaufgaben intensiv eingesetzt werden. Einerseits um den Lernenden eine Rückmeldung über ihren Kompetenzstand zu geben, andererseits aber auch, um den Lehrenden gezielt Einblicke in die tatsächlichen Vorstellungen ihrer Schülerinnen und Schüler zu ermöglichen.

Welche Schritte empfehlen Sie aufgrund Ihrer wissenschaftlichen bzw. erfahrungsbasierten Expertise als „first steps" für angehende Chemielehrer/-innen, die sie für guten Chemieunterricht umsetzen können?

Ich möchte hier zehn Punkte anführen, die in Unterrichtsbesprechungen mit Referendarinnen und Referendaren immer wieder eine gewichtige Rolle spielen und die mir unabhängig von Unterrichtsinhalten oder gewählten Methoden als Grundvoraussetzungen für motivierten, gewinnbringenden Chemieunterricht erscheinen.

1. Sei begeistert von dem, was du tust und zeige diese Begeisterung! Nur wer selbst begeistert ist, kann andere begeistern, nur wer selbst fasziniert von der Naturwissenschaft Chemie ist, kann andere dafür faszinieren.
2. Emanzipiere dich von dem Chemieunterricht, den du selbst besucht hast! Es gibt auch andere, manchmal sogar bessere Wege. Finde einen Unterrichtsstil, der zu dir passt und mit dem du authentisch bleibst.
3. Höre genau zu, sieh genau hin! Höre das, was deine Schülerinnen und Schüler sagen, lies das, was sie schreiben und nicht das, was du hören oder lesen willst. Nimm wahr, was sie dir mitteilen wollen und was sie dir tatsächlich mitteilen und mach ihnen die Unterschiede bewusst.
4. Erarbeite dir ein umfangreiches experimentelles Repertoire und lerne, es gezielt, motivierend und erkenntnisfördernd einzusetzen!
5. Hinterfrage deine Ausdrucksweise und mache dir Fachbegriffe klar! Eigne dir dadurch eine präzise, eindeutige und klare Fachsprache an.
6. Ordne die Modellvorstellungen in deinem Kopf und mache dir deine eigenen Hybride bewusst! Entscheide dich dann begründet für den Einsatz geeigneter Modelle an den betreffenden Stellen.
7. Mache dir klar, wo Chemie in deiner Lebenswelt eine Rolle spielt und nutze dieses Potential, um dem Chemieunterricht für deine Schülerinnen und Schüler Relevanz zu geben!
8. Überlege dir immer, welche Möglichkeiten du hast, um die Unterrichtsinhalte auf möglichst unterschiedliche Art und Weise für die Lernenden zu visualisieren!
9. Lerne Fragen zu stellen und nicht Antworten zu geben und lehre ebenso deine Schülerinnen und Schüler, die richtigen Fragen zu stellen!
10. Beachte: Ein Experiment ist nichts anderes als eine gezielte Frage an die Natur! Aber wie bei den Menschen gibt auch die Natur auf eine dumme Frage zumeist eine dumme Antwort und nicht jede Antwort wird gleich und vor allem auch richtig verstanden.

Was ist Ihrer Ansicht nach das Besondere am Chemieunterricht?

Chemieunterricht zeichnet sich durch besondere Schwierigkeiten, aber auch besondere Chancen aus. Wenn die Schülerinnen und Schüler in den Anfangsunterricht des Faches Chemie kommen, haben sie bereits ihr ganzes Leben bewusst oder unbewusst Naturbeobachtungen gemacht und sind dabei häufig mit chemischen Phänomenen in Berührung gekommen. Der Versuch sich diese Beobachtungen selbst zu erklären, unterstützt durch häufig nichtwissenschaftliche Erklärungen nahestehender Vertrauenspersonen, führt zu einer Vielzahl stark verwurzelter Präkonzepte. Der behutsame Umgang mit diesen Schülervorstellungen und ihre Wandlung hin zu wissenschaftlichen Konzepten stellt eine der größten Herausforderungen für den Chemieunterricht dar.

Daneben bewegt man sich bei der Erklärung chemischer Phänomene in der Regel auf der Mikroebene, also in einem Bereich, der weder sicht- noch greifbar ist. Diese Abstraktion stellt nicht nur Kinder vor große Schwierigkeiten. Insbesondere dann, wenn im Chemieunterricht zu einem Zeitpunkt auf dieser Ebene argumentiert werden sollte, zu dem die Lernenden aus entwicklungspsychologischer Sicht noch gar nicht zu dieser Form der Abstraktion befähigt sind, wird es aber hochproblematisch.

Unterricht im Fach Chemie ist nicht nur naturwissenschaftlicher Unterricht, sondern stellt gleichzeitig auch eine Form von Fremdsprachenunterricht dar. Es muss eine große Zahl an Vokabeln gelehrt und gelernt werden, die zudem gleichzeitig auch noch alltagssprachliche Homonyme besitzen. Daneben sind mit der chemischen Formelsprache sozusagen eine eigene Schrift und eine spezielle Grammatik zu vermitteln. Gerade diese Punkte sind es, die bei vielen Schülerinnen und Schülern dazu führen das Fach Chemie als extrem schweres Schulfach anzusehen.

Demgegenüber steht das immense motivationale Potential der Chemie, das geschickt genutzt werden kann, ja muss: Einerseits die spannenden, faszinierenden Versuche, die trotz der aktuellen Sicherheitsdiskussionen möglich sind und sehr häufig sogar von den Lernenden selbst durchgeführt werden können, andererseits die hohe Alltagsrelevanz für jeden Einzelnen. Was wären wir ohne Chemie – schlicht nicht existent! Gerade diese Bedeutung muss den Lernenden aber häufig erst vor Augen geführt werden. Nicht selten ist bei ihnen das Fach Chemie durch die häusliche Umgebung, aber auch durch mediale Einflüsse – z. B. den Slogan „frei von Chemie“ als Werbebotschaft – zunächst stark negativ konnotiert.

Welche zentralen Merkmale des forschenden Lernens halten Sie für notwendig, um Chemieunterricht wirksam zu gestalten?

Im Wesentlichen sind diese zentralen Merkmale schon bei vorangestellten Fragen angesprochen worden. Im Gegensatz zur Hochschule, in der forschendes Lernen seinen Ursprung hat, kann die Methode in der Schule in etwas abgeschwächter Form angewendet werden. Ausgangspunkt sollte eine Forschungsfrage an die Natur zu einem für die Lernenden relevanten Problem – möglichst mit lebensweltlichem Bezug – sein. Die Erfassung und Formulierung dieser **Problemstellung** ist ein zentraler Schritt, der aber häufig noch stark durch die Lehrkraft begleitet werden muss. Die Bearbeitung des Problems sollte die Schülerinnen und Schüler zu einer für sie neuen Erkenntnis führen. Je nach Leistungsfähigkeit erarbeiten die Lernenden einen **Lösungsvorschlag** mit oder ohne Hypothesenbildung. Die bevorzugte Methode des Erkenntnisgewinns sollte dabei – in Anlehnung an die Methodik naturwissenschaftlicher Forschung – das **Experiment** sein. In möglichst **schülerzentrierten**, kooperativen Lernformen planen die Lernenden die Experimente, führen sie eigenständig durch und dokumentieren Vorgehen und Ergebnisse in angemessener Form. Anschließend erfolgt die **Auswertung** und **Sicherung** der Ergebnisse, in der Regel verbunden mit einer geeigneten Form der Abstraktion, z. B. durch Anwendung von Formeln, Modellen oder Gleichungen. Hier ist meist wieder eine stärkere Unterstützung durch die Lehrkraft nötig. Als besonders motivierend für interessierte und leistungsstarke Schülerinnen und Schüler empfinde ich es, wenn – wie in den Naturwissenschaften üblich – die Beantwortung der einen Frage gleichzeitig eine Fülle weiterführender Fragen aufwirft. Die häufig geforderte „Veröffentlichung" beziehungsweise wissenschaftliche Kommunikation der Ergebnisse spielt im schulischen Bereich meines Erachtens eine untergeordnete Rolle und hat keine wesentlichen Auswirkungen auf die Wirksamkeit des Unterrichts. Von essenzieller Wichtigkeit hingegen sind das **Anwenden** der neuen Erkenntnisse und der **Transfer** auf ähnliche Fragestellungen. Dafür und für das damit verbundene Üben und Festigen fehlt bei „vollen" Bildungsplänen allerdings meist die Zeit. Daher ist der hohe zeitliche Aufwand für die Erarbeitung neuer Lerninhalte mit Methoden des forschenden Lernens auch ein häufig angeführter Kritikpunkt und sicherlich mitverantwortlich für den relativ seltenen Einsatz dieser Art des Chemieunterrichts.

Welche fachlichen und fachdidaktischen Aspekte erachten Sie als bedeutsam, damit das Lernen zum Wesen der Naturwissenschaften wirksam wird?

Im Wesentlichen müssen zwei Aspekte des naturwissenschaftlichen Arbeitens verstärkt in den Fokus genommen werden: das Experiment und die

Modellbildung. In stark vereinfachter Weise wird im schulischen Umfeld jede praktische Tätigkeit von Lehrenden oder Lernenden bereits als experimentelles Arbeiten bezeichnet. Wird dies auch im Unterricht so gelebt, verstärkt es die bei Schülerinnen und Schülern stark verhaftete Meinung, das Wesen eines Versuchs bestünde im Erzielen eines gewünschten Effektes. In der Regel herrscht im Chemieunterricht eine Kultur des „positiv testing" vor, d. h. Versuche werden immer so geplant, dass sie eine begründete Erwartung bestätigen, indem tatsächlich auch etwas Auffälliges geschieht. In der Folge geht dies soweit, dass die Lernenden letztlich auch dann ihre Erwartungen als Beobachtung formulieren, wenn derartiges gar nicht zu erkennen war oder sie sind der Meinung ein Versuch habe nicht funktioniert, weil er ein anderes als das erwartete Ergebnis brachte. Experimentelles Arbeiten aber ist wesentlich mehr als bloßes praktisches Arbeiten. Es schließt Dinge wie Hypothesenbildung, deren Verifikation oder Falsifikation, Erkennen von Variablen, Parameterkontrolle, Durchführung von Blind- und Gegenproben usw. ein. Dieses Lernen über das Experiment muss daher integraler Bestandteil eines erfolgreichen naturwissenschaftlichen Unterrichts sein und an geeigneten Stellen immer wieder exemplarisch umgesetzt werden. Schülerinnen und Schüler haben in aller Regel die Erwartungshaltung, es gäbe die eine, „richtige" Vorstellung über den Aufbau der Materie. Dies wird häufig auch spätestens bei der zweiten Erweiterung einer Modellvorstellung so artikuliert. Es fällt ihnen schwer, zu akzeptieren, dass die Begriffe „richtig" oder „falsch" beim Denken in Modellen nicht anwendbar sind. Ebenso muss ihnen immer wieder bewusst gemacht werden, dass eine Modellvorstellung über den Aufbau der Materie kein vergrößertes Abbild der Wirklichkeit darstellt, sondern lediglich ein Konstrukt ist, um Beobachtungen zu erklären und Voraussagen treffen zu können. Wichtig ist es daher, den Lernenden im Chemieunterricht nicht nur bestimmte etablierte Modellvorstellungen zu vermitteln und sie damit arbeiten zu lassen, sondern sie auch mit dem Denken in Modellen als naturwissenschaftliche Arbeitsmethode intensiv vertraut zu machen.

Welchen Umgang mit herkömmlichen bzw. neuen Medien empfehlen Sie im Chemieunterricht?

Die Möglichkeiten neue Medien im Chemieunterricht einzusetzen sind sicher vielfältig gegeben. Die Frage, die sich stellt, ist aber letztlich immer die Gleiche: Ergibt sich durch ihren Einsatz ein Mehrwert und wenn ja, ist dieser hinreichend groß, um die damit verbundenen Kosten, den zumeist höheren Arbeitsaufwand und das häufig höhere Risiko (ein Buch funktioniert immer, das Internet, der Computer, das Tablet oder das Whiteboard mitnichten) zu rechtfertigen. Nur wenn diese Frage mit ja beantwortet werden kann, ist der Einsatz meines Erachtens nach angezeigt.

Neue Medien können die herkömmlichen Medien äußerst sinnvoll ergänzen, aber in den seltensten Fällen ersetzen. Ein real durchgeführter Versuch ist motivierender und allemal besser als ein Video. Eine Aufnahme des eigenen Versuchs, die ich mir mehrfach auch zu Hause und dies gegebenenfalls in Zeitlupe oder im Zeitraffer ansehen, an relevanten Stellen stoppen und einen Ausschnitt vergrößert betrachten kann usw., erweitert die Möglichkeiten der Auswertung allerdings ungemein. Eine rotierende dreidimensionale Moleküldarstellung im Computer kann ein gegenständliches Modell zum Anfassen kaum ersetzen, bietet aber eine weitere ergänzende Möglichkeit der Visualisierung. Smartphones und Tablets enthalten eine Vielzahl an Sensoren, die zur Messwerterfassung eingesetzt werden könnten, aber häufig für den Laien nur schwer adaptierbar sind. Gelingt es allerdings, erhalten die Lernenden auf unkomplizierte Weise die Möglichkeit der häuslichen Bearbeitung.

MAIK WALPUSKI / ELKE SUMFLETH / STEFAN RUMANN

DIE CHEMIELEHRKRAFT ALS EXPERTE FÜR FACHWISSENSCHAFTLICHE UND FACHDIDAKTISCHE ASPEKTE

EIN EINBLICK IN DEN AKTUELLEN STAND DER FORSCHUNG

Walpuski, Maik, Prof. Dr., Universität Duisburg-Essen, Didaktik der Chemie; Arbeitsschwerpunkte: chemiebezogene empirische Lehr-Lernforschung in Schule und Hochschule, Kompetenzmodellierung und -messung, Experimentiersituationen

Sumfleth, Elke, Prof. Dr., Universität Duisburg-Essen, Didaktik der Chemie; Arbeitsschwerpunkte: chemiebezogene empirische Lehr-Lernforschung in Schule und Hochschule; Entwicklung und Evaluation von Unterrichtsmaterialien für den Chemieunterricht

Rumann, Stefan, Prof. Dr., Universität Duisburg-Essen, Didaktik der Chemie, Arbeitsschwerpunkte: Chemiebezogene empirische Lehr-Lernforschung in Schule und Hochschule; Lehrerprofessionalisierung, chemiebezogenes Problemlösen

Welches fachwissenschaftliche und fachdidaktische Wissen und Können der Lehrperson ist aus Ihrer Sicht für die Qualität des Chemieunterrichts besonders wichtig?

Unter der Perspektive des Professionswissens ist festzuhalten, dass die zur Zeit in besonderem Maße diskutierten drei Dimensionen pädagogisch-psychologisches Wissen (pedagogical knowledge, PK), fachdidaktisches Wissen (pedagogical content knowledge, PCK) und Fachwissen (content knowledge, CK) als für eine effektive Unterrichtsgestaltung und die Unterrichtsqualität bedeutsam betrachtet werden müssen. Aus der Perspektive der Chemie ergibt sich damit die besondere Bedeutung von chemiebezogenem Fachwissen und chemiedidaktischem Wissen. Die unterschiedlichen Analysen in den letzten Jahren haben gezeigt, dass beide Dimensionen einerseits voneinander getrennt erhoben werden können und dass andererseits die Kompetenzen in den beiden Bereichen nicht zusammenfallen. Jedoch besteht eine deutliche Korrelation von ca. .4 bis .5 zwischen beiden Dimensionen. Die Korrelation zwischen chemiebezogenem Fachwissen und pädagogischem Wissen ist nur halb so groß.

Die Unterschiede, die im CK und im PCK bei Lehrkräften unterschiedlicher Schulformen festgestellt werden, sind in erster Linie auf den unterschiedlichen Umfang im CK zurückzuführen, der nicht zuletzt durch die geringere Zahl an Lerngelegenheiten in diesem Bereich in der Haupt- und Realschullehrerausbildung zurückzuführen ist. Bei Kontrolle des Fachwissens verschwinden die Unterschiede im chemiedidaktischen Wissen.

Studien zum Professionswissen operationalisieren chemiebezogenes Fachwissen in der Regel als vertieftes Schulwissen im Sinne eines über das Schulcurriculum hinausgehenden, vertieften Wissens, aber nicht als universitäres forschungsbezogenes Wissen. In diesem Bereich wird ein Konsens schwer herzustellen sein. Alle Untersuchungen thematisieren immer nur ausgewählte Bereiche des gymnasialen Curriculums, Standards für die Lehrerausbildung und empfohlene, inhaltliche Curricular entbehren nicht einer gewissen Zufälligkeit. Hierbei ist allerdings leicht Konsens zu erzielen, wenn man auf die klassischen Inhalte der allgemeinen Chemie schaut sowie auf die Inhalte des Grundstudiums in der anorganischen, organischen und physikalischen Chemie (inkl. Elektrochemie; welche in der universitären Ausbildung leider häufig nur nachrangig behandelt wird). Darüber hinaus sind vertiefte Kenntnisse in stärker anwendungsbezogenen Bereichen der Umweltchemie, der Nanochemie und der biologisch-medizinischen Chemie sicher sinnvoll – nicht zuletzt, um in kontextbezogenen Unterrichtseinheiten wesentliche Zusammenhänge erschließen zu können.

Auch das fachdidaktische Wissen ist bis heute immer nur zu verschiedenen Facetten erhoben worden und niemals mit dem Anspruch umfassende Aussagen zum Wissenskanon machen zu wollen. Besonders häufig – und damit vielleicht besonders wichtig für den Chemieunterricht – sind dabei folgende Facetten diskutiert worden: Experimente (Kanon von Schulexperimenten unter Berücksichtigung gesetzlicher Regelungen in Gefahrstoffverordnungen einerseits und Funktionen von Experimenten andererseits sowie deren Einbindung in den Unterrichtsprozess), Modelle und Modelldenken und Schülervorstellungen. Hinzukommen aber auch die Adaption von allgemeinen Lehr- und Lernstrategien für den Chemieunterricht, Maßnahmen zur Unterrichts- und Inhaltsstrukturierung, Unterrichtsqualität, Kompetenzorientierung und Bildungsstandards sowie Kontexte, Fach- und Formelsprache (fachbezogene Kommunikationsprozesse) und Aufgabenentwicklung.

Welche Qualitätsmerkmale halten Sie für den Chemieunterricht für essenziell?

Die durch die TIMS-Studien II und III beschriebenen Leistungsergebnisse dokumentierten eine unterschiedliche Produktqualität des Unterrichts in den teilnehmenden Ländern. Hierdurch rückte zunehmend die Erfassung der Qualität des Unterrichtsprozesses in den Fokus der Forschung, welche seit Ende der neunziger Jahre national und international über verschiedene Videostudien erhoben wird. Das Zusammenspiel von Prozess- und Produktqualität stellt z.B. Einsiedler (2002) heraus, der Unterrichtsqualität als „ein Bündel von Unterrichtsmerkmalen, die sich als Bedingungsseite (Prozessqualität) auf Unterrichts- und Erziehungsziele (Produktqualität) positiv auswirken" definiert. Auf eine ähnliche Annahme gründen weitere Modelle von Unterrichtsqualität, wie zum Beispiel das systemische Modell von Unterrichtsqualität (Reusser & Pauli, 2003) oder auch das Unterrichtsqualitätsmodell nach Helmke (2015). Deshalb wird die Frage, welche Merkmale einen guten Unterricht ausmachen, häufig allgemein und nicht fachspezifisch beantwortet. Auf Grundlage empirischer Untersuchungen werden dabei Listen von Qualitätsmerkmalen postuliert, die sich in wesentlichen Punkten ähnlich sind. Exemplarisch kann man z.B. die Liste von Helmke (2009) heranziehen: Klassenführung, Klarheit und Strukturiertheit, Konsolidierung, Sicherung, Aktivierung, Motivierung, lernförderliches Klima, Schülerorientierung, Kompetenzorientierung, Umgang mit Heterogenität und Angebotsvielfalt.

Vieles spricht dafür, dass diese Merkmale auch für guten Chemieunterricht essenziell sind. Ergänzend sind jedoch die Fachdidaktiken gefordert fachspezifische Eigenarten und Prozesse bei der Erfassung von Unterrichtsqualität aufzuklären. Frühe Studien thematisierten hier eher die Sichtstruktur des Unterrichts, während aktuelle Studien zunehmend die Tiefenstruktur in den Blick nehmen. Auf Ebene der Sichtstruktur weiß man, dass Schülerideen von den Lehrenden kaum aufgegriffen und weiterentwickelt werden (Sumfleth & Pitton, 1998) und dass im Chemieunterricht sehr große Anteile der Unterrichtszeit auf das Experimentieren verwendet (63 %) werden, jedoch nur relativ geringe Zeitanteile auf die Planung von Experimenten (17 %) und auf das Auswerten (20 %) (Walpuski & Schulz, 2011). Dies steht im klaren Widerspruch zu Videostudien, die zeigen, dass Unterricht, der weniger Zeit für das Experimentieren aufwendet, dafür aber der Auswertung auf Basis der Erklärungsansätze der Schülerinnen und Schüler viel Zeit widmet, die besten Ergebnisse für die Entwicklung naturwissenschaftlicher Kompetenzen und naturwissenschaftsbezogener Interessen erzielt (Seidel, Prenzel, Wittwer & Schwindt, 2007). Auch Schulz (2011) konnte den Anteil an Schülererklärungen im Chemieunterricht als einen lernförderlichen Faktor identifizieren. In der gleichen Studie konnte gezeigt werden, dass eine klare Problem- oder Fragestellung, das Einbringen von Vorwissen sowie eine gute Nachvollziehbarkeit von Experimenten einen hohen Zusammenhang zum Lernzuwachs der Schülerinnen und Schüler aufweisen. Bezogen auf die Tiefenstruktur des Unterrichts kann auf Studien aus dem Physikunterricht zurückgegriffen werden. Hier wurde von Trendel, Wackermann und Fischer (2007) geprüft, inwieweit eine Strukturierung des Unterrichts nach den Basismodellen von Oser und Baeriswyl (2001) den Unterricht positiv beeinflusst. Die den Basismodellen zugeordneten Handlungsketten sind dazu den besonderen Bedingungen des Physikunterrichts in Teilen angepasst worden. Über Videoanalysen konnte anschließend ein Zusammenhang zwischen Lehrzielen der Lehrkräfte und Lernhandlungen der Schülerinnen und Schüler hergestellt werden. Außerdem ließ sich zeigen, dass die Basismodelle *Lernen durch Erfahrung, Konzeptbildung* und *Problemlösen* mehr als 80 % des beobachteten Physikunterrichts strukturieren (Reyer, 2004; Trendel et al., 2007). Zander, Krabbe & Fischer (2013) untersuchten in der Folge die Wirksamkeit einer Lehrerfortbildung zur lernprozessorientierten Unterrichtssequenzierung anhand der Basismodelle. Auf Schülerebene konnte eine signifikante Erhöhung des Lernerfolgs im Vergleich zur Kontrollgruppe nachgewiesen werden. Es ist anzunehmen, dass diese Ergebnisse für den Chemieunterricht in ähnlicher Form gelten, eine empirische Prüfung steht jedoch noch aus.

Zusammengefasst kann man festhalten, dass Experimenten im Chemieunterricht häufig eine große Bedeutung zugeschrieben wird, die sich auch in der dafür aufgewendeten Zeit widerspiegelt. Positiv auf den Lernerfolg der Schülerinnen und Schüler wirken sich Experimente aber nur dann aus, wenn sie für die Lernenden nachvollziehbar sind und in angemessenem Umfang ausgewertet werden. Dabei müssen Schülerinnen und Schüler kognitiv aktiviert werden und die Möglichkeit haben, in erheblichem Umfang eigene Erklärungen in die Auswertephase einzubringen.

Welche Lernumgebungen und Lehr-/Lernformen halten Sie für einen wirksamen Chemieunterricht für besonders bedeutsam?

Aufgrund der vielfältigen Faktoren, welche die Unterrichtsqualität, insbesondere auf der Tiefenstrukturebene, beeinflussen, erscheint es wenig sinnvoll, eine bestimmte Unterrichtsmethode zu empfehlen, die im Chemieunterricht angewendet werden soll. Vielmehr sind die Methoden vor dem Hintergrund zu prüfen, ob sie die bekannten Qualitätskriterien erfüllen. Vergleichsweise gut erforscht ist die Methode des problemlösenden Experimentierens in Kleingruppen. Zu diesem Zweck werden u. a. Interaktionsboxen verwendet, die eine Beschreibung des Problems (Arbeitsauftrag) sowie Experimentiermaterialien und Chemikalien zur Problemlösung umfassen (Sumfleth, Rumann & Nicolai, 2004). Eine durch Interaktionsboxen gestaltete Lernumgebung ermöglicht es Lernenden in kooperativen Arbeitsphasen und ohne Intervention durch die Lehrkraft ihre eigenen Lösungswege umzusetzen. Optimalerweise bieten die Boxen mehrere richtige Lösungswege an, aber auch die gezielte Möglichkeit bekannte Fehlvorstellungen zu falsifizieren. So werden Schülerinnen und Schüler nicht dazu verleitet anzunehmen, es gäbe eine einzige korrekte Lösung. Über einen kognitiven Konflikt wird ggf. das Nachdenken über das Problem angeregt.

Während der Bearbeitung sollte die Lehrkraft helfend zur Seite stehen, indem sie auf Nachfrage Feedback zur Sinnhaftigkeit von Ideen oder geplanten Experimenten gibt. Für das Feedback konnte von Walpuski (2006) ein signifikant positiver Einfluss auf den Lernerfolg nachgewiesen werden. Auch hat sich als förderlich erwiesen, wenn Schülerinnen und Schüler die Struktur des Experimentierprozesses im Vorfeld in Form eines Trainings erarbeiten (Wahser, 2007), wohingegen eine Hilfe zur Strukturierung während des eigentlichen Experimentierens wirkungslos bleibt (Walpuski, 2006).

Im Hinblick auf den Einfluss der Lernumgebung wird häufig die Einbindung von Kontexten in den Unterricht gefordert. Hierzu kann man sagen, dass sich für alltagsbezogene Kontexte keine generelle Lernförderlichkeit ableiten lässt. Fechner (2009) konnte – ebenfalls am Beispiel von Interaktionsboxen – nachweisen, dass sich verschiedene Kontexte in ihrer Interessantheit und Lernwirksamkeit signifikant unterscheiden, wobei das situationale Interesse einen signifikanten Mediationseffekt auf die Lernleistung hat.

Besonders interessewirksam sind Kontexte, die als »besonders« – und eben nicht »alltäglich » – wahrgenommen werden (van Vorst, 2013). Die Aktualität der Gegenstände scheint dabei von sekundärer Bedeutung – „verkürzt gesagt: Schülerinnen und Schüler lernen zum Thema Kernphysik nicht deswegen »lieber«, weil die Reaktorkatastrophe von Fukushima erst vor kurzem geschehen ist, sondern weil sie eine Besonderheit gegenüber dem Alltag darstellt" (Emden und Sumfleth, 2015, S. 102). Unterricht könnte also dann als besonders spannend wahrgenommen, wenn „besondere", ungewohnte und unbekannte Phänomene thematisiert werden. Dennoch ist in jedem Fall die Komplexität der Problemsituation zu berücksichtigen, um einer möglichen Überforderung vorzubeugen.

Wie sieht eine gute Differenzierung / Individualisierung Ihrer Meinung nach im Chemieunterricht aus?

Individuelle Förderung setzt eine geeignete Diagnose voraus, mit der der individuelle Förderbedarf aufgedeckt wird. Für die Implementierung in den Schulalltag bedarf es folglich praktikabler Diagnose- sowie Unterrichtsmethoden (Kallweit, Anus & Melle, 2015).

Hierzu eignen sich Multiple-Choice-Items, wenn vor allem die Distraktoren sinnvoll formuliert sind. Mit Hilfe von Musterlösungen oder Schablonen kann die Auswertung der Antworten von den Schülerinnen und Schülern selbst durchgeführt werden. Dann sollte den Lernenden transparent dargestellt werden, mit welchen Übungsmaterialien der Förderbedarf gedeckt werden kann.

Mit Selbsteinschätzungsbögen und Partnerdiagnosetests können die Schülerinnen und Schüler ihren individuellen Förderbedarf eigenverantwortlich diagnostizieren. Bei der Konzeption solcher Selbsteinschätzungsbögen helfen Kompetenzraster. Auch hier sollten auf dem Selbsteinschätzungsbogen Hinweise zu Übungsmaterialien gegeben werden, mit denen die einzelnen Kompetenzen gefördert werden können. Partnerdiagnosetests unterstützen die Kommunikation der Schülerinnen und Schüler über fachlich korrekte oder falsche Aussagen und damit die Reflektion der eigenen Fähigkeiten und Vorstellungen, die zu einer objektiveren Selbsteinschätzung führen kann. Allerdings sollten Partnerdiagnosetests nur gemeinsam mit einer verbindlichen Korrektur anhand von Musterlösungen oder in gemeinsamen Besprechung im Plenum eingesetzt werden.

Welche immer wiederkehrenden fachspezifischen Herausforderungen im Unterrichtshandeln müssen Ihrer Meinung nach die Lehrpersonen bewältigen, um im Chemieunterricht eine angemessene Unterrichtsqualität garantieren zu können?

Viele Situationen im Chemieunterricht hängen unmittelbar mit Unterrichtsqualitätsmerkmalen zusammen. Ein weiterer Aspekt, der für den Chemieunterricht eine große Bedeutung hat, ist die Fachsprache. Ein sinnvoller Umgang mit Schüleräußerungen bzw. das Erkennen fachsprachlicher Defizite der Schülerinnen und Schüler spielt eine bedeutsame Rolle für gelingenden Chemieunterricht. Schülerinnen und Schüler müssen zum einen lernen, gesprochene und geschriebene Chemietexte zu verstehen und zum anderen im Unterricht regelmäßig selbständig chemische Zusammenhänge zu formulieren. Knobloch et al (2013) konnten zeigen, dass Schülerinnen und Schüler, die in der Lage sind ihr chemisches Fachwissen adäquat zu formulieren und die im Unterricht dazu Gelegenheit bekommen, mehr Fachwissen erwerben, als Schülerinnen und Schüler, die dieses nicht tun. Damit ist die Förderung fachsprachlicher Fertigkeiten eine Daueraufgabe des Chemieunterrichts (Emden, Özcan & Sumfleth, 2015). Fachsprachliche Defizite können zu substanziellen Missverständnissen führen. Deshalb sollte auf sprachliche Besonderheiten aufmerksam gemacht werden, korrekte fachsprachliche Strukturen und Werkzeuge explizit eingeführt und geübt werden.

Eine weitere fachspezifische Herausforderung besteht in der sinnvollen, kognitiv aktivierenden Einbindung des Experiments in den gesamten Unterrichtsgang. Neben dem kochbuchartigen Abarbeiten von Experimentiervorschriften ist hierbei insbesondere der Einsatz von hypothesenprüfenden Experimenten ohne eine explizit im Unterricht geäußerte Fragestellung zu vermeiden. Vielmehr muss deutlich werden, dass hypothesenprüfende Experimente immer funktional der Beantwortung einer Fragestellung dienen. Dieser Bezug muss auch bei der Deutung des Experimentes expliziert werden, sodass die Deutung nicht allein einer Interpretation der Beobachtung dient, sondern mit ihr auch die eingangs gestellte Frage beantwortet wird. In diesem Zusammenhang sind reine Erarbeitungsexperimente kritisch zu sehen, da ihre erkenntnisgewinnende Funktion erst in der Rückschau deutlich wird, sodass von einer kognitiven Aktivierung während der Experimentierphase nicht ausgegangen werden kann.

Worauf gilt es bei der Entwicklung und dem Einsatz von Aufgaben bzw. Aufgabensets im kompetenzorientierten Chemieunterricht besonders zu achten?

Ein zeitgemäßer Aufgabeneinsatz setzt zunächst überhaupt die Entwicklung und den Einsatz von Lernaufgaben im Unterricht voraus. Aus Untersuchungen zum Aufgabeneinsatz ist bekannt, dass neben Aufgaben mit einem reproduktiven Anforderungsniveau insbesondere solche Aufgaben eingesetzt werden, die ein konvergentes, d.h. schlussfolgerndes, Denken erfordern. Vergleichsweise selten werden hingegen Aufgaben eingesetzt, die ein divergentes Denken fördern und durch die Entwicklung von vergleichenden, alternativen Handlungsoptionen gekennzeichnet sind. Diese ist allerdings eine Vorrausetzung für die Entwicklung einer Bewertungskompetenz

Neben einer Erweiterung des kognitiven Anforderungsniveaus ist für den Chemieunterricht eine stärkere Entwicklung von Lernaufgaben wünschenswert. Mit Blick auf das Aufgabenformat sind hierbei zum einen an Worked-Examples (Lösungsbeispiele) zu denken. Worked Examples fordern und fördern die Selbstregulationsfähigkeit der Lernenden, da in ihnen komplexe Problemstellungen in Einzelschritte zerlegt werden, ohne dabei die Gesamtkomplexität der Aufgabenstellung zu verlieren. Das Aufzeigen von Einzelschritten dient hierbei auch der (Vor-)Strukturierung des Problemraums. Bei der Bearbeitung von Worked Examples werden die Lernenden durch die Darbietung von metakognitiven Prompts angeregt, sich mit dem Lerninhalt aktiv auseinanderzusetzen und ihre Strategien zu hinterfragen. Hierbei ähnelt die Vorgehensweise dem Einsatz von Aufgaben mit gestuften Lernhilfen.

Zum anderen erfordert ein kompetenzorientierter Aufgabeneinsatz einen stärkeren Einsatz von Lernaufgaben im Sinne eines formativen Assessments. Hier wird den Lernenden eine – unbenotete – Rückmeldung über ihren Lernstand sowie über etwaige Defizite gegeben. Dabei ist es sinnvoll die Lernaufgaben binnendifferenziert mit Hinblick auf Ihr Anforderungsniveau anzulegen, um die Lernenden bei der Aufgabenbearbeitung in der Zone ihrer proximalen Entwicklung anzusprechen.

Welche Schritte empfehlen Sie aufgrund Ihrer wissenschaftlichen bzw. erfahrungsbasierten Expertise als „first steps" für angehende Chemielehrer/-innen, die sie für guten Chemieunterricht umsetzen können?

Grundlegend für einen erfolgreichen Chemieunterricht sind die allgemeinen Unterrichtsqualitätskriterien. Eine – auch sprachlich – klare Vorstellung darüber, was das zentrale Anliegen der Stunde ist und welche kognitiven Operationen hierfür schülerseits durchgeführt werden müssen, erscheint essenziell. Klarheit im Unterricht drückt sich insbesondere an Schlüsselstellen durch eine präzise Sprache der Lehrkraft aus. Diese Schlüsselstellen sind zu antizipieren und entsprechende Fragen, Arbeitsaufträge o.ä. im Vorfeld sauber auszuformulieren.

Aus chemiespezifischer Sicht rückt bei der Unterrichtsplanung auch hier wieder das Experiment in den Mittelpunkt. Hilfreich für Berufsanfängerinnen und Berufsanfänger ist eine klare Kenntnis darüber, welche kognitionspsychologische Funktion ein Experiment in Abhängigkeit von der konkreten Unterrichtsstunde aufweist. Das beinhaltet auch prozedurales Wissen über die funktionale Unterschiedlichkeit ein und desselben Experimentes in unterschiedlichen Unterrichtsverläufen (Entwicklung einer Fragestellung vs. Hypothesenprüfung).

Außerdem besteht eine zentrale Herausforderung in der geringen Transferleistung der Lernenden im Umgang mit der Formelsprache (z. B. sicherer Umgang in der Unterscheidung von Koeffizienten und Indices). Diese Unsicherheit bildet sich häufig in der Unterrichtssprache der Lernenden ab, wenn beispielsweise im Unterrichtsgespräch nicht nur die Unterscheidung von Atomen und Molekülen (meist heißt es dann „Teilchen") sondern auch die von Stoffen und Molekülen bzw. Ionen ausbleibt. Deshalb sollten angehende Lehrerinnen und Lehrer über die zugrundeliegenden Missverständnisse auf der Ebene des Diskontinuums sensibilisiert sein und etwaigen Defiziten im Unterrichtsgespräch nachgehen können.

Was ist Ihrer Ansicht nach das Besondere am Chemieunterricht?

Das Besondere am Chemieunterricht stellt die experimentgestützte Interpretation makroskopischer Phänomene auf der Ebene des Diskontinuums unter Verwendung der Formelsprache dar. Damit gehen häufig charakteristische Schwierigkeiten aber auch Potenziale beim Lernen einher, die in dieser Form einzigartig für das Fach Chemie sind. So beschreiben Bernholt et al. (2012) drei schwierigkeitserzeugende Aspekte bezogen auf das Erlernen der Formelsprache: 1. Mangelndes Beherrschen der Symbolsprache (bspw. Funktion von Indices vs. stöchiometrischer Koeffizienten), 2. ungenaue Differenzierung zwischen Formeltypen (Strukturformel vs. Summenformel) und 3. fehlerhafte Verknüpfung zwischen symbolischer Darstellung und dem zugrundeliegenden Teilchenkonzept. Die – anhaltende – Herausforderung des Chemieunterrichts besteht nun darin, das sich in Schüleräußerungen oder Niederschriften zu erkennen gebende Unverstandene zu hinterfragen, anstatt es bloß in einer kurzen sprachlichen Intervention der Lehrkraft zu korrigieren. Wenn bspw. von einem „Natriumchloridmolekül" gesprochen, aus einem Kochsalzgittermodell die „Summenformel" Na_6Cl_6 abgeleitet wird oder bei der Reaktionsgleichung für die Kochsalzsynthese „2Cl" statt Cl_2 aufgeführt werden.

Neben dem Erwerb der Formelsprache stellt die Methode des Experimentierens ein Charakteristikum des Chemieunterrichts dar. Aufgrund der zentralen Stellung des Experimentierens liegt ein Spezifikum des Chemieunterrichts in der Vermittlung der experimentellen Methode – in technischer wie auch in erkenntnistheoretischer Hinsicht. Schülerinnen und Schüler erkennen, dass mithilfe der induktiven Methode neue Gesetzmäßigkeiten postuliert werden können, werden aber auch für die Induktionsproblematik sensibilisiert. Der Chemieunterricht vermittelt ferner das Potenzial der Prognosefähigkeit der deduktiven Methode. Hierin unterscheidet sich der Chemieunterricht von den eher hermeneutischen Unterrichtsfächern der Geisteswissenschaften maßgeblich.

Welche fachlichen und fachdidaktischen Aspekte erachten Sie als bedeutsam, damit das Lernen zum Wesen der Naturwissenschaften wirksam wird?

Entscheidend für eine lernwirksame Behandlung des Wesens der Naturwissenschaften ist die experimentelle Kompetenz sowie eine bewusste Metaebene, die Disposition der Lehrkraft zu der Thematik umfasst. Bezüglich der experimentellen Kompetenz von Lehrkräften ist zunächst festzuhalten, dass die hierunter zu fassenden Fähigkeiten auf dem Grenzgebiet zwischen Fachwissenschaft und Fachdidaktik liegen. So muss die Lehrkraft bei der Planung von Experimenten nicht nur die Variablen-Kontrollstrategie implizit anwenden und berücksichtigen können, sondern diese Strategie im Unterrichtsgespräch auch explizit mit den Schülerinnen und Schülern thematisieren können In zahlreichen Studien wurde dazu die Überlegenheit von expliziten Vermittlungen von Aspekten der Natur der Naturwissenschaften belegt. Ähnliches gilt auch für den Umgang mit Messunsicherheiten. Die Studie von Riehs (2013) deutet darauf hin, dass es hier zwischen den unterschiedlichen, naturwissenschaftlichen Bezugsdisziplinen (kulturelle) Unterschiede gibt. So zeichnen sich Chemielehrkräfte im Vergleich zu Physiklehrkräften durch einen höheren Grad an einer wissenschaftstheoretisch realistischen Sichtweise aus, wohingegen Lehrkräfte der Physik eher zu kritischen, antirealistischen Positionen tendieren. Letzteres erscheint relevant für eine Vermittlung von Nature-of-Science-Aspekten im Unterricht, weshalb hier für die Lehrerausbildung im Fach noch Optimierungsbedarf zu verzeichnen ist.

Literatur

Bernholt, S., Fischer, I., Heuer, S., Taskin, V., Martens, J. & Parchmann, I. (2012). Die chemische Formelsprache – (un-)vermeidbare Hürden auf dem Weg zu einer Verständnisentwicklung? *ChemKon, 19* (4), 171–178.

Einsiedler, W. (2002). Das Konzept „Unterrichtsqualität“. *Unterrichtswissenschaft, 30*, 194–196.

Emden, M., Özcan, N. & Sumfleth, E. (2015). Diagnose und Förderung fachsprachlicher Fertigkeiten. In: M. Emden, J. Koenen & E. Sumfleth (Hrsg.), *Chemieunterricht – ganz im Zeichen von Diagnostik und Förderung – Ergebnisse und Hinweise aus den Arbeitstreffen der chemiedidaktischen Begleitung im Projekt „Ganz In“*, (S. 29–39). Münster: Waxmann.

Emden, M. & Sumfleth, E. (2015). Muss Chemieunterricht sich neu erfinden? Potentiale für die Unterrichtsentwicklung. *Schulverwaltung : Zeitschrift für Schulentwicklung und Schulmanagement. Nordrhein-Westfalen, 26* (4), 100–102.

Fechner, S. (2009). *Effects of context-oriented learning on student interest and achievement in chemistry education. Studien zum Physik- und Chemielernen.* Berlin: Logos.

Helmke, A. (2015). *Unterrichtsqualität und Lehrerprofessionalität. Diagnose, Evaluation und Verbesserung des Unterrichts.* Seelze-Velber: Klett / Kallmeyer.

Kallweit, I., Anus, S. & Melle, I. (2015). Diagnose und individuelle Förderung. Inhalte und Ergebnisse einer Lehrerfortbildung. In: M. Emden, J. Koenen & E. Sumfleth (Hrsg.), *Chemieunterricht – ganz im Zeichen von Diagnostik und Förderung,* (S. 9–28). Münster: Waxmann.

Knobloch, R., Sumfleth, E. & Walpuski, M. (2013). Förderung der Qualität fachinhaltlicher Schüleräußerungen in experimenteller Kleingruppenarbeit im Chemieunterricht. *Zeitschrift für Didaktik der Naturwissenschaften, 19,* 347–373.

Oser, F. K. & Baeriswyl, F. (2001). Choreographies of teaching: Bridging instruction to learning. In: V. Richardson (Ed.), *Handbook of research on teaching,* (pp. 1031–1065). New York: Macmillan.

Reusser, K. & Pauli, C. (2003). *Mathematikunterricht in der Schweiz und in weiteren sechs Ländern. Bericht über die Ergebnisse einer internationalen und schweizerischen Video-Unterrichtsstudie.* Universität Zürich: Pädagogisches Institut.

Reyer, T. (2004). *Oberflächenmerkmale und Tiefenstrukturen im Unterricht – exemplarische Analysen im Physikunterricht der gymnasialen Sekundarstufe I. Studien zum Physik- und Chemielernen.* Berlin: Logos Verlag.

Riehs, N. F. (2013). *Epistemologische Einstellungen von angehenden Chemie- und Physiklehrenden.* Essen: Universität. [https://duepublico.uni-duisburg-essen.de/servlets/DerivateServlet/Derivate-33023/Riehs_Diss.pdf].

Schulz, A. (2011). *Experimentierspezifische Qualitätsmerkmale im Chemieunterricht: Eine Videostudie. Studien zum Physik- und Chemielernen.* Berlin: Logos Verlag.

Seidel, T., Prenzel, M., Wittwer, J. & Schwindt, K. (2007). Unterricht in den Naturwissenschaften. In: M. Prenzel, C. Artelt, J. Baumert, W. Blum, M. Hammann, E. Klieme & R. Pekrun (Eds.), *PISA-Konsortium Deutschland. PISA 2006. Die Ergebnisse der dritten internationalen Vergleichsstudie,* (pp. 147–180). Münster: Waxmann.

Sumfleth, E. & Pitton, A. (1998). Sprachliche Kommunikation im Chemieunterricht: Schülervorstellungen und ihre Bedeutung im Unterrichtsalltag. *Zeitschrift für Didaktik der Naturwissenschaften, 4* (2), 4–20.

Sumfleth, E., Rumann, S. & Nicolai, N. (2004). Kooperatives Arbeiten im Chemieunterricht. *Essener Unikate, 24,* 74–85.

Trendel, G., Wackermann, R. & Fischer, H. E. (2007). Lernprozessorientierte Lehrerfortbildung in Physik. *Zeitschrift für Didaktik der Naturwissenschaften, 13,* 2007; 9–31.

van Vorst, H. (2013). *Kontextmerkmale und ihr Einfluss auf das Schülerinteresse im Fach Chemie.* Studien zum Physik- und Chemielernen: Vol. 145. Berlin: Logos.

Walpuski, M. & Schulz, A. (2011). Erkenntnisgewinnung durch Experimente: Stärken und Schwächen deutscher Schülerinnen und Schüler im Fach Chemie. *Chimica et ceterae artes rerum naturae didacticae, 37* (104), 6–27.

Wahser, I. (2007). *Training von naturwissenschaftlichen Arbeitsweisen zur Unterstützung experimenteller Kleingruppenarbeit im Fach Chemie. Studien zum Physik- und Chemielernen.* Berlin: Logos.

Zander, S., Krabbe, H. & Fischer, H.E. (2013). Lehrerfortbildung und Lernzuwächse im Fachwissen. In: S. Bernholt (Hrsg.), *Inquiry-based Learning – Forschendes Lernen. Gesellschaft für Didaktik der Chemie und Physik,* (S. 503–505). Kiel: IPN.

REGINA WIEBE / GREGOR SVOBODA

DER UNTERSCHIED ZWISCHEN EUCH SCHÜLERN UND UNS LEHRKRÄFTEN? WIR SIND LEDIGLICH DIE LÄNGER LERNENDEN!

Wiebe, Regina, Realschullehrerin, Fächer: Chemie, Deutsch, Mensch und Umwelt, Johannes-Kepler-Realschule Heidelberg

Svoboda, Gregor (Dipl. Päd.), Realschulkonrektor, Fächer: Chemie, kath. Religion, Gemeinschaftskunde, Leopold-Feigenbutz-Realschule Oberderdingen; Arbeitsschwerpunkt: Fachberater zur „Stärkung von Realschulen" am Staatl. Schulamt Karlsruhe

Welches fachwissenschaftliche und fachdidaktische Wissen und Können der Lehrperson ist aus Ihrer Sicht für die Qualität des Chemieunterrichts besonders wichtig?

G. S.: „Vor einiger Zeit kam einer meiner Schüler (10. Klasse, Realschule) mit seinem Chemie-Notizbuch zu mir. Er zeigte mir seine Aufzeichnungen von Strukturformeln

zur Bildung von Bakelit, verbunden mit der Bitte, ihm die Reaktionswege zu erklären. Unvorbereitet kam ich hier an meine fachlichen Grenzen. Mit Polykondensationen von Aromaten hatte ich mich lange nicht mehr auseinandergesetzt. In so einem Fall bitte ich um Bedenkzeit, informiere mich in meinen Fachbüchern oder lese im Internet nach. Weiß ich dann immer noch nicht weiter, teile ich dies dem Schüler ehrlich mit."

Auf Schülerinnen und Schüler wirkt die Antwort auf die Frage „Der Unterschied zwischen Euch Schülern und uns Lehrkräften?" – „Wir sind lediglich die länger Lernenden!" faszinierend, weil man damit Lernen als lebenslangen Prozess darstellt und dabei seine Rolle ihnen gegenüber neu definiert.

R. W.: „Im Studium beschäftigte ich mich im Rahmen meiner wissenschaftlichen Hausarbeit mit Schülervorstellungen zur chemischen Reaktion. Das Wissen um Präkonzepte, die Lernende im Chemieunterricht entwickeln, begleitet mich bei der Vorbereitung, aber auch in Vortrags- und Gesprächsphasen des Unterrichts. Daher räume ich im Chemieunterricht immer wieder Phasen ein, in denen sich die Schülerinnen und Schüler über ihre konkreten Vorstellungen austauschen können. Dabei halte ich es für wichtig ihnen transparent zu machen, worum es bei diesem Austausch geht. Sie sollen z. B. erfahren, dass in der Chemie Vorstellungen über die Prozesse auf Teilchenebene zunehmend eine wesentliche Rolle gespielt haben (historisch-genetisches Verfahren). Ein Schüler aus meiner 8. Klasse fragte bei einem solchen Austausch: „Soll das bedeuten, dass nur weil sich die Atome anders anordnen, ein völlig neuer Stoff mit ganz anderen Eigenschaften entsteht? Woher weiß man das?" Solche Fragen beinhalten eine große didaktische Herausforderung."

Solides Fach- und Didaktikwissen halten wir somit für wichtig für die Unterrichtsqualität und das professionelle Selbstverständnis. Dieses Wissen muss man vorstrukturieren, gliedern und gewichten, damit man weiß, wovon man wie viel und warum mit der Lerngruppe erarbeiten kann. Über Experimente im Chemieunterricht – ihre Besonderheiten und ihren didaktischen Wert – muss man Bescheid wissen, um sie gewinnbringend und sicher im Unterricht einzusetzen. Ergänzend kann man versuchen, sich zu aktuellen Themen der Chemie (Internet, Fachartikel) auf dem Laufenden zu halten. Damit kann man den Unterricht aktuell gestalten und zeigen, wie wichtig das Fach Chemie für das Verständnis der Welt oder der Materialien, mit denen wir es heute zu tun haben, ist. Es geht also nicht darum als Lehrkraft allwissend zu sein. Aber man sollte Methoden und Wege finden, sich in seinem Wissensnetzwerk orientieren zu können und dieses stetig auszubauen.

Welche Qualitätsmerkmale halten Sie für den Chemieunterricht für essenziell?

Chemieunterricht sollte für Schülerinnen und Schüler klar strukturiert sein, um zu wirken. Deswegen halten wir den „informierenden Unterrichtseinstieg“ oder die Verwendung eines „Advanced Organizers“ für sinnvoll. Dadurch können die Schülerinnen und Schüler erkennen, was wir wann und warum im Unterricht lernen oder thematisieren. Eine so genannte „Osterhasenpädagogik“, also das Prinzip: „Lasst Euch überraschen, welches tolle Experiment oder Arbeitsblatt wir heute bearbeiten“, lehnen wir ab.

Ebenfalls wichtig ist der Faktor der Wiederholung. Deshalb ist es empfehlenswert, zu Beginn einer Unterrichtsstunde der Klasse einige Minuten Zeit zu geben, sich mit den Inhalten der vorangegangenen Stunden mit Hilfe der Aufzeichnungen aus den vergangenen Unterrichtsstunden vertraut zu machen und Fragen zu formulieren, die man gemeinsam besprechen kann.

Aus diesem Grund legen wir auf eine ordentliche Dokumentation der Unterrichtsinhalte Wert. Experimente können die Schülerinnen und Schüler mit dem Smartphone fotografieren, um die Bilder später beschriftet einkleben zu können. Man kann die Lernenden zudem ihre Aufzeichnungen bei Klassenarbeiten verwenden lassen. Dadurch vermeidet man zum einen, dass man ihnen reine Reproduktionsaufgaben stellt (sondern eher Anwendungs- und Transferaufgaben), zum anderen werden sie dazu gebracht, selbst auf eine nachvollziehbare Dokumentation der Unterrichtsinhalte und Experimente Wert zu legen.

Die Rolle der Lehrperson ist von zentraler Bedeutung für die Unterrichtsqualität. Primär sollte man versuchen, eine Beziehung und Bindung zu den Schülerinnen und Schülern herzustellen. Erst wenn dies gelungen ist, kann man auf fachlicher Ebene unterrichten. Nicht nur an Brennpunktschulen können hier allerdings noch viel mehr Bedingungen einwirken, z. B. ob Grundbedürfnisse wie Hunger, Schlaf oder das Sicherheitsgefühl gestillt sind. Wichtig ist es, sich auf die Schülerinnen und Schüler einzustellen, die man unterrichtet, sie dort abzuholen, wo sie stehen. Kinder und Jugendliche achten genau darauf, wie man sich als Lehrperson verhält, mit welcher inneren und äußeren Haltung man auftritt, wie man sich kleidet, ob man gut oder schlecht gelaunt ist und wie sehr man sie respektiert (ein gegenseitiger Prozess). Sie merken schnell wie gerne man zunächst sie und dann sein Fach unterrichtet. Ist dies der Fall, dann kann der Funke überspringen und es kann gelingen, sie für das Fach Chemie zu begeistern. Je länger man unterrichtet, umso mehr wird einem diese Rollenklärung und -haltung bewusst. Gleichzeitig stellen wir fest, dass beispielsweise ein regelmäßiger Methodenwechsel im Chemieunterricht eine eher untergeordnete Rolle spielt. Wir erinnern uns hier an die Ergebnisse der Hattie-Studie (Hattie, 2009).

Welche Lernumgebungen und Lehr-/Lernformen halten Sie für einen wirksamen Chemieunterricht für besonders bedeutsam?

Im Studium lernt man, der Raum sei der „dritte Pädagoge".

G. S.: „Dem kann ich aus meiner Praxis heraus nur zustimmen. Ich habe das Glück an einer Realschule zu unterrichten, die architektonisch schön ist – hell, freundlich, große Fenster. Wir verfügen über eine gute Ausstattung mit Unterrichtsmaterialien, PCs und Whiteboards (auch im Chemiesaal). Vor einiger Zeit haben wir das alte Hörsaalprinzip (aufsteigende Schülertische) ersetzt durch einen ebenerdigen Raum mit elektrisch ausfahrbaren Medienliften für Gas, Strom und Netzwerkanschlüssen. Die Experimentalmaterialien sind in Boxen in großen Schränken untergebracht. Ein Panoramaabzug ermöglicht gut einsehbare Demonstrationsexperimente. Für alle Schülerinnen und Schüler einer Klasse gibt es Laborkittel und genügend Experimentiermaterial. All dies wirkt sich auf die Unterrichtsqualität aus. Die Lernenden gehen konzentriert an Experimente heran. Man hat den Eindruck, dass allein das Anziehen der Laborkittel das Verhalten der Lerngruppe verändert. Dadurch, dass wir auf große Sauberkeit in den Räumen achten, wird mit der Ausstattung recht sorgsam umgegangen. Ein wichtiger Faktor ist eine gute Akustik mit wenig Nachhall, da sich dies auf die Leistungsfähigkeit aller am Unterricht Beteiligten spürbar auswirkt."

R. W.: „Ich habe bisher in drei verschiedenen Chemiesälen unterrichtet und konnte beobachten, dass der Raum als solcher einen Einfluss auf den Chemieunterricht haben kann. Gerade die Räume, die das Hörsaalprinzip der aufsteigenden Schülertische bieten, erschweren die Sozialform der Gruppenarbeit. Ebenerdige Räume, die ausgestattet sind wie oben von G. S. beschrieben, erleichtern und unterstützen kooperative Arbeitsformen und damit auch das Experimentieren in Gruppen. Da das eigenständige Experimentieren, das sorgfältige Durchführen, Beobachten und Dokumentieren für mich ein zentraler Bestandteil des Chemieunterrichts sind, halte ich es für wichtig, dass das Experimentiermaterial für die Schülerinnen und Schüler gut zugänglich ist."

Das wichtigste Werkzeug einer Lehrperson ist für uns die Sprache. Hier sollte man stets versuchen, sich weiter zu entwickeln. Das betrifft zum einen den gesundheitsbewussten Einsatz der Stimme und zum anderen die Art und Weise, wie man verständliche und interessante Kurzvorträge hält und eine echte Gesprächsführung gestaltet (das ist für viele Berufsanfänger schwer). Unser Hauptziel als Chemielehrpersonen ist es, fachliches Verstehen zu ermöglichen – sieht man einmal von den erzieherischen Zielen ab. Eine Orientierung zum gelungenen Gespräch bietet das Prinzip des genetisch-sokratischen Gesprächs nach Martin Wagenschein (Wagenschein, 1992). Dabei gehen wir induktiv von einzelnen, im Chemieunterricht beobachteten Phänomenen aus. Die Kunst besteht darin, durch geschickte Fragen den Schülerinnen und Schülern dazu zu verhelfen, dass sie die von ihnen beobachteten Phänomene (z.B. chemische Reaktionen) gedanklich durchdringen und ausgehend von ihrem Alltagswissen eine neue, naturwissenschaftliche Welt der Hypothesen und Naturgesetze entdecken, die z.B. mit Hilfe von Modellen erschlossen werden kann – oder sie dazu bringen, selbst Fragen an die Welt der Chemie zu stellen.

Wie sieht eine gute Differenzierung / Individualisierung Ihrer Meinung nach im Chemieunterricht aus?

Individualisierung ist ein weiter soziologischer und philosophischer Begriff. Betrachtet man ihn gesellschaftlich und politisch, dann ist er zu hinterfragen, denn eine zunehmende Individualisierung könnte in einer zunehmend vernetzten und globalisierten Welt kritisch gesehen werden. Pädagogisch gesehen herrscht keine Klarheit darüber, was Individualisierung ist. Was bedeutet es, wenn 20–30 Menschen in einem Unterrichtsraum sind? Jede(r) von ihnen bringt unterschiedliche Voraussetzungen, Interessen, Erlebnisse, Sorgen und Gedanken mit. Schülerinnen und Schüler kommen mit Hunger in die Schule, andere mit Liebeskummer, Suizidgedanken oder Wut auf die Eltern. Andere sind süchtig nach ihrem Smartphone oder Internetspielen. Manche haben kein Selbstvertrauen, während andere sich wegen Unterforderung langweilen. Kann man es schaffen, diese Vielfalt in 45 oder 90 Minuten adäquat zu berücksichtigen? Ist es nicht sinnvoller, den Focus auf einzelne Sachverhalte zu lenken, über die man sich gemeinsam verständigt? Ist es möglich Experimente individualisiert für den Unterricht aufzubereiten? Kann man individualisiert mit Modellen, Reaktionsgleichungen und Gesetzmäßigkeiten arbeiten? Wir fragen uns, ob wir ein falsches Verständnis von Individualisierung haben. An einigen Schulen versucht man Individualisierung mit einer Fülle von Arbeitsmaterialien auf unterschiedlichen Niveaustufen zu erreichen. Aber ist dies noch Unterricht? Beide haben wir Erfahrungen mit Lernzirkeln, Freiarbeitsmaterialien und Gruppenarbeit. Aber häufig sind wir nicht zufrieden mit den Arbeitsergebnissen. Zu oft „kratzen“ die Schülerinnen und Schüler an der Oberfläche des Verstehens herum. Gerade spannend gestaltete Unterrichtsgespräche mit sinnvollen Fragen, in denen z.B. gesellschaftsrelevante Themen mit der Chemie verknüpft werden, können Schülerinnen und Schülern neue „Gedankenräume aufschließen“. Vorausgesetzt, sie sind in der Lage, aktiv zuzuhören, was von Klasse zu Klasse unterschiedlich sein kann. Dieses Aufschließen von neuen Gedankenräumen erreicht man nicht über Arbeitsblätter. Insofern wünschen wir uns, dass (angehende) Lehrpersonen in den Bereichen Debattieren, Argumentation, Rhetorik, Fragetechnik, aktives Zuhören, Schlagfertigkeit und Stimmbildung gut aus- und fortgebildet werden.

Im Chemieunterricht steht für uns meist das experimentelle und anschauliche Arbeiten anhand von Phänomenen und Stoffen im Mittelpunkt. In der Regel haben wir zwei Wochenstunden (dafür eignet sich eine Doppelstunde). Für individualisiertes Arbeiten bleibt damit wenig Raum, da Aufbau, Durchführung, Nachbearbeitung, Aufräum- und Reinigungsarbeiten viel Zeit benötigen. In den Theoriestunden geht es vielfach um das Entwickeln einer gemeinsamen chemischen Fachsprache bzw. eines gemeinsamen Verständnisses über die Welt der Stoffe und um die Frage, was die Schülerinnen und Schüler selbst entdeckt haben. Nur sehr bedingt können hier individualisierte Materialien z. B. in Form von Arbeitsblättern auf unterschiedlichen Niveaus eingesetzt werden.

Welche immer wiederkehrenden fachspezifischen Herausforderungen im Unterrichtshandeln müssen Ihrer Meinung nach die Lehrpersonen bewältigen, um im Chemieunterricht eine angemessene Unterrichtsqualität garantieren zu können?

Überfachlich sollten Chemielehrpersonen über ein breites Methodenwissen für die verschiedenen Unterrichtsphasen verfügen. D. h. sie sollten z. B. verschiedene Formen des Unterrichtseinstieges kennen, ausprobiert und in ihrer Wirksamkeit überprüft haben. Gleiches gilt für die Kenntnis über die Gestaltung von Übergängen bzw. Gelenkstellen und auch darüber, wie ein verbindliches Stundenende erzeugt werden kann. Wie schon erwähnt ist die Technik der Gesprächsführung, der Diskussionsgestaltung und des gut aufgebauten Lehrervortrags von zentraler Bedeutung, denn Sprache ist der Schlüssel zum Verstehen. Beherrscht man als Lehrperson Gesprächstechniken, kann man den Schülerinnen und Schülern helfen, Beobachtungen und Ergebnisse eines Experimentes Schritt für Schritt in einen Verstehensvorgang einzubetten. Fachlich gesehen ist das sichere Beherrschen von Demonstrationsexperimenten sowie das Arbeiten mit Schülerexperimenten und damit ihre didaktische Einbettung in den Verlauf der Unterrichtsstunde wichtig. Das betrifft sowohl die Gefährdungsanalyse, die Handhabung von Geräten und Chemikalien als auch die Frage, ob das Experiment in ein deduktives oder induktives Unterrichtsgeschehen eingebettet wird. Indirekt hat die Ordnung der Chemiesammlung (im Vorbereitungsraum) eine Auswirkung auf die Unterrichtsqualität. Im oft hektischen Schulalltag ist es wichtig, dass die Lehrperson Geräte und Chemikalien für eine Unterrichtsstunde schnell finden und zusammenstellen kann. Für Geräte empfiehlt sich ein beschriftetes Kasten- und Fächersystem. Geklärt sein muss auch, wer fehlende Materialien bestellt und wo eine für alle Chemielehrpersonen beschreibbare Bestellliste aushängt. Immer wieder kommt es vor, dass ausgerechnet kleine Materialien wie Glas- oder Schraubverbindungen fehlen oder nicht gefunden werden und deshalb ein Experiment nicht rechtzeitig vorbereitet oder durchgeführt werden kann. Ebenso muss man ausreichend Zeit für die Reinigung, das Aufräumen (nach Unterrichtsschluss) sowie für das Überprüfen von vorhandenen Materialien einkalkulieren.

Worauf gilt es bei der Entwicklung und dem Einsatz von Aufgaben bzw. Aufgabensets im kompetenzorientierten Chemieunterricht besonders zu achten?

Der baden-württembergische Bildungsplan 2016 für die Sekundarstufe stellt ein für uns interessantes Konzept auf, von dem wir aber noch nicht wissen, wie es sich in der Unterrichtsrealität beweisen wird. Für die Sekundarstufe beschreibt er die verschiedenen Anforderungsniveaus (Hauptschul- / Realschul- / Gymnasialniveau) für alle Fächer mit Hilfe von Operatoren, z.B. „beschreiben", „ein- und zuordnen", „analysieren", „begründen", „bewerten", „beurteilen" usw. Diese Operatoren werden den verschiedenen Inhalten zugeordnet. Je nach Lernniveau sollen bestimmte Operatoren mindestens erreicht werden. Das könnte den Lehrkräften helfen, verschiedene Aufgabentypen zu formulieren, sowohl für den Unterricht als auch für die schriftliche Leistungsmessung. Gerade für Chemie ist es spannend, von der reinen Reproduktion von Sachverhalten hin zur Beurteilung von größeren Zusammenhängen zu kommen, z.B. der Frage, wie mit Kunststoffen verfahren werden sollte oder wie die Ökobilanz einer Aluminiumdose zu bewerten ist. Insofern ist es sinnvoll, als Lehrkraft in einer Art Spiralcurriculum mit diesen genannten Operatoren zu arbeiten, um von der Reproduktion zur Bewertung zu kommen.

Vor diesem Hintergrund kann man auch den verschiedenen Schülerlerntypen verschiedene Lernangebote bieten. Nicht jeder Schüler bzw. jede Schülerin kann gut reproduzieren, dafür aber besser vernetzt denken. Deshalb ist es wichtig, immer wieder verschiedene Aufgabentypen in Unterrichtsstunden und Klassenarbeiten anzubieten. Dadurch kann man Klassenarbeiten auch mehr als diagnostisches Instrument verwenden. In jüngster Zeit bieten Schulbuchverlage differenzierende Aufgaben an, die man als Lehrkraft für die Verwertbarkeit im Unterricht prüfen sollte.

Welche Schritte empfehlen Sie aufgrund Ihrer wissenschaftlichen bzw. erfahrungsbasierten Expertise als „first steps" für angehende Chemielehrer/-innen, die sie für guten Chemieunterricht umsetzen können?

Sinnvoll ist es, sich eine kleine Bibliothek anzulegen mit je einem Buch zur Anorganik, zur Organik und zur Fachdidaktik. Besonders hilfreich sind

Nachschlagewerke zu Experimenten im Chemieunterricht. Von diesen kann man besonders profitieren und für sich selbst Sicherheit gewinnen. Schließlich empfiehlt sich ein Buch zur Gesprächsführung im Unterricht. In den ersten Berufsjahren hilft es, besonders wichtige Gesprächsphasen des Unterrichts (z.B. Fragen, welche man an die Schülerinnen und Schüler stellen möchte oder Gelenkstellen etc.) bei der Unterrichtsplanung schriftlich auszuformulieren. Für das Erproben von Experimenten ist ausreichend Zeit einzukalkulieren. Berufsanfänger sollten jemanden im Schulhaus informieren, dass sie Experimente durchführen (Mentor, Schulleitung, Hausmeister). Bei der Vorbereitung von Experimenten kann man überprüfen, ob die Chemiesammlung übersichtlich angelegt ist, ob Material fehlt oder ob Änderungen vorgenommen werden müssen. Um Experimentiermaterial für den Unterricht bereitstellen zu können, sind Kunststoffboxen verschiedener Größen hilfreich. Verfügt die Schule über ausreichende Mittel, sind Molekülbaukästen (Klassensätze für Partnerarbeit) von großem Wert (auf Qualität der Steckverbindungen achten). Im Referendariat und in den ersten Berufsjahren ist es hilfreich, sich wochenweise auf Einzelelemente des (Chemie-)Unterrichts (z.B. Unterrichtseinstiege, nonverbale Kommunikation, Auswertung eines Experiments usw.) zu konzentrieren. Werden diese Erfahrungen durch entsprechende Lektüre ergänzt, kann man sich relativ schnell einen Methodenfundus erarbeiten.

Schließlich ist noch ein Sachverhalt wichtig: Schule ist ein sich bewegendes System mit vielen Komponenten. Flexibilität und Belastbarkeit sind gefordert. Kein Tag ist wie der andere. Ständig geschehen unvorhergesehene Dinge. Das macht den Beruf des Lehrers bzw. der Lehrerin spannend, aber auch physisch und psychisch anstrengend. Viele Probleme, Aufgabenstellungen und Herausforderungen können wir als Lehrpersonen immer weniger alleine lösen. Deshalb ist Teamarbeit im Lehrerkollegium und ein Grundkonsens darüber, was die eigene Schule leisten kann und soll, Voraussetzung, dass die eigene Arbeit wirksam sein kann.

Was ist Ihrer Ansicht nach das Besondere am Chemieunterricht?

Typische naturwissenschaftliche Arbeitsweisen spielen im Chemieunterricht die zentrale Rolle. Genaues Beobachten, sorgfältiges Arbeiten, das Dokumentieren und Schlussfolgern gehören zu den Kompetenzen, die im Chemieunterricht wesentlich sind. Das fachpraktische Arbeiten unterscheidet das Fach Chemie von anderen Unterrichtsfächern. Während dieser Teil des Chemieunterrichts die meisten Schülerinnen und Schüler begeistert, tragen andere Besonderheiten des Faches, wie bspw. das Arbeiten mit Modellen, häufig dazu bei, dass das Fach Chemie für Schülerinnen und Schüler abstrakt wird und auf Ablehnung stoßen kann. Im Wissen darum gilt es, die

Bedeutung der Modelle, deren Entstehung und deren Absicht mit den Schülerinnen und Schülern zu erarbeiten. Das Arbeiten mit Stoffen ist eine sehr sinnliche Angelegenheit (physikalische Experimente werden von Schülerinnen und Schüler häufig als abstrakter wahrgenommen), weshalb sie mit dem Fach Chemie oft auch Farben und Gerüche (gelegentlich auch den Tast- und Hörsinn) verbinden – also Stimulationen, auf die unser Gehirn besonders reagiert. Dieses Erinnerungs- und Erfahrungspotential kann man als Chemielehrperson geschickt ausnutzen, um die stoffliche Welt mit der andersartigen Welt der Modelle von Teilchen, Atomen, Molekülen und Ionen zu verknüpfen. Chemie überschneidet sich mit verschiedenen naturwissenschaftlichen Disziplinen und als Schulfach ergibt sich eine faszinierende Schnittstelle mit Biologie, Physik, Astronomie, Geographie, Technik, Informatik, Mathematik, Ernährungslehre, Gemeinschaftskunde / Politik, Wirtschaftslehre, aber auch mit Religion, Philosophie und Ethik. Aufbauend auf klassischen chemischen Lehrplaninhalten kann man u. a. die Frage nach der Herkunft der Materie stellen oder ob alles auf Zufällen beruht. Man kann thematisieren, welche Bedeutung die Chemie für moderne Materialien hat, die aus unserem Alltag nicht mehr wegzudenken sind, wie Stoffkreisläufe zu betrachten sind oder, wie sehr der Mensch auf der Suche nach Rohstoffen in Ökosysteme eingreift.

Besonders solche Fragen, die über die reine Fachwissenschaft hinausgehen, faszinieren Schülerinnen und Schüler. Sehr schnell können sich spannende Diskussionen über den Aufbau der Materie oder die technische-ökologische-materielle Zukunft des Menschen entfalten. Das Fach Chemie bietet dazu eine Menge Gesprächsanlässe.

Welche zentralen Merkmale des forschenden Lernens halten Sie für notwendig, um Chemieunterricht wirksam zu gestalten?

Ein zentrales Merkmal auf dem Weg zum forschenden Lernen ist das Erlernen von spezifischen Arbeitsweisen. Die Schülerinnen und Schüler müssen zunächst lernen, genau abzuwiegen, Werte richtig abzulesen, Anleitungen einzuhalten und Versuchsabläufe dokumentieren zu können. Auch hier gilt das Motto, dass Schülerinnen und Schüler dort abgeholt werden sollten, wo sie stehen. Mit einem zu offenen problemorientierten Unterrichtsansatz können Kinder und Jugendliche schnell überfordert werden. Daher halten wir es für wichtig, zunächst deduktiv erste Schritte zu gehen, bevor eher offene Arbeitsschritte gegangen werden können. Im Zentrum des forschenden Lernens steht das Experiment. Hier bieten sich u. a. qualitative Untersuchungen an, die man mit Schülerinnen und Schülern durchführen kann. So kann man sie verschiedene unbekannte und ungefährliche Stoffe untersuchen lassen (Aussehen, Geruch, Löslichkeit, pH-Wert der Stofflösung, elektrische Leitfähigkeit, Flammfärbung, Reaktion mit Nachweis-Stoffen etc.), damit sie herausfinden, um welchen Stoff (aus einer evtl. vorgegebenen Auswahl) es sich jeweils handeln könnte. Dadurch lernen sie Grundzüge der chemischen Analytik kennen. Die Rolle der Lehrperson ist es, ihnen dabei zu helfen die richtigen Fragen an die Stoffe zu stellen. Bei der Einführung der chemischen Reaktion bietet sich eine Zusammenstellung mehrerer Experimente an (verschiedene Metall-Nichtmetallreaktionen, Polyurethan-Reaktion, Kuchen backen, eventuell auch Oxidationen etc.), um durch diese Angebotspalette die Schülerinnen und Schüler entdecken zu lassen, was das Wesen der chemischen Reaktion ist. Nur an der klassischen Eisensulfid-Reaktion, wie in vielen Schulbüchern traditionell propagiert wird, lässt sich das nicht herausarbeiten. Für das forschende Lernen ist es außerdem hilfreich, die Schülerinnen und Schüler nach und nach mit der Fachsprache vertraut zu machen, mit deren Hilfe sie ihre Vermutungen genauer äußern können.

Leider mangelt es an vielen Schulen entweder an Geräten, Chemikalien oder Zeit, um wirkliches forschendes Lernen im Bereich Chemie möglich zu machen. Außerdem müssen bei vielen Experimenten (besonders in der Sekundarstufe I) aus Sicherheits- oder Durchführungsgründen sehr viele Vorgaben durch die Lehrperson gemacht werden, sodass eigentliches „Forschen" zu kurz kommt.

Welche fachlichen und fachdidaktischen Aspekte erachten Sie als bedeutsam, damit das Lernen zum Wesen der Naturwissenschaften wirksam wird?

Wesentliche Kennzeichen der Naturwissenschaften sind vor allem genaues Beobachten, Messen, Wiegen, Experimentieren. Darauf aufbauend sind Vermutungen aufzustellen und aus den Beobachtungen heraus Schlussfolgerungen zu ziehen sowie Gesetzmäßigkeiten der Natur zu erkennen und zu verstehen. Natur wird in ihren Komponenten analysiert, um darauf aufbauend Systeme und (Stoff-) Kreisläufe sowie deren Auswirkungen (auf uns Menschen) und Wechselwirkungen verstehen zu lernen. Insofern finden wir es wichtig, dass das Unterrichtsfach Chemie in Zusammenarbeit mit Physik und Biologie (im Idealfall auch mit weiteren Fächern) diese Vorgehens- und Denkweisen den Schülerinnen und Schülern anbietet. D.h. guter naturwissenschaftlicher Unterricht zeichnet sich dadurch aus, dass die Lernenden viele Anlässe zum Beobachten, Messen und Experimentieren erhalten sowie Vermutungen anstellen und Gesetzmäßigkeiten erkennen können. Dies verhilft ihnen wiederum dazu, globale Vorgänge und Kreisläufe zu verstehen, damit sie sich selbst ein eigenes Urteil zu naturwissenschaftlichen, gesellschaftlichen und ökologischen Fragen bilden können. Ideal ist es, wenn die naturwissenschaftlichen Lehrerinnen und Lehrer einer Schule vor dem

Hintergrund der Bildungspläne fächerübergreifend ein naturwissenschaftliches Spiralcurriculum für ihre Schule entwickeln, in dem diese naturwissenschaftlichen Vorgehensweisen immer wieder und tiefer eingeübt werden. Das ist sehr anspruchsvoll und geht weit über die Aneignung bzw. Vermittlung von lexikalischem, naturwissenschaftlichem Wissen hinaus.

Welchen Umgang mit herkömmlichen bzw. neuen Medien empfehlen Sie im Chemieunterricht?

Mediengestützte Lern- und Lehrformen spielen für uns eine große Rolle im Chemieunterricht. Versuchsdurchführungen werden fotografiert oder gefilmt – diese können dann bspw. in „Slow Motion" nochmals beobachtet werden. Für einen „Advanced Organizer" bieten sich Power Point oder verschiedene Mindmap Programme an, die von Woche zu Woche weitergeführt werden. Daher bietet ein medial gut ausgestatteter Chemiesaal große Vorteile für den Unterricht. Der besondere Sinn des Einsatzes neuer Medien im Chemieunterricht liegt darin, dass die Funktionen des Fotografierens und Filmens während des Experimentierens einen Zugewinn zum Erreichen der fachlichen Ziele, besonders bei den naturwissenschaftlichen Arbeitsweisen, bieten kann.

R. W.: „Ich nutze regelmäßig Tablets im Chemieunterricht. Unsere Schule verfügt über zwei Klassensätze von iPads, die von den Schülerinnen und Schülern genutzt werden können. Die einzelnen Schülergruppen filmen den Versuch, den sie durchführen, in Zeitlupe und laden das Video auf eine passwortgeschützte Plattform hoch, auf die sie von zu Hause zugreifen können. Die Videos der Versuche können bei der Auswertung mit dem Beamer projiziert werden (Apple TV / Air Play). Somit können Experimente genau beobachtet werden. Außerdem können Experimentiergruppen, deren Versuchsdurchführung gescheitert ist, die Versuchsabläufe sehen und sich an der Auswertung beteiligen. Bei Lehrerdemonstrationsversuchen filmt ein/e Schüler/in die Durchführung."

Das Internet bietet eine gute Ergänzung zu (gescheiterten) Versuchen, zu denen man ein Video finden kann. So kann man bspw. Filmaufnahmen zum Fluor zeigen, welches in der Schule nicht verwendet werden darf. Sollte man keine Möglichkeit haben, die Schülerinnen und Schüler ihre Versuche selbst filmen zu lassen, können zu Experimentalvideos QR-Codes auf die Versuchsanleitungen gedruckt werden. Da die meisten Schülerinnen und Schüler ab der 8. Klasse ein Smartphone besitzen, benötigen sie lediglich eine App, mit der sie Codes scannen können, um auf die passenden Videos zu den Versuchsprotokollen zugreifen zu können. Neben dem fachwissenschaftlichen Zugewinn dieser Mediennutzung ist dies für die Schülerinnen und Schüler sehr motivierend. Der weitere Einsatz von Tablets zur Recherche, als Dokumentenkameras oder zur Nutzung fachspezifischer Apps bringt nicht nur für den Chemieunterricht Vorteile. Eine interaktive Tafel im Chemieraum hat den Vorteil, dass Tafelanschriebe, Dokumente usw. für folgende Unterrichtsstunden abgespeichert werden können oder interaktive Software eingesetzt werden kann. Spannend ist aber auch der Einsatz von kreativen Flipcharts im Unterricht. Hier können Sachverhalte auf das Wesentliche reduziert, anschaulich und visuell motivierend für Schülerinnen und Schüler dargestellt werden. Häufig übernehmen sie solche Visualisierungen und bauen diese aus.

Literatur

Hattie, J. (2009). *Visible Learning. A synthesis of over 800 meta-analyses relating to achievement.* New York: Routledge.

Wagenschein, M. (1992). Verstehen lehren. Genetisch, sokratisch, exemplarisch. 9. Auflage, Weinheim, Basel: Beltz.

OLIVER WISSNER

KORRESPONDIERENDER UNTERRICHT

Wißner, Oliver, Oberstudienrat, Gymnasiallehrer, Fächer: Chemie und Sport, Chemikum Marburg und Martin-Luther-Schule Marburg; Arbeitsschwerpunkte: Steuern mit Aufgaben, Diagnosekultur und Umgang mit Bildungsstandards

Welches fachwissenschaftliche und fachdidaktische Wissen und Können der Lehrperson ist aus Ihrer Sicht für die Qualität des Chemieunterrichts besonders wichtig?

Jedes (Schul-)Fach besitzt eine immanente, typische Struktur, die sich aus dem historischen Kontext, dem wissenschaftlichen Fortschritt, aber auch der fachdidaktischen Diskussion zur Vermittlung fachlicher Inhalte und Konzepte ergibt. Diese Struktur ist kein starres Gebilde, sondern wandelt sich im Laufe und im Spiegel der Zeit. Daraus ergibt sich meines Erachtens nach die Anforderung an die Lehrkraft die Fähigkeit zu entwickeln, zur Verfügung stehende Literatur, wie z. B. Schulbücher, Fachzeitschriften, Internetartikel, o. ä. kritisch zu sichten und die Informationen zu modulieren, um diese konstruktiv-reflexiv orientiert am Lernprozess der Schüler und Schülerinnen im Unterricht einzusetzen. Damit ist nicht die Konzeption eines vermeintlich optimierten „Pauschalangebots" gemeint, sondern ein Angebot, das kongruent zur Lerngruppe und seinen Individuen zu verstehen ist. So besteht die Chance für die eigenen Lerngruppen Lerngelegenheiten zu schaffen und deren spezifischen Bedürfnissen entsprechen zu können. Für die Lehrkraft bedeutet dies, eigene Konzepte und Lehrmittel (Methodenbausteine, geöffnete Lernarrangements, Aufgabenprofile, u. ä.) zu entwickeln, aber auch adäquate Diagnoseinstrumente einzusetzen. Wie dies in Anbetracht der angesprochenen Herausforderungen, die sich ebenso für erfahrene Lehrkräfte ergeben, und im Besonderen für Lehrer und Lehrerinnen in der Ausbildungsphase, die i.d.R. den eigenen Unterricht an den Vorgaben des ausbildenden Studienseminars messen lassen müssen (pädagogisch-didaktische Imperative), gelingen kann, möchte ich mit dem *Konzept des korrespondierenden Unterrichts* beschreiben: Das aktive Wissen der Lehrkraft, dass bestimmte Methoden sich besonders eignen bestimmte Inhalte zu vermitteln und damit auch der Kompetenzerwerb nicht losgelöst von passenden Inhalten stattfindet, ist entscheidend für gute Unterrichtsqualität. Die umgekehrte Perspektive gilt jedoch ebenso: Es gibt Inhalte, die in besondere Weise für die Wissensvermittlung des Faches stehen können und in ihrer Auseinandersetzung bestimmte Methodiken provozieren. Damit ist das korrespondierende Verhältnis von Inhalten (manifestiert in Inhaltsfeldern), Kompetenzen (Fähigkeitserwerb) und Basiskonzepten beschrieben. Basiskonzepte bilden dabei fundamentale Leitideen, wie z.B. in der Chemie das Struktur-Eigenschafts-Konzept, welches aus der Historie gewachsen, einen möglichen „roten Faden" durch die unterschiedlichen Einheiten und Kontexte des Chemieunterrichts bildet. Somit dienen diese Basiskonzepte der Vernetzung und Verknüpfung (innerhalb eines Halbjahres (horizontal), aber auch über die Ausbildungsjahre hinweg (vertikal) von unterschiedlichen Themen. Am Beispiel der Thematik „Dipol" möchte ich einen kurzen Ausblick auf die praktische Relevanz im Alltag werfen. In der Strukturierung und Planung des Themas „Dipol" könnte neben Wasser ebenso Aceton eine konzeptionelle Überlegung wert sein. Beim Thema Aceton fällt im Vergleich zu Wasser auch dem „Nichtchemiker" auf den ersten Blick nicht die Flut an Kontexten, in denen sich das Thema Wasser entfalten ließe, ein. So bietet Wasser eine Vielzahl an schülerorientierten Einstiegen und Inhaltsfeldern, in denen die relevanten Inhalte zum Thema Dipol wie selbstverständlich integriert werden können. Das Wasser mit seinen alltäglichen und doch ungewöhnlichen Eigenschaften bietet eine Fülle an praktischen Experimenten, um beispielsweise eine auf ein Phänomen bezogene Fragestellung, wie z.B.: „Wie hoch ist die Kraft, die einen Regentropfen an einer Scheibe haften lässt?" im Sinne der Erkenntnisgewinnung oder des forschend-entwickelnden Unterrichtsverfahrens zu untersuchen. Damit ergibt sich gleichzeitig die Chance grundlegende naturwissenschaftliche Arbeitsweisen (Kompetenzen) zu vermitteln. In der Konzeption einer solchen Unterrichtsreihe liegt aber ebenfalls die Intention, den Blick auf die Struktur zu richten und damit ein Erklärungsmodell für die Eigenschaften auf molekularer Ebene zu entwickeln. So kann in Abhängigkeit von dem Ausbildungsstand das Basiskonzept „Stoff-Teilchen-Beziehungen" und / oder das Konzept „Struktur-Eigenschafts-Beziehungen" vertieft werden. Damit wird meines Erachtens das Wissen der Lehrkraft über das korrespondierende Verhältnis von Unterrichtsaspekten zu einer tragenden Säule (neben anderen, wie bspw. organisatorischen Abläufen, pädagogischen Aufträgen, u. a.), mit dessen Hilfe die Lehrkraft Unterricht lebendig und im Sinne des Konstruktivismus individuell gestalten kann.

Welche Qualitätsmerkmale halten Sie für den Chemieunterricht für essenziell?

Die Qualität eines Lernprozesses und die individuellen Fortschritte zu beurteilen setzt ein hohes Maß an diagnostischen Fähigkeiten seitens der Lehrkraft voraus. Der bloße Einsatz von wechselnden Methoden ist noch kein Garant für guten Unterricht. Die Lehrerpersönlichkeit hat einen wesentlichen Anteil daran, ob eine bestimmte Methode funktioniert, da sie diese auswählt und adaptiert. Aber auch Lernprodukte wie z. B. ein Lernplakat oder die Erklärung eines Phänomens mithilfe eines passenden Modells, bieten Möglichkeiten mit Unterrichtsinhalten umzugehen. Erstellen die Schülerinnen und Schüler eigene Lernprodukte, so kann die Lehrkraft Einblicke erhalten, wie fähig einzelne Schülerinnen und Schüler oder auch Gruppen sind. Lernprodukte spiegeln dann Ergebnisse des Lernprozesses wider.

Neben der Lehrerpersönlichkeit bietet die Aufforderung, Lernprodukte, welche Ergebnisse des Lernprozesses widerspiegeln, zu erstellen die Chance Einblicke zu erhalten, wie fähig einzelne Schülerinnen und Schüler oder auch Gruppen sind, mit Unterrichtsinhalten umzugehen. Die Art des Produkts ist abhängig vom Arbeitsauftrag und damit selbst ein wichtiges Steuerungselement von Unterricht. Entscheidend für die Lernwirksamkeit ist nicht die reine Bewertung oder Wertschätzung eines Produkts, sondern dessen Diskussion und konstruktive Kritik.

So kann die Vorstellung einer Hausaufgabe, das Erstellen eines Diagramms, die Erläuterungen zur Konzeption eines Experiments, die Erörterungen, ob die formulierte Fragestellung zu einem Experiment passend ist, die Präsentation von Lernplakaten oder auch Versuchsprotokollen einen wertvollen Beitrag liefern, Lernprozesse sichtbar und damit einer Beratung zugänglich zu machen. Ob sich Schülerinnen und Schüler individuell unterstützt fühlen, hängt direkt mit der gewählten Methode zusammen und welche Rolle die Lehrkraft sich selbst, aber auch den Lernenden zukommen lässt (und zutraut). Sind die Aufgabenstellung beispielsweise im Rahmen einer Expertenrunde so gestellt, dass die Schülerinnen und Schüler diese weitgehend selbstständig lösen können, besteht bei einer ausreichenden Kommunikationsfähigkeit die Chance, dass individuell Verantwortung übernommen wird, indem nach einer gemeinsamen Arbeitsphase Ergebnisse den Mitschülerinnen und -schülern vorgestellt und erklärt werden. Durch den wechselnden Rollentausch (jeder wird mal zum Experten) führen qualitative Unterschiede im Verständnis und / oder der Vermittlung der Ergebnisse schnell dazu Nachfragen zu provozieren, was sich produktiv auswirken kann. So können Schülerinnen und Schüler voneinander lernen. Entscheidend für die Bewertung und den Erfolg des Lernprozesses ist die klare Wahrnehmung der Rollen gerade bei dieser Methode: Die Lehrkraft als aktiver Beobachter steht zur Verfügung und kann bei individuellen Schwierigkeiten oder Fragen unterstützen, dennoch ist der Mitschüler als Lernpartner entscheidend. Ob dieser der Aufgabe gerecht werden kann, hängt wieder von Einschätzung der Lehrkraft und seines didaktisch-methodischen Konzepts ab. Bei dieser Form der Gruppenarbeit scheint die kognitive Aktivierung auf den ersten Blick sehr hoch, erst der zweite Blick auf den Prozess und die erstellten Produkte geben jedoch weiterführende Auskunft über die Qualität der Arbeit. Ist den Lernenden die Aufgabe und ihre Rolle im Lernprozess nicht klar, so ist dies hinderlich für die Produktivität. Auf der anderen Seite des Spektrums des selbstständigen Handelns kann ein Lehrervortrag durchaus seine Berechtigung haben, wenn es der Lehrkraft gelingt aus dem erörternden Lehrer-Schüler-Gespräch herauszufiltern, was gut verstanden worden ist und wo es noch Klärungsbedarf gibt.

Meines Erachtens liegt eine hohe Zufriedenheit von Seiten der Schüler und Schülerinnen vor, wenn diese sich adäquat begleitet fühlen. Die beiden praktischen Beispiele können auch als entgegengesetzte Handlungspole (handlungsorientiert-rezeptiv) betrachtet werden. Beiden gemeinsam in der Bewertung durch die Schüler und Schülerinnen ist jedoch, ob diese in den Reaktionen des Lehrenden ein angemessenes Reagieren auf ihr Tun erkennen. So ist tatsächlich ein Wechsel der Organisationsform und der Methoden – genau abgestimmt auf die Bedürfnisse der Lerngruppe – sinnvoll, um die Wirksamkeit von Unterricht zu erhöhen. Um den Erfolg dieses Wechselspiels und der Passung einzelner Angebote zu überprüfen, bedarf es jedoch immer wieder einer entsprechenden Rückmeldung (Diagnose von Lernprozessen, siehe Punkt 4).

Um Schülerprodukte diskutieren zu können, sind mediale Unterstützungsangebote (Dokumentenkamera, Overhead, PC, Tafel, Plakate, o. ä.) zur Präsentation derselben unverzichtbar.

Welche Lernumgebungen und Lehr- / Lernformen halten Sie für einen wirksamen Chemieunterricht für besonders bedeutsam?

Der Chemieunterricht als naturwissenschaftliche Disziplin besitzt zum einen einen hohen Aufforderungscharakter sich mit Phänomenen auseinanderzusetzen, diese zu erfassen oder durch gezieltes Experimentieren Ergebnisse zu steuern. Durch eine starke Vernetzung praktischer Handlungsmöglichkeiten mit theoretischen Konzepten besteht die Gefahr der Überforderung der Schülerinnen und Schüler.

Als Beispiel möchte ich auf den oben erwähnten Inhalt „Dipol Wasser" eingehen. So ist es möglich typische Eigenschaften (z. B. Schmelz- und Siedepunkte in ein Diagramm zu überführen) und Phänomene (z. B. Dichteanomalie) angeleitet praktisch zu erfassen. Eine Erklärung und Diskussion mithilfe von Modellen (beispielsweise Adhäsions- und Kohäsionskräfte) auf der Grundlage intra- und intermolekularer Bindungsverhältnisse ist damit aber noch nicht erfolgt und stellt eine ganz eigene Herausforderung dar. So ist es nicht ungewöhnlich, wenn Schülerinnen und Schüler im zweiten Ausbildungsjahr (Jahrgang 8, beim Thema „Blick hinter die Kulissen") bemängeln, es würden im Vergleich zum Einführungsunterricht zu wenig praktische Versuche stattfinden und der Unterricht sei theorielastig. Meines Erachtens ist eine Lernumgebung dann besonders wirksam, wenn es gelingt eine angemessene Phänomen-Interpretation-Synthese aus beiden Aspekten zu schaffen. Entscheidend für den Erfolg ist es den Lernenden unter Berücksichtigung ihrer Kompetenzentwicklung Angebote zu machen, in denen sie sich als handlungs- und leistungsfähig erleben können. Damit ist auch eine Konzeption im Sinne des Konstruktivismus gemeint: Jeder Lernenden übersetzt eine Aufgabenstellung individuell, was sich auch in der Planung einer Lernumgebung widerfinden muss. Damit werden geschlossene, halboffene und geöffnete Aufgaben im Kontext kognitiv anregender Lernumgebungen zum zentralen Steuerungsinstrument, um Schülerinnen und Schüler aufgrund ihrer Struktur eine hohe Partizipation am Unterrichtsgeschehen zu ermöglichen. An dieser Stelle möchte ich auf die Frage zum Einsatz von Aufgaben im kompetenzorientierten Unterricht verweisen.

Wie sieht eine gute Differenzierung / Individualisierung Ihrer Meinung nach im Chemieunterricht aus?

Zur Konzeption von erfolgreichem Unterricht gehört es die Schülerinnen und Schüler kognitiv zu aktivieren und konstruktiv tätig werden zu lassen. Um dabei Unterricht zielorientiert und systematisch planen zu können, bedarf es ausreichender Rückmeldungen bezüglich der Lernstände von Schülerinnen und Schüler, um die weitere Entwicklung von Unterrichtsgängen und Instruktionen zu planen. Dies gilt sowohl für lehrerzentriertere Formen, wie dem fragend-entwickelten Unterrichtsgespräch oder dem Lehrervortrag (Frontalunterricht), als auch z. B. für arbeitsteilige Stationsarbeiten mit differenzierten Lernarrangements oder auch Formen der Projektarbeit. Entscheidend für den intendierten Einblick in die Lernvorgänge ist es, sowohl den Lehrpersonen Handlungsmöglichkeiten zur Diagnose und Förderung zu eröffnen („Was können meine Schülerinnen und Schüler?"), als auch die Lernenden für ihren Lernprozess zu sensibilisieren („Was kann ich, und woran muss ich noch arbeiten?") und ihnen Verantwortung zu übertragen (z. B. durch Selbst- und Partnerdiagnose). Je genauer eine Lernstandsdiagnose gelingt, desto gezielter lassen sich Fördermaßnahmen formulieren und einsetzen. Hier liegt ein Schwerpunkt auf der Stärkung der Selbstverantwortung der Schülerinnen und Schüler und der Stärkung der Selbstwirksamkeitsüberzeugung. Für die Lehrkraft stellt sich die Herausforderung die Fertigkeiten, Techniken, Verhaltensweisen und Lernstrategien – kurz die unterschiedlich ausgeprägten Kompetenzen und Kompetenzbereiche der Schülerinnen und Schüler – konsequenter wahrzunehmen, um diese als übergreifende Befähigungen zu begreifen und zu entwickeln. Der so angestrebte diagnostische Dialog zwischen Lehrkraft und Lernenden zielt damit auf das Offenlegen von Lernprozessen, dessen Mehrwert darin besteht, etwas über die individuellen Lernstrategien zu erfahren und auf dieser Basis passende Lernangebote zu entwickeln, die wieder zurück in den Lehr-/ Lernprozess führen. Um den Diagnosekreislauf im Unterricht zu institutionalisieren, sind in den letzten Jahren (unabhängig vom Fach) Förderangebote und Instrumente (Lehrerbeobachtungsbögen, Kompetenzeinschätzungsbögen, Selbstevaluationsbögen, u. a.) entwickelt worden. Diese bieten die Chance, den oben erwähnten Einblick in das Lernverhalten zu unterstützen. Meinem Erachten nach besteht aber auch die Gefahr der Unwirksamkeit durch einen unreflektierten Einsatz von ansonsten geeigneten Instrumenten, wenn mit den so gewonnenen (evaluierten) Informationen nicht wirklich weitergearbeitet wird. Bloßes Ankreuzen von Einschätzungen liefert noch keine zuverlässige Diagnose, sodass ein Instrument dann an Aussagekraft gewinnt, wenn eine aktive Auseinandersetzung, beispielsweise durch eine begründete Bewertung zu einer Aussage, sichtbar wird. Damit können zwei Intentionen beschrieben werden, die ich auf zwei Leitfragen reduzieren möchte: 1. „Was hast du verstanden?" (und nicht „Was hast du nicht verstanden?") – 2. Welche Unterstützung benötigst du, um die Aufgabe zu lösen? (und nicht, was hindert dich daran, das zu tun?). Ein differenziertes Angebot, dem eine passende Methodik (beispielsweise Gruppenarbeit zu unterschiedlichen Themen, oder zum gleichen Thema mit unterschiedlichen Anforderungsbereichen) zugrunde liegt, fußt auf einer eingehenden Diagnostik, welche zunächst feststellt: Was können die meisten? Was können viele? Was können die wenigsten? Dies gilt sinngemäß ebenso für das Erstellen individueller Förderpläne.

Welche immer wiederkehrenden fachspezifischen Herausforderungen im Unterrichtshandeln müssen Ihrer Meinung nach die Lehrpersonen bewältigen, um im Chemieunterricht eine angemessene Unterrichtsqualität garantieren zu können?

Die Durchführung von Versuchen gehört sicherlich zu einer der häufigsten Standardsituationen im Chemieunterricht. Dabei wird im alltäglichen Unterrichtsgespräch oft das praktische Arbeiten mit Geräten und Chemikalien synonym als Experimentieren bezeichnet. Meinem Erachten nach ist es, gerade im Hinblick auf die Fähig- und Fertigkeitsentwicklung der Lernenden beim praktischen Arbeiten, unerlässlich mit einem differenzierten Blick an solche Standardsituationen heranzutreten. Die Diskussionen über die Rolle und Funktion eines Versuchs gegenüber einem Experiment wird in der Literatur oft vorgestellt und besprochen. Mit dem Verständnis einer korrespondierenden Unterrichtsplanung gilt es jedoch, den gegenständlichen Inhalt kontextorientiert eingebettet zur Kompetenzentwicklung zu nutzen. Zunächst gilt es eine Differenzierung des Experimentierens im Vergleich zur Durchführung eines Versuches (in der Regel nach Anleitung) vorzunehmen. Der Unterschied zwischen Versuch und Experiment besteht u. a. darin, dass auf der Basis einer theoretischen Überlegung eine passende Fragestellung formuliert wurde, die durch die (antizipierten) Ergebnisse des Experiments beantwortbar ist. Dazu wird ein Phänomen unter ausgewählten, wiederholbaren, festgelegten und veränderbaren Bedingungen untersucht, die Beobachtungen festgehalten (protokolliert) und die Informationen anschließend ausgewertet. So kann die Vermutung bzw. die Hypothese, auf der die Fragestellung beruht, bestätigt oder widerlegt werden. Entscheidend für den Erfolg ist die Fähigkeit der Lehrperson den Prozess der Planung und Durchführung kritisch zu begleiten. Werden zu viele Parameter beim Experimentieren gleichzeitig verändert („Kipp-Schütt-Versuche"), so ist die Wahrscheinlichkeit groß, dass die Lernenden keinen kausalen Zusammenhang von Ursache und Wirkung entdecken. Hier gilt es, sicherheitsrelevantes Arbeiten zu fördern, damit das praktische Arbeiten möglichst kognitiv anregend durch das Variieren der Planung und gezieltes Beobachten bestimmt sein kann. So kann auch der Umgang mit Irrwegen / Fehlern konstruktiv genutzt werden, wenn diese ausreichend reflektiert und diskutiert werden. Im Umkehrschluss können diese Standardsituationen zu einem lebendigen Teil des Unterrichts werden, da öfter unerwartete Vorschläge auftauchen, welche das Fachwissen der Lehrperson stärker in Anspruch nehmen, als bekannte Lösungen und vorgegebene Lösungswege. Eine weitere Standardsituation ist die Gewinnung, Darstellung und Auswertung von Informationen infolge von praktischen Lernarrangements. Damit ist auch der Umgang mit Informationen, wie sie beispielsweise in Aufgabenstellungen vorkommen, die Versuchsergebnisse beschreiben. So kann eine geschickte Darstellung von Beobachtungen in Abhängigkeit der variierten Größe, beispielsweise bei Redoxverhalten edler und unedler Metalle, bereits auf der Ebene der Phänomene eine erste fachliche Aussage zulassen, ohne diese auf Modellebenen erklären zu müssen (z. B. reagieren Eisen, Zink und Magnesium zunehmend heftiger mit einer Kupfersulfatlösung und können damit als zunehmend unedler beschrieben werden).

Worauf gilt es bei der Entwicklung und dem Einsatz von Aufgaben bzw. Aufgabensets im kompetenzorientierten Chemieunterricht besonders zu achten?

Bei der Planung von Unterricht und der Entwicklung einer produktiven Aufgabenkultur muss sich die Lehrkraft die Frage stellen, welche unterrichtlichen Interaktionen geplant und von Schülerinnen und Schülern wahrgenommen werden können, damit die angestrebten Kompetenzen (Handlungsbefähigungen) angebahnt, entwickelt oder vertieft werden können. Damit wird deutlich – mit Aufgaben arbeiten, heißt mit Aufgaben steuern: Je nach Ziel verändert sich das Anforderungsprofil einer Aufgabe. Lernaufgaben besitzen einen anderen Charakter als Überprüfungsaufgaben bzw. Leistungsaufgaben, beiden gemeinsam ist jedoch ihre Gestaltung in Anforderungsbereiche. So ist es hilfreich, sich zunächst zu vergegenwärtigen, in welchem Kompetenzbereich (Umgang mit Fachwissen, Erkenntnisgewinnung, Kommunikation und Bewertung) und durch die Aufgabenstellung bedingt, welche konkreten Handlungsbefähigungen (Kompetenzen, vgl. Kultusministerkonferenz, 2004a) im Schwerpunkt gefordert und gefördert werden sollen. Mit der Festlegung, oder besser Fokussierung, auf bestimmte Kompetenzen ist aber zunächst noch nichts über die Qualität des Lernprozesses gesagt.

Geschlossene Aufgaben (s. o.) enthalten Aufforderungen nach Anleitungen (Anforderungsbereich I (vgl. Kultusministerkonferenz, 2004)) zu handeln. Diese haben ihre Berechtigung in bestimmte Thematiken einzuführen. Aber auch hier gilt: Ein bloßes „Nachkochen" laut Rezept führt noch nicht zu einem Lernerfolg: Erst wenn der Sinn der Handlungen verstanden ist, stellt sich eine Verknüpfung von Handlung und theoretischem Wissen ein. Hilfreich an dieser Stelle ist der Hinweis auf das Erfassen kausaler Zusammenhänge („Wenn …, dann …"). Halbgeöffnete und geöffnete Aufgaben erhöhen die Komplexität der Handlungen (Anforderungsbereich II und III), indem sie mehr Auswahlmöglichkeiten (Geräte, Chemikalien, Literatur, Internetrecherche, u. ä.), aber auch individuelle Lern- und Lösungsstrategien zulassen. Ob eine Lernumgebung der Zielstellung (AFB I (Reproduktion), AFB II (Rekonstruktion), AFB III (Transfer / Problemlösung) gerecht wird, spiegelt sich meines Erachtens in den erstellten Lernprodukten (siehe Frage 2) wider. So enthält die Planung des Lernprozesses die antizipierte Leistung der Lernenden in der Auseinandersetzung mit der Aufgabe. Konkret bedeutet dies die Frage zu stellen: Wenn die Lernenden das können, wie gut können sie es und was benötigen sie, um noch besser zu werden? Operatoren als Aufforderungsverben sind ein wichtiges Kennzeichen von Aufgabenstellungen. Im Vergleich zu W-Fragen (Was?, Wie?, Warum?, …) bieten diese den Schülerinnen und Schülern ein breiteres Spektrum Strategien und Lösungsansätze zu entwickeln. Damit entstehen meist vielschichtigere Lernprodukte (Ergebnisse), die der Lehrkraft einen umfassenderen Zugang und Einblick in die Lernleistungen ermöglichen. Diese Beiträge sind für den Umgang in einem reflexiven Unterrichtsprozess (Diagnose-Lernangebot-Förderkreisläufe) deutlicher geeignet als punktuell konkretisierte W-Fragen. Damit ist nicht gemeint diese völlig aus dem Unterricht zu verdammen, sondern bewusster mit Aufgabenstellungen zu steuern. Letztendlich bieten die Operatoren ähnliche punktuelle Konkretisierungen (beispielsweise die Verwendung der Operatoren „Nenne", „Formuliere"), erweitern aber den Erwartungshorizont (beispielsweise die Verwendung der Operatoren „Erörtere", „Erläutere") deutlich, sodass die Lernenden im Sinne des Konstruktivismus meines Erachtens nach individuell bessere Chancen haben ihr Wissen und Können zu zeigen. Über die W-Fragen hinaus definieren Aufforderungsverben das Aufgabenformat, indem sie in bestimmte Anforderungsbereiche zugeordnet werden können. Damit legen sie die geforderte Leistung in ihrer Qualität fest, d.h. die erfolgreiche Ausführung (Lösung) des Operators durch den Lernenden gibt Auskunft auf die Ausgangsfrage („Wenn der Lernende das kann, wie gut kann er das und was benötigt der Lernenden, um noch besser zu werden?"). So zeichnen sich Operatoren des Anforderungsbereiches I (Reproduktion) dadurch aus, dass sie eher die Wiedergabe von Kenntnissen oder Konzepten verlangen, nach Anleitung zu handeln, bekannte Informationen in verschiedenen Darstellungsformen zu erfassen oder vorgegeben Elemente wiederzugeben. Operatoren des Anforderungsbereiches II (Rekonstruktion) zielen auf die Auswahl geeigneter Kenntnisse, Konzepte, Modelle o.ä., um diese auf überschaubare Sachverhalte anzuwenden oder Informationen zu erfassen und in eine geeignete Darstellungsform zu überführen. Anforderungsbereich III (Das Problemlösen und das Transferieren) umfassen Leistungen, die planmäßiges und konstruktives Vorgehen voraussetzen, um komplexere Aufgaben lösen zu können. Dabei geht es auch um den begründeten Umgang mit Modellen, Informationen oder Argumenten, um diese für die eigene Lösungsentwicklung zu nutzen. Eine Überprüfungs- bzw. Leistungsaufgabe, wie sie beispielsweise im Abitur eingesetzt wird, kann z.B. Material in Form von Informationen zur Verfügung stellen. Die Lernenden haben diese eigenständig u. U. auszuwählen, im Hinblick auf die Aufgabenstellung zu bewerten (beispielsweise: Zeigen sie die relevante Struktur des Moleküls für den geforderten Syntheseschritt auf!) und selbständig und ohne Hilfestellung zu bewältigen. An dieser Stelle sei ein Hinweis auf die Konzeption von Aufgaben mit gestuften Hilfen, welche eine Brücke zwischen Überprüfungs- und Lernaufgabe darstellt.

Welche Schritte empfehlen Sie aufgrund Ihrer wissenschaftlichen bzw. erfahrungsbasierten Expertise als „first steps" für angehende Chemielehrer/-innen, die sie für guten Chemieunterricht umsetzen können?

Referendare / innen aber auch Junglehrer / innen sind zu Beginn ihrer unterrichtlichen Laufbahn mit vielen Imperativen konfrontiert. Neben der Einführung in didaktisch-methodische Theorien und Aspekte des Unterrichtens, gilt es Pädagogik und Organisation im Blick zu behalten. Guter Unterricht zeichnet sich meines Erachtens in seinen Grundzügen durch eine erkennbare Strukturierung und Phasierung des Unterrichts (und den Ausblick zu Beginn einer Stunde) aus. Die Lernenden erhalten eine Orientierung, was von ihnen verlangt wird. Gleichzeitig kann in der vorbereiteten Planung der Lehrkraft schnell klar werden, ob das antizipierte Zeitbudget realistisch ist. Meines Erachtens kann so im persönlichen Nachgang (Reflexion) einer Stunde festgestellt werden, was gut geklappt hat, was zeitlich aus dem Ruder gelaufen ist, ob die selbst gesetzten Schwerpunkte gestimmt haben oder die Schülerinnen und Schüler eigene (fachliche) Themen angesprochen haben, auf die in der Folge eingegangen werden muss. Ein weiteres fundamentales Kriterium für wirksamen Unterricht ist das Erkennen und der Umgang mit Schülerleistungen. Diese Fähigkeit zu erwerben, zu vertiefen und immer wieder kritisch zu hinterfragen ist meinem Erachten nach eine (berufs-) lebenslange Aufgabe. Es braucht Selbstvertrauen und Zuversicht Unterricht zu verändern und gegebenenfalls von einer Planung oder eigenen Verhaltensweisen abzuweichen, wenn beispielsweise die Erkenntnis da ist, dass Schülerinnen und Schüler eine Aufgabenstellung nicht verstanden haben und es erforderlich wird einen Schritt zurück zu gehen. Eine Arbeitsphase, die auf Unverständnis beruht, kann nicht wirklich produktiv sein – unabhängig davon wie lange sie dauert. Ein weiterer wichtiger Schritt ist das Verständnis zu entwickeln, dass eine Gruppe immer auch aus Individuen besteht und nicht zu verallgemeinern ist. Meines Erachtens lernen Schülerinnen und Schüler immer etwas. Sie haben ein feines Gespür für Verhaltensweisen, die in Abhängigkeit von der Lehrperson im Unterricht gehen und nicht gehen. Für den Lehrer oder die Lehrerin gilt es, die eigene Rolle zu definieren und ein Gespür für den Lernprozess zu entwickeln, um so auch eine Orientierung für die eigene Lerngruppe zu geben. Unterrichtsstörungen können oft ein Produkt von Missverständnissen sein: Eine Arbeitsphase kann als zu laut empfunden werden, obwohl der Austausch fachlicher Natur ist. So gilt es sich zunächst diesen Umstandes zu vergewissern, um dann die eigenen Ansprüche zu verdeutlichen. Umgekehrt können Lernende im Rahmen eines Lehrervortrags, oder einer Erörterung sich sehr leise verhalten, ohne dass sich ein nennenswerter Erkenntnisgewinn einstellt.

Was ist Ihrer Ansicht nach das Besondere am Chemieunterricht?

Der Chemieunterricht hat wie kein anderes Fach das Privileg mit praktischen Lernarrangements, unbekannten Substanzen und mit der Chance zum Experimentieren aufzuwarten. So besteht eine hohe Erwartungshaltung von Schülerinnen und Schülern gegenüber dem Anfangsunterricht. Für die Lehrkraft kann dies zugleich Motivation und Herausforderung sein die Erwartungshaltung zu erfüllen und damit die Motivation der Schülerinnen und Schüler auf längere Sicht zu bewahren. Um die Begeisterung für das praktische Arbeiten im Chemieunterricht zu erhalten und produktiv nutzen zu können, ist es meines Erachtens unabdingbar das spielerische, oft durch Ausprobieren von Apparaturen oder Versuchsvorschriften geprägte Arbeiten bei Zeiten pädagogisch sinnvoll in fachlich-strukturierte Bahnen zu lenken. Dabei geht es nicht um eine Gängelung oder das Überstülpen bestimmter Verhaltensmuster. Der Lernende sollte behutsam und gleichwohl motivierend an naturwissenschaftliche Arbeitsweisen, wie Beobachten, Messen, Ordnen, Experimentieren, Dokumentieren oder mit Modellen arbeiten herangeführt werden. Für den Lernenden gilt es, den Mehrwert strukturierten Herangehens (Untersuchungsstrategien) zu erkennen, um damit Erkenntnisse zielgerichtet zu erschließen und handlungsfähiger zu werden. Ziele können bspw. das theorieunterstützte Erfassen von Phänomenen, das versierte Stellen von Fragen, die durch das Planen von Versuchen zu beantworten sind, oder auch das flexible Arbeiten mit Modellen zur Erklärung von Stoffeigenschaften sein. Fremdbestimmtes Abarbeiten von Arbeitsanweisungen tritt dann in den Hintergrund. Gelingt es diese Grundziele zu verankern, eröffnet sich die Chemie und ihre Gesetzmäßigkeiten dem immer kundiger-werdenden Lernenden. Dabei darf nicht verschwiegen werden, dass die Inhalte der Naturwissenschaft eng miteinander vernetzt sind. Umso wichtiger erscheint die Vermittlung der Basiskonzepte (z. B. Struktur-Eigenschafts-Beziehungen, oder Chemische Reaktionen), um den inneren Zusammenhalt der Naturwissenschaft zu erkennen. So finden sich bestimmte Inhalte qualitativ bereits im Einführungsunterricht (z. B. exotherme Reaktion), um in der Qualifikationsphase quantitativ (Satz von Hess) wieder aufgegriffen zu werden. Der Umgang mit Erklärungsmodellen auf Teilchenebenen oder energetischen Konzepten (intra- und intermolekulare Bindungsverhältnisse) zum Verständnis von Bindungstypen bildet die Grundlage für die Einführung einer beschreibenden Formelsprache. Dies beginnt mit einfachen Wortgleichungen, entwickelt sich über stellvertretende Symbole bis hin zu einer abstrahierten Reaktionsgleichung, die dem kompetenten Nutzer nur dann zur Verfügung steht, wenn er in der Lage ist den „Blick hinter die Kulissen" zu leisten.

Welche zentralen Merkmale des forschenden Lernens halten Sie für notwendig, um Chemieunterricht wirksam zu gestalten?

Allen Ausführungen zum forschenden Lernen ist der Anspruch gemeinsam, prozedurales-naturwissenschaftliches Wissen durch bestimmte Phasen (Problemgrund-Hypothese-Fragestellung-Experiment-Auswertung, o.ä.) und durch typische Arbeitsweisen (Beobachten, Experimentieren, mit Modellen arbeiten, u.ä.) zu vermitteln. Für die Lehrkraft bedeutet dies Schülerinnen und Schüler überwiegend in den Anforderungsbereichen II (Rekonstruktion) und III (Problemlösen) zu fordern, was eine hohe kognitive Aktivierung durch die Gestaltung der Lernumgebung und des Aufgabenformats (siehe obere Ausführungen) voraussetzt. Bei der kritischen Betrachtung unterrichtlicher Formen des forschenden Lernens muss die Frage erlaubt sein, ob es sich tatsächlich um ein offenes Verfahren handelt oder lediglich um den Nachvollzug eines bestimmten Lösungsweges oder einer Lösung. Unbestritten ist jedoch die Notwendigkeit, das Bewusstsein für einen Konflikt (problemhaltiger Sachverhalt) zu schaffen, der entweder auf der Basis einer gegebenen Problembeschreibung (-grund) fußt oder gleichwohl auf der von Schülerinnen und Schülern selbst geführten Analyse eines Sachverhalts, der ebenso zu einer (offeneren) Problemstellung führt. Im Idealfall führen beide Wege zur einer hypothesengeleiteten Fragestellung, die durch ein Experiment zu beantworten ist. Durch eine hohe Transparenz und Kennzeichnung der Diskussion der Merkmale einer Phase kann das Verständnis für das mehrschrittige Vorgehen erhöht und lernwirksam genutzt werden. So stufen einschlägige Modelle zum Forschungszyklus (z.B. das 5E-Modell nach Hofer et al., 2016) das Formulieren einer Fragestellung zu einem Experiment sehr hoch ein. In Anbetracht der Komplexität des Verfahrens, welches auf dem reziproken Wechselspiel der naturwissenschaftlichen Arbeitsweise beruht, möchte ich als Essenz oder als zentrales Kennzeichen die Fähigkeit zum Entdecken und Formulieren kausaler Zusammenhänge benennen. Damit ist gemeint das eigene Tun vor dem Hintergrund individueller Erwartungshaltungen zu reflektieren, um Wirkungen zu beschreiben. Für den Anfangsunterricht ist es hilfreich, diese Kompetenz mit Wortphrasen im Sinne von „Wenn …, dann …“ Oder „Je mehr …, desto …“ zu unterstützen. Damit wird deutlich, dass eine auf den ersten Blick passive Handlung, wie das Beobachten, zu einer kognitiv-aktiven Auseinandersetzung mit einem Phänomen werden kann. So erhalten die Lernenden die Chance sich selbst als handlungsfähig zu erleben, was sich ebenfalls positiv auf ihr Selbstwirksamkeitskonzept auswirken dürfte. Damit einher geht auch die Herausforderung mit Fehlern (oder Fehlannahmen) konstruktiv umzugehen. Die Fähigkeit zum Entdecken und Formulieren von kausalen Zusammenhängen führt wiederum zu einem vertieften Verständnis für die Notwendigkeit des fragegeleiteten Experimentierens. Nur wenn die Gestaltung der Bedingungen eines Versuchsaufbaus schlüssig sind, ist es möglich, durch Veränderung einer Variablen über die Beobachtung der Folgen Schlüsse zu ziehen und eine fachlich-theoretisch-geleitete Interpretation vorzunehmen.

Welche fachlichen und fachdidaktischen Aspekte erachten Sie als bedeutsam, damit das Lernen zum Wesen der Naturwissenschaften wirksam wird?

Das Wesen der Chemie als Naturwissenschaft bestimmt sich u. a. durch das Ringen der Menschen um Erkenntnis in der Auseinandersetzung mit der stofflichen Natur und Fragen an diese. So begann die Reise zum Aufbau der Materie bei philosophischen Überlegungen in der Antike und führte über viele Erkenntnisschritte, die u. a. durch genaues Beobachten und Experimentieren ermöglicht wurden, zur heutigen Vorstellung des Mikro- und atomaren Kosmos. Das Erfassen von Abläufen in der Natur, deren Reproduktion und Manipulation schuf das Verständnis für chemische Reaktionen und energetische Konzepte. So bilden m. E. die Basiskonzepte (Stoff-Teilchen-Beziehungen, Struktur-Eigenschafts-Beziehungen, chemische Reaktion und energetische Betrachtungen bei Stoffumwandlungen), wie sie im Rahmen der Bildungsstandards beschrieben werden, eine ausreichende Struktur, um wesentliche, inhaltliche Aspekte über die Jahrgangsstufen hinweg zuordnen und unter bestimmten Perspektiven zu diskutieren und in einen Zusammenhang zu stellen. Darüber hinaus gibt es Inhalte, die aufgrund ihres Charakters und den sich anbietenden Methoden zur Vermittlung derselben stellvertretend für das Wesen des Faches stehen. Zum Wesen der Naturwissenschaften gehört meines Erachtens aber auch das Vermitteln des Verständnisses, dass gerade in der Chemie Fehlinterpretationen zur Erkenntnisgewinnung dazugehören, aber immer Anlass dazu sind, bestehende Vorstellungen infrage zu stellen und gegebenenfalls (gerade in Bezug auf den Umgang mit Modellen) weiterzuentwickeln.

Welchen Umgang mit herkömmlichen bzw. neuen Medien empfehlen Sie im Chemieunterricht?

Gerade im Umgang mit Lernprodukten ist es entscheidend, Gelegenheiten im Unterricht zu schaffen die Ergebnisse in ausreichender Qualität und zeitnah zu präsentieren, damit diese einer Diskussion und damit einer Rückführung in das Unterrichtsgeschehen zur Verfügung stehen. Besonders geeignet ist hier beispielsweise eine Dokumentenkamera, welche in der Lage ist Aufzeichnungen im Heft (Hausaufgaben) oder auch Lösungen von Gruppenarbeiten einfach an eine Wand zu projizieren. Ein weiterer Vorteil liegt darin die oft im DINA4-Format erstellten Aufzeichnungen mithilfe eines Scanners zu digitalisieren, um so die Möglichkeit zu schaffen über eine E-Mail-Verteilerliste die Dokumentation allen Schülerinnen und Schülern zeitnah zur Verfügung zu stellen. Das Nutzen moderner Kommunikationsmittel (E-Mail-Verteiler) ist ebenfalls von Vorteil, gegebenenfalls PowerPoint Präsentationen, die im Rahmen von Lehrervorträgen oder Referaten eingesetzt worden sind, allen zur persönlichen Wiederholung zur Verfügung zu stellen. Selbstverständlich sollten Overhead, PC, Camcorder und Beamer zu der Grundausstattung eines Fachraumes gehören. Gerade für Messreihen in der Chemie gibt es passendes Zubehör (z. B. Cassy Lab) und Software, die in der Lage ist Vorgänge anschaulich darzustellen. Gerade unter dem Aspekt der Anschaulichkeit gewinnen m. E. die freizugänglichen, unmittelbar zur Verfügung stehenden Angebote in Internet, wie Animationen, Ausschnitte aus Lehrfilmen, Dokumentationen, immer mehr an Bedeutung. So können ebenfalls Smartphones im Rahmen einer Internetrecherche neben Schulbuchliteratur genutzt werden. Meines Erachtens stehen die Schülerinnen und Schüler heute vor der Herausforderung nicht zu wenige Informationen zu bekommen, sondern zu viele, sodass es unabdingbar ist die Fähigkeit des kritischen Umgangs (Informationen auswählen, bearbeiten und nutzen) mit diesen Medien zu schulen. Schulbuchliteratur, wenn sie nicht nur ein Sammelsurium bekannter Inhalten im neuen Gewande darstellt, sondern in Hinblick auf Basiskonzepte und kompetenzorientierten Unterricht tatsächlich eine kongruente Struktur aufweisen, bleiben ein wichtiges Hilfsmittel in der Unterstützung von Unterricht. Abschließend möchte ich gerade in Bezug auf neue (und alte) Medien kritisch anmerken, dass bei allen Vorteilen und Ergänzungen, die diese bieten können, Voraussetzung für den Lernprozess eine kognitive Aktivierung und aktive Auseinandersetzung ist. Allzu oft wird das Ausdrucken oder die Übermittlung von Informationen gleichgesetzt mit der Verinnerlichung der übertragenden Informationen.

Literatur

Hofer, E., Abels, S. & Lembens, A. (2016). Forschendes Lernen und das 5E-Modell – ein kurzer Überblick. *Plus Lucis* (1), 4.

Kultusministerkonferenz (2004). *Bildungsstandards im Fach Chemie für den mittleren Schulabschluss*. München: Luchterhand, Verlag Wolters Kluwer.

Kultusministerkonferenz (2004a). *Vereinbarung über Bildungsstandards für den mittleren Schulabschluss (Jahrgang 10) in den Fächern Biologie, Chemie, Physik*. München: Luchterhand, Verlag Wolters Kluwer.

MARKUS REHM

WAS IST WIRKSAMER CHEMIEUNTERRICHT?[1]

Lehrkräfte, Fachleiter / innen sowie Fachdidaktiker / innen haben nun jeweils die gleichen Fragen zu einem wirksamem Chemieunterricht aus ihrer erfahrungsorientierten und wissenschaftlichen Perspektive differenziert beantwortet. An dieser Stelle sollen die Gemeinsamkeiten und Unterschiede der einzelnen Positionen zusammenfassend herausgearbeitet werden.

Bei der Synthese der Antworten zeigt sich, dass die hier versammelte Community eine relativ homogene Gruppe darstellt. Das ist einerseits der in den letzten Jahren intensiven fachdidaktischen Forschung und deren Verzahnung mit der Praxis im Bereich des Unterrichtsfachs Chemie zu verdanken, andererseits hatte die Auswahl der gestellten Fragen eine selektive Kraft. Während die in diesem Buch versammelten Expertinnen und Experten die Beantwortung der Interviewfragen mit großem Engagement angingen, gab es – sehr vereinzelt – Positionen innerhalb der Chemiedidaktik, die die gestellten Fragen nach einem guten und effektiven Chemieunterricht als weniger bedeutend einschätzen und daher ihre Teilnahme nicht zusagen konnten. Das Ziel des Bandes war die Breite der chemiedidaktischen Positionen zu versammeln und es zeigt sich heute, dass wir in der Community ein relativ tiefes und nur mit einzelnen Abstrichen einiges Bild darüber erzeugen können, was einen wirksamen Chemieunterricht ausmacht.

Welches fachwissenschaftliche und fachdidaktische Wissen und Können der Lehrperson ist für die Qualität des Chemieunterrichts besonders wichtig?

Fachwissen, fachdidaktisches und pädagogisch-psychologisches Wissen sind drei Kategorien, die primär das Professionswissen einer Lehrkraft ausmachen. In den letzten Jahren erhalten wir durch die fachbezogene, empirische Bildungsforschung immer mehr Hinweise darauf, dass das professionelle Wissen und Können einer Lehrkraft einen Einfluss auf die Qualität ihres Unterrichts und diese wiederum eine Wirkung auf die Leistungen und

[1] Besonderer Dank gilt Frau Laura Arndt, die maßgeblich zum Gelingen dieses Buches beigetragen hat.

die Motivation der Schülerinnen und Schüler im Fach hat. Vor diesem Hintergrund stellt sich gleichsam die Frage, welche der drei Kategorien einen besonderen Einfluss auf die Wirksamkeit des Chemieunterrichts aufweist. Zweifellos findet man eine Antwort im Wechselspiel dieser drei Kategorien, doch wird man gerade für den naturwissenschaftlichen Unterricht eine gewisse Polarisierung erwarten. Freilich wundert man sich nicht über die Antwort von Chemiedidaktiker/innen und Chemielehrkräften auf die Frage, welche Art des Wissens und Könnens für die Qualität des Chemieunterrichts besonders wichtig sei. Die Antwort ist:
Ein profundes Fachwissen!

Es gibt hier also einen großen Konsens unter den Expertinnen und Experten! Dennoch: Verschiedene Perspektiven und Schwerpunktsetzungen Fächern die Unterschiedlichkeiten in der Community auf, wodurch sich weitere Fragen ergeben: Wie hängen bspw. die notwendigen Fähigkeiten von Lehrkräften vor allem die fachlichen und fachdidaktischen Fähigkeiten voneinander ab? Vor dem Hintergrund der COACTIV-Studie stellten Baumert und Kunter bereits 2006 fest: „Fachwissen ist die Grundlage, auf der fachdidaktische Beweglichkeit entstehen kann" (Baumert & Kunter, 2006, S. 496). Welche Art des Fachwissens ist hier gemeint? „Reicht ein vertieftes Allgemeinwissen eines Bereichs? Wie viel über das zu vermittelnde Wissen der Schule hinaus muss eine Lehrperson wissen? Braucht es spezialisiertes Wissen? Spezialisiert in Bezug auf die Systematik, die Methoden, die Paradigmen und großen Vertreter / innen, die Geschichte, die Philosophie, die wichtigsten oder populärsten Erkenntnisse der Bezugswissenschaft? Welches Fachwissen ist notwendig, um das fachdidaktische Wissen zu sichern, also z. B. das Wissen über die kognitiven Voraussetzungen und das didaktische Potential von Aufgaben, die Schülerkonzeptionen und Erklärungsmöglichkeiten." (Rehm & Zutavern, 2012, S. 6).

Was die Inhalte des profunden Fachwissens einer Lehrkraft für den Chemieunterricht anbelangt, so kann man sich auf die „Ländergemeinsamen inhaltlichen Anforderungen für die Fachwissenschaften und Fachdidaktiken in der Lehrerinnen- und Lehrerbildung" (KMK, 2008) berufen. Über die dort formulierten Inhalte lässt sich leicht ein Konsens unter den Expertinnen und Experten erzeugen. Bemerkenswert ist, dass sich in den Antworten sehr schnell eine Einigkeit ablesen lässt, die mit der oben zitierten Aussage von Baumert und Kunter konform geht: Fachwissen allein reicht nicht aus! Fachwissen ist zwar notwendig, wirksam wird das fachliche Professionswissen aber erst dann, wenn ein ebenso profundes fachdidaktisches Wissen und Können vorhanden ist. So einheitlich die Frage nach der Wichtigkeit des Fachwissens beantwortet wurde, so differenziert fallen die Antworten auf die Frage nach dem möglichen fachdidaktischen Wissen und Können aus:

Die Kollegen aus den Hochschulen stellen zwei zentrale Facetten für einen wirksamen Chemieunterricht anhand empirischer Studien in den Mittelpunkt: Das Wissen über und der Umgang mit ***Schülervorstellungen*** (Rehm, Ropohl, Steffensky & Parchmann, 2017). Dieses Wissen habe Auswirkungen auf die Gestaltung des Chemieunterrichts, vor allem in den Bereichen des Experimentierens und dem Umgang mit Modellen. Die Vielfalt und die Arten von Schülervorstellungen (Feige, Rutsch, Dörfler & Rehm, 2017) setzen eine ausgeprägte, diagnostische Kompetenz von Lehrkräften voraus, mithilfe derer man differenziert auf unterschiedliche Voraussetzungen und Verständnisschwierigkeiten eingehen kann. Die Fähigkeit evaluativ zu urteilen und das Wissen über Schülerkognitionen sowie über typische Beurteilungsfehler werden hervorgehoben. Dies ist allerdings nicht nur während des Unterrichtshandelns wichtig, sondern soll bereits in der Planungsphase Anwendung finden.

Ein weiterer wichtiger Bereich, den die Expertinnen und Experten in ihren Interviews hervorheben, ist das inhaltliche Feld der Natur der Naturwissenschaften, ***Nature of Science*** *(NoS)* (z.B. Gebhard, Höttecke & Rehm, 2017, S. 85–106) und damit die Fähigkeit gemeinsam mit den Schülerinnen und Schülern ein Wissen *über* die Naturwissenschaften aufzubauen, das letztlich zu einem Verständnis über die Stellung der Naturwissenschaften in der Gesellschaft und vor allem ihrer Grenzen führt. Dies wird als eine „neue Herausforderung der Lehrerbildung" beschrieben.

Welche Qualitätsmerkmale halten Sie für den Chemieunterricht für essenziell?

Im einführenden Artikel dieses Bandes haben wir eine Reihe von Qualitätsmerkmalen wirksamen Unterrichts reflektiert. Nun haben sich die Expertinnen und Experten auf die Qualitätsmerkmale eines wirksamen Chemieunterrichts konzentriert:

Auch hier besteht weitgehend Konsens unter den Expertinnen und Experten der Interviewartikel: Ein *kognitiv aktivierender* und *klar strukturierter* Chemieunterricht gilt als besonders wirksam.

In den meisten Aussagen der Expertinnen und Experten wird auf die so genannten ***Basisdimensionen*** (Klassenführung, kognitive Aktivierung, konstruktive Unterstützung) rekurriert, allerdings werden diese Qualitätsmerkmale oftmals unterschiedlich bezeichnet. Fragt man sich, was die Wirksamkeit des Chemieunterrichts ausmacht, so wird auf zwei Zielsetzungen hingewiesen: auf die ***Prozessqualität*** und auf die ***Produktqualität***. Das heißt: Wenn man vom „Wirksamen Chemieunterricht" spricht, muss unterschieden werden, ob man die so genannte Bedingungsseite (Prozessqualität) meint, also die Seite, die gewährleistet, dass Unterrichts-, Lern- und Erziehungsziele erreicht werden oder ob man die Inhalte der Unterrichts-, Lern- und Erziehungsziele (Produktqualität) meint.

Fast alle Expertinnen und Experten benennen die Zielklarheit als ein wirksames Qualitätsmerkmal für den Chemieunterricht. Als Maßnahmen werden ein informierender Unterrichtseinstieg, die Verwendung von „Advanced Organizern" sowie die Klarheit der Phasenübergänge und Phasenwechsel genannt. Die meisten Expertinnen und Experten sehen die Zielklarheit sowie eine klare inhaltliche Strukturierung des Unterrichts als besonders wirksam an. Die inhaltliche Strukturierung des Unterrichts muss allerdings mit einer effektiven Nutzung der Lernzeit verbunden werden, sodass die Beteiligung der Schülerinnen und Schüler sowie deren Interaktion untereinander einen breiten Raum einnehmen können.

Die Expertinnen und Experten gehen auf die Unterscheidung zwischen den sogenannten Sichtstrukturen von Unterricht und denen, die Wirksamkeit des unterrichtsbeeinflussenden Tiefenstrukturen ein. Unter der Sichtstruktur des Unterrichts verstehen sie alle Merkmale, die direkt durch Beobachtung zugänglich sind. Die Tiefenstrukturen sind Merkmale, die sich der direkten Beobachtung entziehen, aber in hohem Maße für die Qualität des Unterrichts verantwortlich sind. Unter den Expertinnen und Experten, ob aus den Hochschulen, den Seminaren der zweiten Phase der Lehrerbildung oder den Lehrkräften, die in den Schulen wirksamen Chemieunterricht umsetzen, besteht Einigkeit, dass die über lange Jahre bestehende normative Sichtweise eines vielfältigen Methodeneinsatzes (Sichtstruktur) nicht ohne weiteres zu einem wirksamen Chemieunterricht führt. Vielmehr muss das Potenzial der Tiefenstrukturen genutzt werden: wirksam ist hierbei vor allem die so genannte „Orchestrierung von Unterricht, wo jede Methode ähnlich einem Instrument in einem Orchester ihren festgelegten Einsatz (und ihre Interpretationsspielräume!) hat und wo das geschickte Zusammenspiel erst ein harmonisches Ganzes ergibt" (Koenen & Tiemann)[2]. Von einigen Expertinnen und Experten wird die emotionale Unterstützung der Schülerinnen und Schüler als wirksam ausgewiesen. Es wird auf die hierfür notwendige Haltung der Lehrkraft hingewiesen (Stäudel), eine Haltung, die zunächst die Schülerinnen und Schüler und dann das Fach in den Blick nimmt, einzunehmen. Wiebe und Svoboda formulieren: „Sie merken schnell, wie gerne man zunächst sie (die Lernenden) und dann sein Fach unterrichtet. Ist dies der Fall, dann kann der Funke überspringen und es kann gelingen, Schülerinnen und Schüler für das Fach Chemie zu begeistern." Letzteres negiert nicht die Einigkeit über ein profundes Fachwissen, aber diese erfah-

[2] Die in Klammern angeführten Namen ohne entsprechende Jahreszahl und ohne weitere Hinweise verweisen auf die Interviewartikel der Expertinnen und Experten in diesem Band.

rungsgesättigte Kenntnis über die Wirkung des Chemieunterrichts rückt den Einsatz des Fachwissens an die richtige Stelle. Das vertiefte Fachwissen einer Lehrkraft wird für die Anwendung im Unterricht temperiert. Das heißt, ohne pädagogisches Können kann die profunde Wissensbasis im Fach nicht greifen.

Ein Spezifikum des Chemieunterrichts ist der Einsatz von Experimenten, was von allen Expertinnen und Experten auch so benannt wird. Hierbei ist die Klassenführung im Chemieunterricht besonders wichtig, da der Übergang zwischen den Phasen des Experimentierens (zum Beispiel Planung, Durchführung, Auswertung) reibungslos organisiert werden muss, um die Lernzeit der Schülerinnen und Schüler effektiv nutzen zu können. Allerdings, so formulieren viele Expertinnen und Experten, machen Experimente den Chemieunterricht noch nicht wirksam! „Positiv auf den Lernerfolg der Schülerinnen und Schüler wirken sich Experimente aber nur dann aus, wenn sie für die Lernenden nachvollziehbar sind und in angemessenem Umfang ausgewertet werden. Dabei müssen Schülerinnen und Schüler kognitiv aktiviert werden und die Möglichkeit haben, in erheblichem Umfang eigene Erklärungen in die Auswertephase einzubringen." (Sumfleth, Walpuski, Rumann). Für die Auswertungsphasen ist es wichtig eine „offen-konstruktive Feedback-Kultur" (von Arx & Beerenwinkel / Lembens & Abels) aufrechtzuerhalten und die Schülerinnen und Schüler im Sinne eines „Scaffoldings" so zu begleiten, dass der Erwerb fachlichen Wissens als sinnhaft und nützlich erlebt wird (Marohn). Wichtig ist auch, dass die Experimentier- wie die Auswertungsphase an eine klare Problemorientierung gebunden sind (Tittel). Alle Phasen der Unterrichtsgestaltung müssen durch eine „offene und vertrauensbildende Atmosphäre" geprägt sein, in der „die Kommunikation sachbezogen bleibt" (Ralle & Melle).

Welche Lernumgebungen und Lehr-/Lernformen halten Sie für einen wirksamen Chemieunterricht für besonders bedeutsam?

Die Fragestellung zielt auf die Einschätzung der Expertinnen und Experten ab, ob man die Wirksamkeit auf der Ebene der (beobachtbaren) Sichtstrukturen des Chemieunterrichts abschätzen kann. In den Antworten der Expertinnen und Experten sind vier Kategorien zu entdecken: die Verwendung von ***methodischen Arrangements*** im Chemieunterricht, die ***Steuerung der Klassenführung*** durch die Verwendung von (offenen vs. geschlossenen) Lehr-und Lernformen, das ***forschende Lernen*** sowie die gezielte Verwendung von ***alltagsnahen Kontexten***.

Die Fragestellung erzeugt weniger Einigkeit unter den Expertinnen und Experten. Zwar besteht Konsens darüber, dass es keine von den äußeren

Bedingungen unabhängige, wirksame Lernumgebung und Lehr-Lernform geben kann. Vielmehr muss ein geeignetes Zusammenspiel und die oben genannte Orchestrierung von Unterricht Wirksamkeit erzeugen. Dennoch nennen die Expertinnen und Experten eine ganze Reihe von ***methodischen Arrangements*** bzw. passenden Lernumgebungen, die entsprechend ihrer Funktion und Zielsetzung eingesetzt werden können: so z. B. Concept Cartoons, um die Aufmerksamkeit auf eine Fragestellung zu lenken oder Mapping-Verfahren zum Aufzeigen von Lernwegen etc..

Es werden aber auch eine ganze Reihe von fachdidaktischen Unterrichtsverfahren aufgezeigt (vgl. z. B. Marohn):

- „problemlösende Ansätze wie den forschend-entwickelnden oder den historisch-problemorientierten Unterricht, die vor allem Kompetenzen im Bereich der Erkenntnisgewinnung in den Blick nehmen […]
- gesellschaftskritisch-orientierter Unterricht oder choice^{2}reflect haben zum Ziel Bewertungskompetenzen zu fördern […]
- Kontextorientierte Ansätze wie Chemie im Kontext konzentrieren sich auf die Verknüpfung fachlichen Wissens mit lebensweltlichen Bereichen […]
- Konzepte wie choice^{2}learn ermöglichen die Auseinandersetzung mit individuellen Schülervorstellungen und fördern das fachliche Argumentieren".

Was die ***Steuerung der Klassenführung*** durch die Verwendung von (offenen vs. geschlossenen) Lehr- / Lernformen und die Führung der Schülerinnen und Schüler anbelangt, so kristallisieren sich drei unterschiedliche Positionen heraus:

Eine erste Gruppe von Expertinnen und Experten plädiert für ein Mehr an Schülerorientierung, wie das Gewährleisten von Freiräumen und Offenheit. Eine zweite Gruppe spricht sich eher für transmissive Lehr- / Lernformen, wie das gelenkte Unterrichtsgespräch aus. Die Expertinnen und Experten halten gerade diese Methode für besonders wirksam. Begründet wird dies beispielsweise über die richtige Verwendung der Fachsprache im Chemieunterricht, die von der Lehrkraft stark angeleitet werden müsse. Denn die chemische Fachsprache ist durch eine Vielzahl von Homonymen, Synonymen und Antonymen geprägt, die, werden sie falsch verwandt, die Wirksamkeit des Unterrichts schwächen. Als weiterer Grund wird der häufige Wechsel zwischen Phänomenebene (Kontinuum) und submikroskopischer Ebene (Diskontinuum) angeführt. Dieser Wechsel müsse durch die Lehrkraft gesteuert werden. Es wird hier betont, dass ein gut geführter Chemieunterricht über seine Wirksamkeit hinaus sehr wohl kompetenz- und schülerorientiert sein kann. Bei dieser Uneinigkeit sticht das Arbeitsfeld der Expertinnen und Experten besonders ins Auge: Während gymnasial orientierte Kolleginnen und Kollegen eher der letzteren Position zugewandt sind, plädieren vor allem die Praktiker der anderen Schularten für die erstgenannte offene Position. Eine dritte Autorengruppe sieht die Wirksamkeit des Chemieunterrichts besonders in der Ausgewogenheit der Führung und Begleitung der Schülerinnen und Schüler durch die Lehrkraft und betont Maßnahmen des Scaffoldings z. B. das Fading – das kontinuierliche Zurückfahren des Unterstützungsangebotes mit zunehmender Erfahrung der Lernenden (z. B. von Arx & Beerenwinkel). Letzteres wird vor dem Hintergrund der zunehmenden Heterogenität in den Schulen und einer dadurch notwendigen Niveaudifferenzierung begründet. So kann es für „schwächere Lernende sinnvoll sein, ein geeignetes Maß an geschlossenen Lernformen anzubieten und z. B. problemorientierte Ansätze um Formen des beispielorientierten Lernens zu ergänzen." (Schanze & Nehring).

Fast alle Expertinnen und Experten sind sich darin einig, dass dem Verfahren des ***forschenden Lernens*** (Inquiry Learning, Inquiry-Based Science Education) ein großer Stellenwert in punkto Wirksamkeit des Lernens im Chemieunterricht zukommt: Hier werden unterschiedliche Verfahren bzw. Zyklen des forschenden Lernens favorisiert. So wird beispielsweise das problemlösende Experimentieren in Kleingruppen unter Verwendung von Interaktionsboxen genannt, dies verbunden mit dem Ziel „bekannte Fehlvorstellungen zu falsifizieren". Es soll „über einen kognitiven Konflikt das Nachdenken über das Problem angeregt" werden (Sumfleth, Walpuski & Rumann). Die meisten Expertinnen und Experten sind sich auch einig darin, dass die Verfahren des forschenden Lernens gut strukturiert sein müssen und dass der Auswertungsphase eine besondere Aufmerksamkeit zukommen muss: So werden Forschungszyklen benannt, wie zum Beispiel das 5E-Modell mit den „Phasen Engage, Explore, Explain, Elaborate und einer quer dazu liegenden Evaluate-Phase", um Lerngelegenheiten und Lernumgebungen für die Methode der naturwissenschaftlichen Erkenntnisgewinnung zu schaffen: „Fragen zu stellen, Untersuchungen zu planen und durchzuführen, Ergebnisse systematisch zu dokumentieren und zu interpretieren sowie Erklärungen (fachsprachlich) zu formulieren etc." (Lembens & Abels).

Die Einbettung chemischer Inhalte in einen ***lebensweltlichen Kontext*** wird unterschiedlich gesehen und thematisiert: Während sich eine Gruppe von Expertinnen und Experten für die Wirksamkeit von *alltäglichen* Kontexten ausspricht, betonen andere die Interessensförderung von besonderen (gerade nicht alltäglichen) Kontexten. Letztere begründen ihre Auffassung damit, dass Forschungsergebnisse darauf hinweisen, dass diese Kontexte für die Schülerinnen und Schüler besonders reizvoll und damit (wenn auch situational) in hohem Maße wirksam auf das Interesse der Schülerinnen und Schüler sind. Einig sind sich die Expertinnen und Experten letztlich darin, dass die Wirksamkeit des Chemieunterrichts im Sinne der Produktqualität in

Richtung Bewertungskompetenz und Diskursfähigkeit weisen muss, um „kontroverse Themen aus der gesellschaftlichen Debatte anzusprechen, sog. Socio-Scientific Issues“ (Eilks & Marks). Als geeignete Lernumgebungen und Lehr-Lernformen werden hier Rollen- oder Planspiele benannt.

Wie sieht eine gute Differenzierung / Individualisierung Ihrer Meinung nach im Chemieunterricht aus?

Inklusion und Umgang mit Heterogenität sind wichtige Themen, die vor allem auch die Gestaltung des Fachunterrichts betreffen. Grundlage für die Wirksamkeit des Chemieunterrichts ist vor allem eine gute Passung zwischen den Lernangeboten und den Voraussetzungen der Lernenden. Damit stellt sich die Frage nach einer guten Differenzierung und Individualisierung im Chemieunterricht: Die Antworten der Expertinnen und Experten zur Frage der Differenzierung und Individualisierung beleuchten mindestens drei Perspektiven ähnlich dem Modell des didaktischen Dreiecks (Bönsch, 2006), nämlich Differenzierungsmöglichkeiten auf der Seite der ***Lernenden***, didaktische, methodische aber auch institutionelle Möglichkeiten auf der Seite der ***Lehrkraft*** sowie die Struktur der zu differenzierenden ***Inhalte***.

Ein anderes Format, das mit Blick auf die Prozessqualität des Unterrichts herangezogen wird, um die Frage nach wirksamen Differenzierungsmöglichkeiten im Chemieunterricht zu beantworten, ist das Modell der didaktischen Rekonstruktion (Kattman, Duit, Gropengiesser & Komorek, 1997). Indem die ***fachliche Klärung*** und die ***Erhebung von Lernerperspektiven*** verschränkt werden, wird eine ***didaktische Strukturierung*** erhalten. So sehen beispielsweise von Arx & Beerenwinkel das Modell der didaktischen Rekonstruktion als Schlüssel zur Differenzierung: „Die damit verbundenen Analysen greifen die Voraussetzungen der Lernenden auf allen Ebenen auf und es werden Wege gesucht und identifiziert, wie die Unterrichtsziele ausgehend von diesen Voraussetzungen erreicht werden können.“

Aussagen über Differenzierungsmöglichkeiten auf der Seite der ***Lernerperspektiven*** können nur vor dem Hintergrund der Art der Heterogenität(en) in der Lerngruppe getroffen werden. Die Expertinnen und Experten nennen unterschiedliche Dimensionen nach denen – mit Blick auf die Lerngruppe – differenziert werden kann: Sach- und Lern-Motivation, Interesse, kognitives Niveau, spezifischer Förderbedarf, sprachliche Fähigkeiten, Genderunterschiede etc.. Um differenzieren und individualisieren zu können (hier sind sich alle Expertinnen und Experten einig), muss eine adäquate Diagnose der Lernausgangslage gelingen, damit die Passung zwischen den Anforderungen und Lernvoraussetzungen in den oben beschriebenen Dimensionen ausgelotet werden kann. Hierzu stehen vielfältige Diagnoseinstrumente zur

Verfügung: Multiple-Choice-Items, Concept Cartoons, Partnerdiagnosetests mit Musterlösungen, Kommunikations- und Konzeptwechselstrategien, diagnostischer Dialog, Concept Mapping, Fremd- und Selbstdiagnosebögen, etc..

Auch die Seite der ***Lehrkraft*** wird von den Expertinnen und Experten hervorgehoben. Die Lehrkraft muss in der Lage sein, je nach Differenzierungsgrad einen Rollenwechsel zu vollziehen: Wissensvermittler / in, Lernbegleiter / in, Regisseur / in oder auch Aktivator / in (Lembens & Abels). Wenn eine wirksame Binnendifferenzierung im Chemieunterricht stattfinden soll, so muss die Lehrkraft eine wertschätzende Fehlerkultur schaffen und bewahren. Eine weitere Anforderung an die Lehrkraft ist das Aufrechterhalten einer positiven Lernatmosphäre, sodass negative Auswirkungen binnendifferenzierender Maßnahmen auf die Leistungsentwicklung vermieden werden. Damit bestätigen die Expertinnen und Experten empirische Befunde zur Unterrichtsqualität: Neben den Basisdimensionen der Klassenführung und der kognitiven Aktivierung, fokussiert man vor allem die konstruktive Unterstützung der Schülerinnen und Schüler, die – vor dem Hintergrund der inneren Differenzierung und Individualisierung im Chemieunterricht – als besonders wirksam erachtet wird (vgl. Rehm, Ropohl, Steffensky, Parchmann, 2017). Hierzu gehört vor allem das Aufgreifen von Stärken gegenüber dem Unterstreichen von Schwächen. Dies bringt Wißner wie folgt auf den Punkt: „1. „Was hast du verstanden?" (und nicht „Was hast du nicht verstanden?") – 2. Welche Unterstützung benötigst du, um die Aufgabe zu lösen? (und nicht, was hindert dich daran, das zu tun?)." Zusammenfassend kann die Aufgabe, aber auch die Haltung der Lehrkraft mit einem Buchtitel von Hartmut von Hentig beschrieben werden: „Die Menschen stärken, die Sachen klären".

In einem weiteren Schritt werden von den Expertinnen und Experten Vorschläge zu bestimmten ***didaktischen Strukturierungen*** gemacht, die sich gut zur Differenzierung eignen. Im Zentrum steht das Experimentieren: Bei der ***Planung***, ***Durchführung*** und ***Auswertung*** von Experimenten werden Differenzierungsmöglichkeiten beschrieben, in dem in diesen drei Bereichen der Komplexitätsgrad didaktisch strukturierter Experimentiermaterialien variiert wird. So können z. B. Interaktionsboxen bei der ***Planung*** von Experimenten eingesetzt werden, unterschiedliche Aufgabenverteilungen bei der ***Durchführung*** mehr oder weniger vorstrukturiert sein und gestufte Hilfen bei der ***Auswertung*** zum Einsatz kommen. Aber auch die Art des Experimentierens kann variiert werden. Es ist die Rede von Pflicht- und Ergänzungsangeboten, von experimentellen Hausaufgaben sowie von der Assistenz bei bzw. dem eigenverantwortlichen Durchführen von Demonstrationsexperimenten.

Erwähnt werden muss aber der hohe zusätzliche Aufwand, der mit der Differenzierung und Individualisierung auf allen Ebenen (Lernende, Lehrkraft, Inhalte) einhergeht. Einige Autoren beschreiben die oft sehr ungünstige Ausgangslage, um adäquate Differenzierungsmöglichkeiten ausschöpfen zu können: Viele Lehrkräfte stehen vor enormen Herausforderungen, sie müssen sehr viele Schülerinnen und Schüler innerhalb eines Schuljahres unterrichten (die Rede ist von bis zu 400 Schülerinnen und Schülern). In den Schulen steht auch wenig effektive Lernzeit zur Verfügung, denn das Fach Chemie wird nur ein- oder zweimal pro Woche unterrichtet. Adäquate Lernstandsdiagnosen und das Erfassen des Interesses aller Schülerinnen und Schüler werden hierdurch nur schwer möglich.

Welche immer wiederkehrenden fachspezifischen Herausforderungen im Unterrichtshandeln müssen Ihrer Meinung nach die Lehrpersonen bewältigen, um im Chemieunterricht eine angemessene Unterrichtsqualität garantieren zu können?

Lehrkräfte stehen vor vielfältigen beruflichen Anforderungen. Der Chemieunterricht ist ein anspruchsvolles Handlungsfeld, das für Lehrkräfte immer wieder neue Herausforderungen bereithält. Als Unterrichtsfach, das auf der Beliebtheitsskala der Schülerinnen und Schüler nicht sehr weit oben rangiert, gilt es für Lehrkräfte immer wieder den Chemieunterricht einerseits interessant und andererseits klar strukturiert und logisch aufgebaut zu arrangieren. Die Expertinnen und Experten sehen vorwiegend vier zentrale fachspezifische Herausforderungen an eine Lehrkraft: Die passende Wahl der Inhalte mit Blick auf die ***Zieldimensionen*** des Chemieunterrichts, die klar ***strukturierte Organisation*** des Unterrichts vom Einstieg über die geeignete Platzierung der experimentellen Phasen bis zur Sicherungsphase, die immer wiederkehrende ***Förderung fachsprachlicher Fertigkeiten*** sowie die ***Differenzierung zwischen symbolischer, submikroskopischer und phänomenaler Ebene***.

Die Bildungsstandards für das Fach Chemie geben zwar eine klare ***Zieldimension*** vor, aber die Lehrkraft steht vor der Herausforderung den chemischen Inhalten einerseits Alltags- und Gesellschaftsrelevanz zu verleihen und diese andererseits mit einer fachorientierten Zieldimension in Einklang zu bringen. Zu diesem Themenkomplex stellen Steffensky, Ropohl & Parchmann wichtige Fragen, die die wiederkehrenden, fachspezifischen Herausforderungen an eine Lehrkraft für das Unterrichtsfach Chemie im Bereich der Zieldimensionen wiedergeben: Welche Ziele können vorrangig mit Inhalten, die Alltags- und Gesellschaftsrelevanz haben, erreicht werden und welche Ziele müssen eher mit einem am fachorientierten Inhalt angesteuert werden? Die fachspezifische Herausforderung an eine Lehrkraft für den Chemieunterricht ist, den Überblick über die fachlichen Themen und Einheiten passend zu den Zielsetzungen, den Kontexten unter Berücksichtigung ihrer Komplexität sowie den fachspezifischen Lernschwierigkeiten zu haben. Aber auch die Förderung der Interessen im Blick auf die beruflichen Perspektiven der Schülerinnen und Schüler stellt eine wichtige Zieldimension des Chemieunterrichts dar. Damit verbunden ist die Herausforderung Unterrichtseinheiten zu wählen, die „Einblicke in Studien- und Berufsperspektiven" geben.

Eine am häufigsten genannte Herausforderung an die Lehrkraft ist die klare ***strukturierte Organisation*** des Unterrichts, verbunden mit der Zielsetzung, den Kompetenzerwerb in den Bereichen Erkenntnisgewinnung, Kommunikation und Bewertung zu stärken. Die meisten Autoren sprechen dem Unterrichtseinstieg eine große Wirkungskraft zu. Dies vor allem vor dem Hintergrund, dass das Fach Chemie in der Regel nur einmal wöchentlich unterrichtet wird und damit, meist in Doppelstunden, für die Schülerinnen und Schüler sowohl inhaltlich als auch affektiv eine wöchentlich abgeschlossene Einheit darstellt. Der Unterrichtseinstieg hat die Aufgabe, in späteren Phasen immer wieder den Rückbezug zur Problemstellung herzustellen. Vom Unterrichtseinstieg her werden die Übergänge des weiteren Unterrichts sowie dessen Abschluss arrangiert. Lehr-Lernarrangements mit Experimenten, die vom Unterrichtseinstieg her den reibungslosen Übergang zwischen den Gelenkstellen in den Blick nehmen, sind dann besonders wirksam, wenn einerseits die Lernzeit effektiv genutzt wird und andererseits die Motivation und das Interesse der Schülerinnen und Schüler aufrechterhalten bleibt. Betont wird vor allem die Herausforderung die Motivation und das Interesse der Schülerinnen und Schüler zunächst aufzubauen und über die Lernzeit bis hin zu einem verbindlichen Stundenende aufrecht zu erhalten. Hierzu ist die motivationale Rückbindung an den Einstieg in jeder Unterrichtsphase nötig.

Mit Blick auf den Gesamtprozess des Chemieunterrichts, werden von den Expertinnen und Experten einzelne wiederkehrende Herausforderungen deutlich benannt: Wieder steht das Experimentieren im Vordergrund! Neben der Gestaltung experimenteller Lehr-Lernarrangements und dem Beachten aller Sicherheitsstandards, ist die Herausforderung die Schülerinnen und Schüler beim Schlussfolgern und beim Finden von Erklärungsmöglichkeiten zu begleiten. Da der Übergang vom Schlussfolgern zum Erklären sehr häufig den Wechsel von der Ebene der Phänomene zur Erklärungen auf der submikroskopischen und auf der symbolischen Ebene herausfordert, liegen in der Lernbegleitung dieser Gelenkstellen besondere Herausforderungen für die Chemielehrkraft. Hier bietet das Dreieck nach Johnstone (vgl. Abbildung 5 unten) bzw. dessen Weiterentwicklung zum „chemischen Tetraeder" (vgl. Abbildung 6 unten) eine gute Orientierung.

Die Herausforderung an die Lehrkraft ist hierbei, Lerngelegenheiten für den Wechsel der Abstraktionsniveaus zu ermöglichen und zu sichern: „Die Differenzierung zwischen symbolischer Ebene, submikroskopischer Ebene und der Ebene der Phänomene ist zum Verständnis eines Sachverhaltes zentral. Durch den Überlappungsbereich zwischen den Ebenen ist eine Thematisierung der Differenzierung aber schwierig. Zur Förderung eines angemessenen Verständnisses ist es aber unabdingbar, dass beispielsweise O_2 kein Sauerstoffmolekül ist, sondern nur ein Symbol für ein Sauerstoffmolekül darstellt." (Koenen & Tiemann).

Eine weitere große Herausforderung für die Lehrkräfte ist die ***Förderung fachsprachlicher Fertigkeiten***, die als eine Daueraufgabe des Chemieunterrichts betrachtet wird (Sumfleth, Walpuski & Rumann). Stäudel schlägt hier einen verschränkten Methodeneinsatz vor. Erwähnt werden Methodenwerkzeuge wie z. B. „Memory und Domino, Satzgeländer und Wortfelder, Kärtchentisch und Stoffe-Würfel" – verbunden mit dem Ziel einer sprachlichen Orientierung und Ordnung. Neben dem Experimentieren bleibt damit eine große Herausforderung für die Lehrkräfte des Fachs Chemie fachlich adäquate Materialien nutzen zu können, die zunächst eine „Ordnung auf dem Tisch" schaffen und letztlich fachsprachliche „Ordnung im Kopf" zu erzeugen (Stäudel).

Worauf gilt es bei der Entwicklung und dem Einsatz von Aufgaben bzw. Aufgabensets im kompetenzorientierten Chemieunterricht besonders zu achten?

Die Expertinnen und Experten heben für die Entwicklung und für den Einsatz von Aufgaben bzw. Aufgabensets drei Bereiche besonders hervor: Den Schülerinnen und Schülern muss zu jedem Zeitpunkt des Chemieunterrichts der Sinn und Zweck des verwendeten ***Aufgabentyps*** deutlich werden, es muss eine wirksame ***Aufgabenkultur*** geschaffen werden und die Aufgaben können durch den richtigen Einsatz von ***Operatoren*** genau auf die zu erreichenden Ziele zugeschnitten werden.

Beim Einsatz von Aufgaben sehen die Expertinnen und Experten die Chance eine positive Fehlerkultur zu etablieren, indem den Schülerinnen und Schülern zu jedem Zeitpunkt des Unterrichts transparent ist, welcher ***Aufgabentyp*** bearbeitet wird. Dies ist in zweierlei Hinsicht bedeutsam: Vor allem muss die Unterscheidung zwischen Lern- und Leistungsaufgaben deutlich werden. Zum anderen muss den Schülerinnen und Schülern die Zielsetzung einer Aufgabe bewusst sein. Handelt es sich um Einführungs- bzw. Konfrontationsaufgaben, um Bearbeitungsaufgaben oder Übungsaufgaben oder ist es notwendig Transfer zu leisten (Wilhelm & Rehm, 2017). Eine solche Fehlerkultur kann geschaffen werden, wenn Lernaufgaben im Sinne eines formativen Assessments eingesetzt werden: „Hier wird den Lernenden eine – unbenotete – Rückmeldung über ihren Lernstand sowie über etwaige Defizite gegeben. Hierbei ist es sinnvoll, die Lernaufgaben binnendifferenzert mit Hinblick auf Ihr Anforderungsniveau anzulegen, um die Lernenden bei der Aufgabenbearbeitung in der Zone ihrer proximalen Entwicklung anzusprechen." (Sumfleth, Walpuski & Rumann).

Die meisten Expertinnen und Experten weisen darauf hin, dass die Kompetenzbereiche Umgang mit Fachwissen, Erkenntnisgewinnung, Kommunikation und Bewertung beim Erstellen von Aufgaben bzw. Aufgabensets gleichermaßen abgedeckt werden müssen. Die Expertinnen und Experten bemängeln, dass Aufgaben zur Förderung der Kommunikations- und Bewertungskompetenz im Schulalltag unterrepräsentiert sind. Häufig werden Aufgaben eingesetzt, die im Kompetenzbereich Umgang mit Fachwissen oder Erkenntnisgewinnung angesiedelt sind. Dies hat zur Folge, dass Schülerinnen und Schüler zu wenig mit Aufgaben konfrontiert werden, bei denen alternative Handlungsoptionen entwickelt werden müssen (divergentes Denken). Häufiger werden Aufgaben eingesetzt, die das so genannte konvergente, schlussfolgernde Denken fördern.

Darüber hinaus ist von einer wirksamen ***Aufgabenkultur*** die Rede: Hierzu gehört, Aufgaben so zu entwickeln, dass z. B. das Abarbeiten von Routinen oder Algorithmen etc. vermieden wird zu Gunsten von Aufgaben mit einem hohen Kontextgehalt oder Aufgaben, die Möglichkeiten des intelligenten Übens schaffen sowie Transferaufgaben mit unterschiedlichem Schwierigkeitsgrad. Gerade bei Transferaufgaben ergibt sich die Problematik steigender Komplexität der Kontexte. Daher muss bei der Entwicklung darauf geachtet werden, die Aufgaben mit entsprechenden Lösungsbeispielen zu versehen, die komplexe Problemstellungen in Einzelschritte zerlegen und den in der Aufgabe thematisierten Problemraum strukturieren. Dienlich ist der Einsatz von „Operatoren als Aufforderungsverben" (Wißner). Denn die Verwendung von ***Operatoren*** „könnte den Lehrkräften helfen, verschiedene Aufgabentypen zu formulieren, sowohl für den Unterricht als auch für die schriftliche Leistungsmessung" (Wiebe & Svoboda). Es ist auch hier auf die unterschiedlichen Zielsetzungen und angesteuerten Prozesse einer Aufgabe zu achten (Stichwort: konvergentes vs. divergentes Denken!): „So fokussieren Operatoren wie „nenne", „beschreibe" oder „erkläre" eher die Entwicklung von Konzeptwissen oder chemischer Vorstellungen. Aufforderungen wie „entwickle", „entwirf", „finde heraus wie", „wähle aus", „wende an", „entscheide", „beurteile" ziehen eine fachlich basierte Handlung zur Lösung eines Problems nach sich." (Schanze & Nehring). Mit dem Einsatz solcher Operatoren können Aufgaben passgenau entwickelt werden. Dazu ist es aber notwendig, dass die Schülerinnen und Schüler die Formulierungen, welche durch die Operatoren zum Einsatz kommen, verstehen und in Lernhandlungen umsetzen können. Es bietet sich daher an, „auch die Operatoren selbst zum Unterrichtsgegenstand zu machen, um ein Bewusstsein für das spezifische Anforderungsziel eines Operators zu entwickeln". (Tittel)

Ralle und Melle weisen auf die „hohe Voraussetzungsgebundenheit" von Aufgaben hin. Bei der Entwicklung muss berücksichtigt werden, dass mit Blick auf entsprechende Studien sehr oft sogenannte „Produktionsdefizite" bei den Schülerinnen und Schülern vorliegen, sodass der Chemieunterricht erst wirksam werden kann, wenn die Aufgaben passgenau auf die Voraussetzungen der Schülerinnen und Schüler abgestimmt sind. Daher muss vor der Entwicklung bzw. dem Einsatz von Aufgaben eine konsequente Lernstandsdiagnose vorweg gehen.

Welche Schritte empfehlen Sie aufgrund Ihrer wissenschaftlichen bzw. erfahrungsbasierten Expertise als „first steps" für angehende Chemielehrer/-innen, die sie für guten Chemieunterricht umsetzen können?

Die eigenen selbstregulativen Fähigkeiten zu erhalten und selbstwirksam einzusetzen, ist ein hohes Gut für jeden Berufseinstieg. Eine Lehrkraft sieht sich zu Beginn der Berufsphase mit vielfältigen Anforderungen konfrontiert. Speziell das Unterrichten im Fach Chemie steigert die beruflichen Anforderungen: Der effektive Umgang mit Schülervorstellungen, die daran anschlussfähige Unterrichtsplanung (zum Beispiel die zur Erkenntnisgewinnung richtige Platzierung von Experimenten im Unterrichtsverlauf), die Entwicklung und der zur Erkenntnisgewinnung hilfreiche Einsatz von Modellen, der angemessene Umgang mit der Fach- und Unterrichtssprache etc. sind Anforderungen an eine Chemielehrkraft, die den Berufseinstieg komplex werden lassen.

In den Antworten der Expertinnen und Experten findet man ein vielfältiges Repertoire an Ratschlägen und Hinweisen für die ersten Unterrichtsversuche bis hin zu Ratschlägen über die Bewältigung der Berufseinstiegsphase. Die Expertinnen und Experten behalten dabei die Fragestellung nach der Wirksamkeit des Chemieunterrichts im Blick und fokussieren die oben formulierten Qualitätsmerkmale. Darüber hinaus wird die ***Unterrichtsplanung*** als bedeutend angesehen. Wirksam ist, sich im Vorfeld des Unterrichts auf die ***Unterrichtssprache*** zu konzentrieren und vor allem die strukturierte ***Platzierung von Experimenten*** konsequent zu durchdenken. Der Unterricht soll von seinem Ende her geplant werden, sodass später reale und erwünschte Lernprodukte eine Chance zur Reflexion über die Wirksamkeit des eigenen

Unterrichts bieten. Die konsequente (Zeit-)Planung von Unterricht darf aber nicht dazu verleiten, an dieser Planung zu jedem Zeitpunkt des Unterrichts festhalten zu wollen, sondern Flexibilität gezielt zu trainieren. Ein Fokus auf die Zielsetzung ist hier ratsam, letztlich muss die Flexibilität aber auch soweit reichen, zu hoch gesetzte Ziele zu erkennen, um von diesen abweichen zu können.

Die ***Konzentration auf die Unterrichtssprache*** verfolgt den Zweck, sich im Vorfeld des Unterrichts zu entlasten. Um Wirksamkeit zu erzielen, muss die Verwendung fachlicher Begriffe vor dem Hintergrund vorhandener Schülervorstellungen durchdacht werden. Vor allem in Situationen, in denen man den Schülerinnen und Schülern einen Abstraktionssprung vom Kontinuum ins Diskontinuum zumutet, müssen die Begriffe eindeutig verwendet werden. Meint beispielsweise der Begriff Element einen elementaren Stoff oder wird damit eine Atomsorte bezeichnet? Solche Homonyme müssen einerseits im Vorfeld des Unterrichts der Lehrkraft Bewusstsein, damit sie andererseits im Unterricht auf einer Metaebene gemeinsam mit den Schülerinnen und Schülern thematisiert werden können. Eine solche begriffliche Klarheit trägt in hohem Maße zur Wirksamkeit des Chemieunterrichts bei.

Die Planung, Durchführung und Auswertung von Experimenten wird gerade in der Berufseingangsphase als fachdidaktisch anspruchsvoll und zeitintensiv wahrgenommen. Durch wiederkehrende Strukturierungshilfen kann man sich als Lehrkraft entlasten: Eine Entlastung bringt beispielsweise die klare Strukturierung des Unterrichts und vor allem die damit verbundene „richtige" ***Platzierung der Experimentierphase***. Die Expertinnen und Experten sind sich einig, dass unter „richtig" verstanden werden kann, Experimente zum Erkenntnisgewinn einzusetzen. Hier wird ein begrifflicher Unterschied zwischen „Versuch" und „Experiment" gemacht. Beim Experimentieren ist das praktische Arbeiten eingebettet in eine Phase, in der Vermutungen geäußert bzw. Hypothesen formuliert werden (je nach Alter der Schülerinnen und Schüler) und die letztlich, vermittelt durch die Beobachtung, zur Klärung der eingangs formulierten Vermutungen bzw. Hypothesen dienen. Ein erster Schritt für angehende Lehrkräfte bzw. für Lehrkräfte während des Berufseinstiegs, ist mit den Schülerinnen und Schülern die Experimentierphase schrittweise zu erarbeiten. Hierzu können auch so genannte „Versuche" mit geringem Gefährdungspotenzial, vorgegebenen Vorschriften und einprägsamen Laborregeln eingesetzt werden: Ein Ziel ist „Routinen in der Betreuung von Schülerexperimenten zu entwickeln, um später auch freiere Experimentiersituationen, in denen Schüler eigenständig [...] planen, sicher handhaben zu können." (Marohn).

Die Expertinnen und Experten formulieren auch Maßnahmen zur Optimierung der eigenen Wirksamkeit im Chemieunterricht. Hierzu werden kollegiale Unterrichtsbeobachtungen (Wiebe & Svoboda) unter Verwendung von Einschätzungsskalen (Steffensky, Ropohl & Parchmann) vorgeschlagen. Um die kollegialen Unterrichtsbeobachtungen wirksam zu gestalten, müssen sich entsprechende Rückmelde- und Reflexionsphasen anschließen. Wirksamkeit meint hier die Optimierung des eigenen Unterrichtshandelns und dies wiederum mit dem Ziel, Wirksamkeit bei den Schülerinnen und Schülern zu erreichen (Steigerung der Lernleistung sowie der Motivation und des Interesses). Das kann unter anderem zur Steigerung der Sensibilität gegenüber den Schülerinnen und Schülern führen und in hohem Maße dazu beitragen „seine eigene Rolle zu definieren und ein Gespür für den Lernprozess zu entwickeln" (Wißner).

Was ist Ihrer Ansicht nach das Besondere am Chemieunterricht?

„Why is science difficult to learn? Things are seldom what they seem" stellt Alex Johnstone (1991) fest. Er ordnet drei Dimensionen, die es beim Lernen im Fach Chemie zu beachten gilt: Die ***Ebene der Phänomene*** (das Beobachtbare), die ***sub-mikroskopische Ebene*** (die atomare Denkebene) und die ***symbolische Ebene*** (die Formensprache, Modelle etc.):

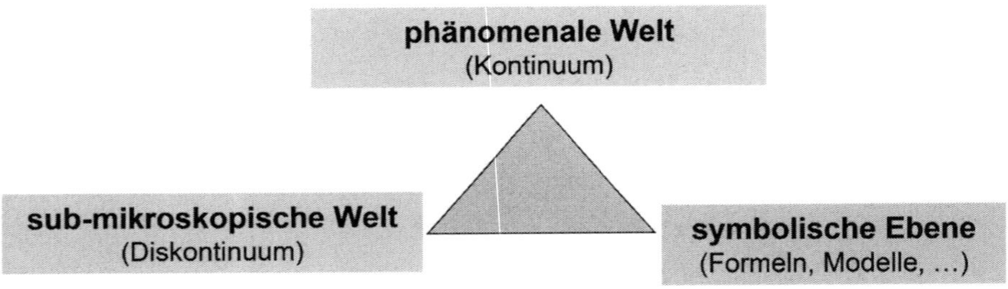

Abb. 5: „Chemisches Dreieck" in Anlehnung an Johnstone (1991).

Viele „Misconceptions" resultieren nach Johnson durch die unsachgemäße Vermischung dieser drei Ebenen. Bei den Expertinnen und Experten stellt sich eine große Einigkeit ein: Experimente haben eine Brückenfunktion zwischen der Welt der Phänomene (Kontinuum) und der submikroskopischen Modellwelt (Diskontinum) sowie der symbolischen Formelsprache. Die meisten Expertinnen und Experten rekurrieren hier auf Alex Johnstone, „der das Besondere der Chemie und des Lernens von Chemie als die permanente Interaktion des Denkens auf der makroskopisch-stofflichen Ebene, der submikroskopischen Ebene von Teilchen und Atomen und der symbolischen Ebene von Formeln und Gleichungen" (Eilks & Marks) beschreibt.

Als Besonderheit des Chemieunterrichts wird auch dessen Anwendungsbezug hervorgehoben. Mit einem Verweis auf die Erweiterung des von Alex Johnstone formulierten chemischen Dreiecks durch Mahaffy, der eine vierte Dimension, nämlich den lebensweltlichen und gesellschaftlichen Bereich hinzugefügt hat, betonen diese Autoren die Besonderheit des Chemieunterrichts als eine Notwendigkeit, gesellschaftliche und lebensweltliche Bezüge zu schaffen.

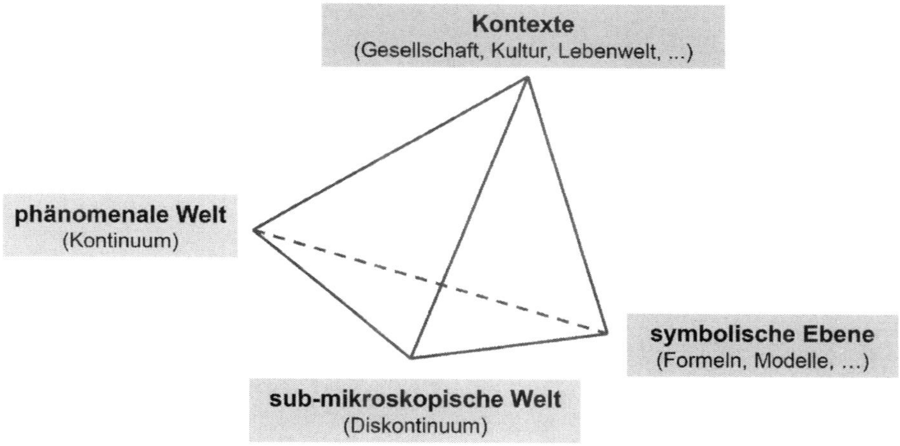

Abb. 6: „Chemischer Tetraeder" in Anlehnung an Mahaffy (2004) als Erweiterung des „Chemischen Dreiecks" von Johnstone (1991).

Kontextbezogene Experimente schaffen für die meisten Expertinnen und Experten „einen motivierenden Zugang, den andere Fächer nicht oder weniger regelmäßig nutzen können" (Steffensky, Ropohl & Parchmann). Dennoch: Der Transfer von der Beobachtung hin zur „experimentgestützten Interpretation makroskopischer Phänomene auf der Ebene des Diskontinuums unter Verwendung der Formelsprache" (Sumfleth, Walpuski & Rumann) stellen gleichzeitig die besondere Schwierigkeit des Faches dar. Stäudel resümiert: Das Experimentieren allein macht den Chemieunterricht nicht wirksam, Wirksamkeit entsteht „nur dann, wenn es durchgängig in Beziehung gesetzt wird mit den Modellen und Konzepten der Naturwissenschaft." Viele Expertinnen und Experten heben die Unterscheidung zwischen induktivem und deduktivem Vorgehen beim Experimentieren hervor und sehen hierin ein großes Lernpotenzial, um den Weg naturwissenschaftlicher Erkenntnisgewinnung aufzuzeigen und nachzuvollziehen. Der Weg der Erkenntnisgewinnung ist ein Bereich, der das Fach besonders macht, er zielt auf das Verstehen naturwissenschaftlicher Denk- und Arbeitsprozesse.

Die meisten Expertinnen und Experten heben als Besonderheit des Faches die Existenz der *Basiskonzepte* Stoff-Teilchen-Beziehungen, Struktur-Eigenschafts-Beziehungen, chemische Reaktion und energetische Betrachtung bei Stoffumwandlungen sowie die weiteren Kompetenzbereiche hervor: Die Kompetenzbereiche und Bildungsstandards für den mittleren Bildungsabschluss des Fachs Chemie (KMK, 2005) stellen eine gute inhaltliche Struktur des Faches dar, die es ermöglicht, die zu unterrichtenden Inhalte zu ordnen.

Welche zentralen Merkmale des forschenden Lernens halten Sie für notwendig, um Chemieunterricht wirksam zu gestalten?

Auf der Grundlage der Äußerungen der Expertinnen und Experten zeigt sich ein relativ einheitliches Bild des forschenden Lernens im Chemieunterricht. Dieses Bild soll hier zunächst idealisiert skizziert sein:

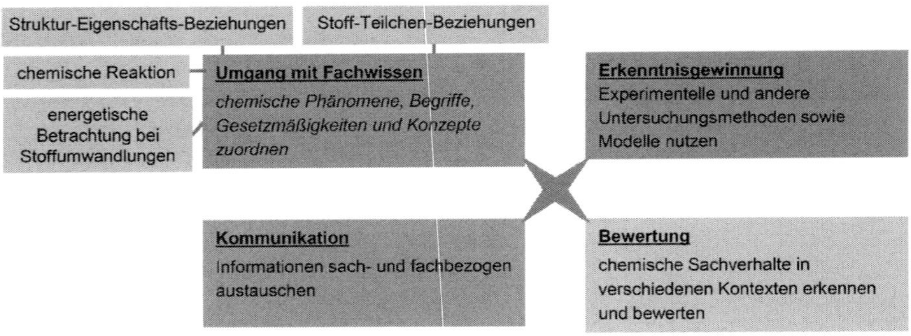

Abb. 7: Kompetenzbereiche der Bildungsstandards mit Basiskonzepten, Kultusministerkonferenz (KMK, 2005).

Forschendes Lernen muss begleitet werden! In welcher Form und wie engmaschig die Begleitung aussieht, hängt von den bereits erworbenen Erfahrungen und Kenntnissen im Bereich der naturwissenschaftlichen Denk- und Arbeitsweisen ab.

Im Bereich des Forschenden Lernens stehen die Schülerinnen und Schüler vor vielen Herausforderungen, deren Komplexität leicht zu einer Überforderung führen kann. So stehen die Schülerinnen und Schüler zunächst vor der Herausforderung Probleme zu identifizieren oder Phänomene als bedeutsam zu begreifen, um daraus eigene Untersuchungen zu planen, diese durchzuführen sowie auf deren Grundlage Beobachtungen zu machen und festzuhalten. In einem weiteren anspruchsvollen Schritt sollen Beobachtungen interpretiert werden. Hierzu sind weitere Informationen notwendig.

Diese können von der Lehrkraft und aus weiteren Recherchen stammen. Letztlich soll unter Heranziehung vorhandenen Wissens begründet Evidenz erzeugt werden. Die Schülerinnen und Schüler sollen diese dann nutzen, um Vorhersagen treffen sowie neue Fragestellungen generieren zu können.

All diese Fähigkeiten fallen nicht vom Himmel, sondern müssen von den Schülerinnen und Schülern in gut strukturierten Lernarrangements geübt werden. Soll der gesamte Prozess auf einmal stattfinden, so führt das unweigerlich zu einer Überforderung. Aus diesem Grund bedarf es im Idealfall gestuften Hilfestellungen, das ***Scaffolding*** und ***Prompting*** sind nur zwei Beispiele. Solche Strukturierungsmöglichkeiten werden von den Expertinnen und Experten auch explizit genannt. Dazu gehört beispielsweise ein „regelmäßiges Feedback und eine sprachliche Unterstützung, wie z.B. strukturierende Hilfestellungen zur Erstellung von Erklärungen und Argumentationen oder zur Dokumentation von Beobachtungen." (von Arx & Beerenwinkel).

Lembens & Abels weisen auf einen levelbasierten Ansatz des forschenden Lernens hin, mit dem die Komplexität experimenteller Unterrichtsphasen reguliert werden kann: „Mit jedem Level steigt der Grad der Offenheit und die Schülerinnen und Schüler sollen mehr Schritte der naturwissenschaftlichen Untersuchung selbstständig bewältigen. Zuvor müssen die Schülerinnen und Schüler die Gelegenheiten erhalten, die für den jeweiligen Level benötigten Kompetenzen schrittweise zu erwerben. Zur Differenzierung kann z.B. zeitgleich an verschiedenen Schwerpunkten eines Themas und ggf. mit unterschiedlichen Graden der Offenheit gearbeitet werden." (Lembens und Abels):

Tabelle 2: Levels der Forschenden Lernens (Hofer, Abels, Lembens 2016).

	Fragestellung	Untersuchungsmethoden	Ergebnisinterpretation
Level 0: bestätigend	Lehrkraft	Lehrkraft	Lehrkraft
Level 1: strukturiert	Lehrkraft	Lehrkraft	Schüler/innen
Level 2: begleitet	Lehrkraft	Schüler/innen	Schüler/innen
Level 3: offen	Schüler/innen	Schüler/innen	Schüler/innen

Schanze & Nehring weisen darauf hin, dass der Erkenntnisprozess in den Naturwissenschaften nicht einheitlich abläuft und offen für Zufälle sein muss. „Das forschende Lernen soll einen möglichst authentischen Weg der Erkenntnisgewinnung abbilden. Doch in der Forschung selbst läuft der Erkenntnisprozess selten in der idealisierten Form linear ab. Er ist im Gegenteil oft von explorativen Phasen, Zufallsentdeckungen und Fehlschlägen bzw. Sackgassen begleitet. Wir halten es für geboten, diese Unwägbarkeiten in den Erkenntnisprozess mit einzubauen." (Schanze & Nehring). Stäudel weist darauf hin, dass der fertige Forschungszyklus nicht als Weg des Lernens verstanden werden darf, vielmehr „stellt die Übertragung eines idealisierten – naturwissenschaftlichen – Forschungsmusters eine Art Kurzschluss dar, der wenig hilfreich für das Lernen ist.“ (Stäudel).

Gemeinsam mit allen anderen Autoren bekräftigen aber auch diese kritischen Stimmen die Notwendigkeit der Strukturierung in mindestens drei Phasen: ❶ Ein chemisches Phänomen, eine Idee oder eine Hypothese steht am Anfang. ❷ Dazu wird ein Experiment geplant und durchgeführt ❸ Interpretationen wird vorgenommen oder Schlussfolgerungen werden gezogen. Greift man immer wieder auf diese Strukturierung zurück, so kann die Wirksamkeit des Chemieunterrichts erhöht werden. Dies geschieht vor allem durch einen „Kontextbezug mit einem hohen Grad an Authentizität“, und es kann eine erhöhte Motivation und situationales Interesse sowie eine gesteigerte Lernleistung (Koenen & Tiemann) erreicht werden.

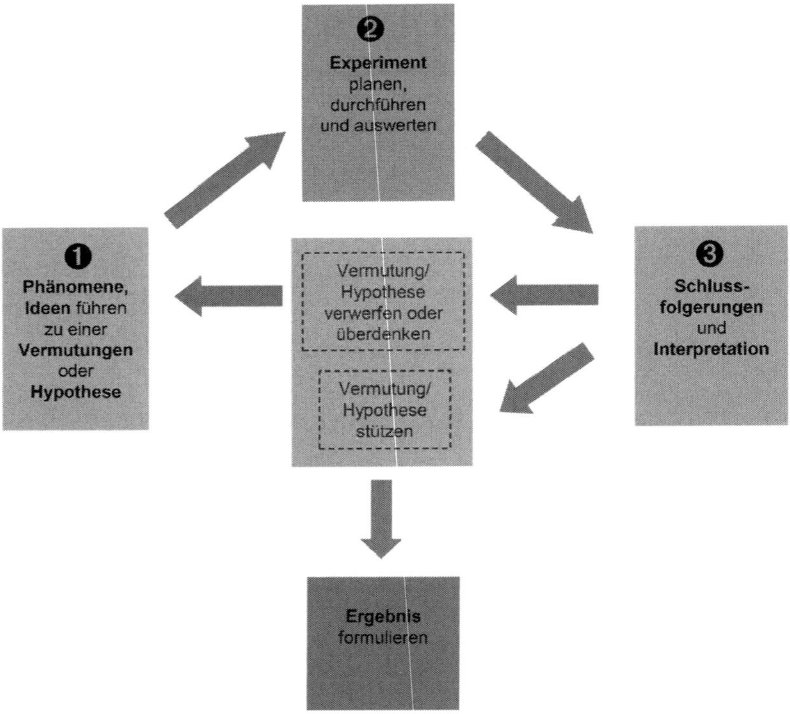

Abb. 4: Strukturierung der experimentellen Unterrichtsphasen.

Welche fachlichen und fachdidaktischen Aspekte erachten Sie als bedeutsam, damit das Lernen zum Wesen der Naturwissenschaften wirksam wird?

Das Lernen zum Wesen der Naturwissenschaften zielt auf den Bereich „Natur der Naturwissenschaften“ (*Nature of Science*). Der Physikdidaktiker Dietmar Höttecke beschreibt den Lernbereich *„Nature of Science“* treffend: „Wenn naturwissenschaftlicher Unterricht die Natur der Naturwissenschaften thematisiert, nimmt er eine wissenschaftspropädeutische Funktion wahr [...]. Damit ist die Anbahnung wissenschaftlichen Denkens und Handelns gemeint: Schülerinnen und Schüler sollen über Kenntnisse grundlegender naturwissenschaftlicher Inhalte und Methoden verfügen und damit die Möglichkeiten und Grenzen wissenschaftlichen Wissens und Handelns reflektieren können. Die Reflexion geschieht nicht nur im Lichte naturwissenschaftlichen Fachwissens, sondern kann im Lichte erkenntnis- und wissenschaftstheoretischen sowie wissenschaftshistorischen oder -soziologischen Wissens erfolgen.“ (Höttecke in Gebhard et al., 2017, S. 93–94).

Die Expertinnen und Experten stellen zwei Themenbereiche ins Zentrum des Lernens zum Wesen der Naturwissenschaften: ***Experimente*** und ***Modelle***. Hier wird unterschieden zwischen den Prozessen einerseits, nämlich dem Experimentieren und dem Modellieren im Unterricht, und andererseits der expliziten Thematisierung und Reflexion darüber: Wirksam wird Chemieunterricht dann, wenn nicht nur davon ausgegangen wird, dass Schülerinnen und Schüler die Prozesse des naturwissenschaftlichen Experimentierens und Modellierens sowie die Charakteristika von Experimenten und Modellen implizit lernen, indem im Unterricht experimentiert und modelliert wird. Vielmehr wird hervorgehoben, dass Chemieunterricht dann wirksam wird, wenn die Prozesse des Experimentierens und Modellierens explizit thematisiert und reflektiert werden. Auf einer Metaebene sollte deutlich werden, was Experimente und Modelle in den Naturwissenschaften auszeichnet. Es sollte auch auf die Unterschiedlichkeiten des Experiment- und Modellverständnisses in den einzelnen Domänen hingewiesen werden und damit auch aufgezeigt werden, wie diese unterschiedlichen Auffassungen zustande kommen. Das heißt: Inhalte zum Wesen der Naturwissenschaften „werden nicht beiläufig beim ‘doing science’ mitgelernt, sondern bedürfen einer expliziten Thematisierung im Unterricht“ (Koenen & Tiemann).

Aber nicht nur das Experimentieren und Modellieren spielt für das Lernen zum Wesen der Naturwissenschaften eine wichtige Rolle. Weitere Bereiche kommen hinzu, wie zum Beispiel die Vorläufigkeit naturwissenschaftlichen Wissens und der damit verbundene Entstehungsprozess. Dieser Prozess fußt auf Theorien und ist letztlich nicht immer ein Produkt rein rationaler Schlussfolgerungen. Vielmehr ist der naturwissenschaftliche Erkenntnisprozess auch kulturell und sozial geprägt: So „sollten Schülerinnen und Schüler lernen, was Fragestellungen sind, die mit naturwissenschaftlichen Methoden bearbeitet und beantwortet werden können und wann die Grenze zu moralischen oder religiösen Fragen überschritten wird. Naturwissenschaften sollten auch als menschliches Handlungsfeld mit allen Konsequenzen erfahrbar werden. Dies schützt einerseits vor blinder Wissenschaftsgläubigkeit, andererseits hilft es zu verstehen, warum Wissenschaftlerinnen und Wissenschaftler manchmal auf Basis derselben Daten zu unterschiedlichen Interpretationen kommen" (Lembens & Abels).

Ferner wird eine Differenzierung in drei Bereiche vorgeschlagen – ***Nature of Science***, verstanden als das „Wissen über die Beschaffenheit des naturwissenschaftlichen Wissens (Wesen der Naturwissenschaften)", ***Nature of Scientific Inquiry***, das „Wissen über die Generierung von naturwissenschaftlichem Wissen (Wesen der naturwissenschaftlichen Erkenntnisgewinnung)" und ***Nature of Scientists*** als „das Wissen über Naturwissenschaftler / -innen und ihre Tätigkeiten" (Steffensky, Ropohl & Parchmann). Zu Letzterem gehört das Bild der Chemikerin und des Chemikers in den Köpfen der Schülerinnen und Schüler (Schanze & Nehring).

Als große Herausforderung wird die Förderung professioneller Kompetenzen von Lehrkräften im Bereich der Natur der Naturwissenschaften begriffen. Fördermaßnahmen beziehen sich nicht nur auf das sogenannte Professionswissen, sondern vor allem auf den Bereich der Werthaltungen und Überzeugungen von Lehrkräften. Hier spielen die epistemischen Überzeugungen eine große Rolle. Epistemische Überzeugungen sind Vorstellungen über das Wissen und den Wissenserwerb und prägen auch das eigene Bild über das Wesen der Naturwissenschaften. Darüber hinaus beeinflussen epistemische Überzeugungen teilweise das Unterrichtshandeln. Ähnlich wie ein ausgeprägtes fachdidaktisches Wissen, das auf der Grundlage des Fachwissens entsteht und dessen adäquater Einsatz den Chemieunterricht wirksam macht, benötigen Lehrkräfte auch im Bereich des Wesens der Naturwissenschaften ein profundes Wissen bzw. ein ausgereiftes Verständnis der fachlichen Grundlagen in diesem Bereich. Neben den Werthaltungen und Überzeugungen von Lehrkräften ist auch fachliches und fachdidaktisches Wissen über das Wesen der Naturwissenschaften notwendig. Dieses professionelle Wissen über das Wesen der Naturwissenschaften liegt im „Grenzgebiet zwischen Fachwissenschaft und Fachdidaktik" (Sumfleth, Walpuski & Rumann). Gefordert wird „ein reflektiertes Verständnis der Rolle der Naturwissenschaften im gesellschaftlichen, technischen, ökologischen und ansatzweise historischen Kontext auf Seiten der Lehrkraft" (Stäudel). Dieses Verständnis in professionelles Handeln umzusetzen ist dann aber ein weiterer anspruchsvoller Schritt in Richtung Wirksamkeit. Einige Expertinnen und

Experten schließen daraus, dass die Wirksamkeit des Unterrichts durch Fortbildungen der Lehrkräfte in diesen Bereich gesteigert werden kann.

Literatur

Baumert, J. & Kunter, M. (2006). Stichwort: Professionelle Kompetenz von Lehrkräften. *Zeitschrift für Erziehungswissenschaft, 9* (4), 469–520.

Bönsch, M. (2006). Das didaktische Dreieck als Grundmodell. In Bönsch Manfred (Hrsg.), *Allgemeine Didaktik* (S. 149–150). Stuttgart: Kohlhammer.

Feige, E., Rutsch, J., Dörfler, T. & Rehm, M. (2017). Von der Alltagsvorstellung zum fachwissenschaftlichen Konzept. Schülervorstellungen diagnostizieren und weiterentwickeln. *Naturwissenschaften im Unterricht – Chemie, 28* (159), 2–8.

Gebhard, U., Höttecke, D. & Rehm, M. (2017). *Pädagogik der Naturwissenschaften. Ein Studienbuch.* Verfügbar unter http://dx.doi.org/10.1007/978-3-531-19546-9

Johnstone, A.H. (1991). Why is science difficult to learn? Things are seldom what they seem. *Journal of Computer Assisted Learning, 7* (2), 75–83.

Kattman, U., Duit, R., Gropengiesser, H. & Komorek, M. (1997). Das Modell der didaktischen Rekonstruktion. *Zeitschrift für Didaktik der Naturwissenschaften*, 3 (3), 3–18.

KMK (Kultusministerkonferenz, Hrsg.). (2005). *Beschlüsse der Kultusministerkonferenz: Bildungsstandards im Fach Chemie für den Mittleren Schulabschluss. Beschluss vom 16.12.2004.* Zugriff am 14.10.2013. Verfügbar unter http://www.kmk.org/fileadmin/veroeffentlichungen_beschluesse/2004/2004_12_16-Bildungsstandards-Chemie.pdf

KMK. (2008). *Ländergemeinsame inhaltliche Anforderungenfür die Fachwissenschaften und Fachdidaktiken in der Lehrerbildung.* Verfügbar unter http://www.kmk.org/fileadmin/veroeffentlichungen_beschluesse/2008/2008_10_16_Fachprofile-Lehrerbildung.pdf

Mahaffy, P. (2004). The Future Shape of Chemistra Education. *Chemistry Education Research and Practice, 5* (3), 229–245.

Rehm, M., Ropohl, M., Steffensky, M. & Parchmann, I. (2017). Schülervorstellungen nutzen. Ein wichtiges Merkmal effektiven Chemieunterrichts. *Naturwissenschaften im Unterricht – Chemie, 28* (159), 9–12.

Rehm, M. & Zutavern, M. (2012). Fachdidaktik und Fachwissenschaften – Integrative Ausbildungsideen: Editorial. *Journal für LehrerInnenbildung, 12* (1), 5–8.

Wilhelm, M. & Rehm, M. (2017). Der Lernprozess im Fokus – „reichhaltige" Aufgaben im naturwissenschaftlichen Unterricht. *Lehren & Lernen, 43* (5), 16–20.

DIE REIHENHERAUSGEBER

Dr. Markus Rehm ist Professor für Chemie und Chemiedidaktik am Institut für Didaktik der Naturwissenschaften der Pädagogischen Hochschule Heidelberg. Arbeitsschwerpunkte: Professionalisierungsforschung, Aufgaben im naturwissenschaftlichen Unterricht, Verstehensprozesse und verständnisvolles Lernen im naturwissenschaftlichen Unterricht.

Dr. Volker Reinhardt ist Professor für Politikwissenschaft und Politikdidaktik an der Pädagogischen Hochschule Freiburg sowie Gastprofessor für Bildungswissenschaft an der Steinbeis-Hochschule Berlin. Er ist Mitbegründer des Schweizer Schulpreises und Experte für den Deutschen Schulpreis.

Dr. Markus Wilhelm ist Professor für Biologie und Biologiedidaktik an der Pädagogischen Hochschule Luzern und Leiter des Instituts für Fachdidaktik Natur, Mensch, Gesellschaft (IF NMG). Arbeitsschwerpunkte: Unterrichtskompetenz von Lehrpersonen, Kompetenzorientierung in Lehrmitteln, Lernen an Außerschulischen Lernorten.